同济大学研究生教材

矩 阵 分 析

吴 群 周羚君 殷俊锋 编著

同济大学出版社
TONGJI UNIVERSITY PRESS
·上海·

内 容 提 要

本书是为适应蓬勃发展的研究生教育，根据“矩阵分析”(或“矩阵论”)课程教学基本要求编写而成的，主要讲述大多数理学、工学、管理学、经济学等各专业常用的、一般的矩阵基本理论和方法，内容包括基础知识、矩阵的标准形、线性空间与线性变换、内积空间、矩阵分析、矩阵分解、广义逆矩阵、特征值的估计和张量. 各章都配有一定数量的习题用作练习，以帮助学生巩固知识.

本书内容简明得当，主次分明，叙述通俗易懂. 既具有数学的抽象性和严密性，又重视工程技术中的实用性，可用作高等院校非数学类专业研究生的教材，也可供其他师生和工程技术人员阅读参考.

图书在版编目(CIP)数据

矩阵分析/吴群，周羚君，殷俊锋编著. --上海：同济大学出版社，2017.4（2022.11重印）

ISBN 978-7-5608-6299-6

Ⅰ.①矩… Ⅱ.①吴… ②周… ③殷… Ⅲ.①矩阵分析—高等学校—教材 Ⅳ.①O151.21

中国版本图书馆 CIP 数据核字(2016)第 088930 号

矩阵分析

吴 群 周羚君 殷俊锋 **编著**

责任编辑 李小敏 亓福军 **责任校对** 徐春莲 **封面设计** 张 微

出版发行 同济大学出版社 www.tongjipress.com.cn

(地址：上海市四平路 1239 号 邮编：200092 电话：021-65985622)

经 销 全国各地新华书店

印 刷 常熟市大宏印刷有限公司

开 本 787 mm×1 092 mm 1/16

印 张 12

字 数 300 000

版 次 2017 年 5 月第 1 版 2022 年11月第 4 次印刷

书 号 ISBN 978-7-5608-6299-6

定 价 48.00 元

前 言

随着近年来计算机领域的发展，各行业对从业人员处理海量数据的能力要求越来越高，与计算机科学密切相关的代数学在理工科、甚至管理学科中的所起的作用越来越大. 在这一背景下，以矩阵和线性方程组的基础知识为主要内容的线性代数已成为理工科和管理学科相关专业的本科基础课程，而对知识深度、广度要求更高的研究生来说，还需要更多的线性代数知识. 为上述专业的研究生开设线性代数课程，已在各大理工科院校得到共识. 本书便是针对非数学专业研究生编写的.

矩阵作为代数学的基本工具之一，贯穿整个线性代数理论的始终，因此大部分院校将研究生的线性代数课程命名为矩阵论或矩阵分析. 从内容上说，非数学专业的线性代数课程和矩阵论课程，大致与数学专业的高等代数课程内容相近，虽然深度要求稍低，但要突出与理工科、管理学科联系密切的内容. 高等代数是一门非常成熟的数学基础课，无论哪本教材，包含的内容大致都相差不多. 另一方面，多数非数学专业的线性代数教材都由数学专业的老师编写，由于当前数学下属的各个二级学科分工越来越细，不同方向的教师知识结构差异越来越大，对线性代数的理解也有一定的不同，这导致不同方向的教师在内容侧重和讲法上，会有一些差异.

本书是在同济大学应用数学系编写的《矩阵分析》(2005 年版)的基础上，参考了国内其他院校的相关课程讲义，并结合十多年来课堂教学的经验编写而成，讲述了理学、工学、管理学、经济学等学科常用的代数理论和方法. 我们力求兼顾基础理论和应用，培养学生逻辑思维、抽象思维以及实际应用的能力. 全书共分九章，内容包含基础知识、矩阵的标准形、线性空间与线性变换、内积空间、矩阵分析、矩阵分解、广义逆矩阵、特征值的估计、张量等. 为了配合实际教学的需要，我们尽量保持各个章节的内容相对独立，以便在教学中可以做适当的取舍，同时也便于不同背景、不同需求的读者自学. 同时，在每一章节之后，配备了一定数量的习题，这些习题不仅可以帮助读者巩固本章的知识点，而且有些习题还是本章内容的延伸，从而满足不同程度读者的需求.

本书由同济大学数学科学学院吴群副教授(第1,2,5章)、周羚君副教授(第3,4,9章)、殷俊锋教授(第6,7,8章)共同编写,最后由周羚君统稿.同济大学数学系拥有丰富教学经验的优秀教师在教学方法上给予了编者大量建议和指导,可以说没有前辈的积累,就不可能有这本教材,在此向他们表示衷心的感谢.

本书选取了一些新的例题,部分内容采用了新的写法,并加入了一些对实际教学有需要,但在以往教材中并没有出现的内容,这些改变是编者在教学中的一些新的尝试,有待进一步地实践检验,欢迎同行与读者提出建议和批评.限于编者的水平,书中错误与疏漏在所难免,恳请读者不吝指正.

编　者

2017年5月15日

目　录

第1章 基础知识

矩阵分析是以矩阵作为主要研究对象的课程，是大学线性代数课程的直接后续课程．本章的主要目的是回顾和总结一下大学线性代数的关键知识，便于以后章节的学习．对于本章中的绝大部分结论，我们将略去证明，略去的细节可以在大学线性代数教材的对应部分中找到．

1.1 矩阵的基本运算

矩阵是由 $m\times n$ 个数（或符号，表达式等），按如下顺序排成 m 行 n 列的长方形数表，一般再添加上括号表示如下

$$\begin{pmatrix} a_{11} & a_{12} & \cdots & a_{1n} \\ a_{21} & a_{22} & \cdots & a_{2n} \\ \vdots & \vdots & & \vdots \\ a_{m1} & a_{m2} & \cdots & a_{mn} \end{pmatrix},$$

也称为 m 行 n 列的矩阵，或 $m\times n$ 的矩阵．通常用大写英文字母表示矩阵，例如，用 $\boldsymbol{A}$ 表示上面的矩阵，常简记为 $\boldsymbol{A}=(a_{ij})_{m\times n}$ 或 $\boldsymbol{A}=(a_{ij})$．矩阵 $\boldsymbol{A}$ 中的每个数称为 $\boldsymbol{A}$ 的一个**元素**，而位于第 i 行第 j 列的元素称为 $\boldsymbol{A}$ 的 (i, j) 元素，记为 $\mathrm{ent}_{ij}\boldsymbol{A}$，通常简记为 a_{ij}．

只有一行的矩阵称为**行矩阵**，或**行向量**；只有一列的矩阵称为**列矩阵**，或**列向量**．$n\times n$ 的矩阵称为 n 阶**方阵**．在 n 阶方阵 $\boldsymbol{A}=(a_{ij})$ 中，全体行标与列标相同的元素 $\{a_{11}, a_{22}, \cdots, a_{nn}\}$ 由 $\boldsymbol{A}$ 的左上角到右下角所排列成的一条线称为 $\boldsymbol{A}$ 的**主对角线**，通常简称为 $\boldsymbol{A}$ 的**对角线**．如果除主对角线上的元素以外其余的都是零，那么方阵 $\boldsymbol{A}$ 称为**对角矩阵**，也可记为 $\mathrm{diag}(a_{11}, a_{22}, \cdots, a_{nn})$．特别，主对角线上的元素都是 1，其余的元素都是零的方阵 $\mathrm{diag}(1, 1, \cdots, 1)$ 称为 n 阶**单位矩阵**，记作 $\boldsymbol{E}_n$，常简记为 $\boldsymbol{E}$．n 阶单位阵的 (i, j) 元素记为 δ_{ij}，这里 δ_{ij} 称为 **Kronecker 符号**．所有元素均为零的矩阵称为**零矩阵**，记为 $\boldsymbol{O}$．

线性代数主要研究讨论线性方程组的求解问题．引入了矩阵的概念以后，与引入之前比较，可以更方便地得出求解线性方程组的算法，以及更深入地讨论线性方程组的解的结构和性质．本节将回顾矩阵的基本运算，其中包括加法、数乘、乘法、转置、行列式、逆矩阵、迹和共轭矩阵等．

1.1.1 矩阵的加法

定义 1.1 设矩阵 $\boldsymbol{A}=(a_{ij})_{m\times n}$，$\boldsymbol{B}=(b_{ij})_{m\times n}$，则矩阵 $(a_{ij}+b_{ij})_{m\times n}$ 称为 $\boldsymbol{A}$ 与 $\boldsymbol{B}$ 的**和**，记为 $\boldsymbol{A}+\boldsymbol{B}$；矩阵 $(-a_{ij})_{m\times n}$ 称为 $\boldsymbol{A}$ 的**负矩阵**，记作 $-\boldsymbol{A}$.

定理 1.1 设 $\boldsymbol{A}$，$\boldsymbol{B}$，$\boldsymbol{C}$ 是三个**同型矩阵**，即行数相同并且列数也相同的矩阵，则

(1) $\boldsymbol{A}+\boldsymbol{B}=\boldsymbol{B}+\boldsymbol{A}$；

(2) $(\boldsymbol{A}+\boldsymbol{B})+\boldsymbol{C}=\boldsymbol{A}+(\boldsymbol{B}+\boldsymbol{C})$；

(3) $\boldsymbol{A}+\boldsymbol{O}=\boldsymbol{A}$，这里 $\boldsymbol{O}$ 是与 $\boldsymbol{A}$ 同型的零矩阵；

(4) $\boldsymbol{A}+(-\boldsymbol{A})=\boldsymbol{O}$.

例 1.1 设

$$\boldsymbol{A}=\begin{pmatrix}1 & 0 & 3\\ 2 & -3 & 4\end{pmatrix},\quad \boldsymbol{B}=\begin{pmatrix}1 & -1 & 2\\ 0 & 3 & 1\end{pmatrix},$$

求 $\boldsymbol{A}-\boldsymbol{B}$.

解

$$\boldsymbol{A}-\boldsymbol{B}=\boldsymbol{A}+(-\boldsymbol{B})=\begin{pmatrix}1 & 0 & 3\\ 2 & -3 & 4\end{pmatrix}+\begin{pmatrix}-1 & 1 & -2\\ 0 & -3 & -1\end{pmatrix}=\begin{pmatrix}0 & 1 & 1\\ 2 & -6 & 3\end{pmatrix}.$$

1.1.2 数与矩阵的乘法

定义 1.2 设 $\boldsymbol{A}=(a_{ij})_{m\times n}$ 为一个矩阵，k 为一个数，则矩阵 $(ka_{ij})_{m\times n}$ 称为 k 与 $\boldsymbol{A}$ 的**乘积**，简称为 k 与 $\boldsymbol{A}$ 的**数乘**，记作 $k\boldsymbol{A}$ 或 $\boldsymbol{A}k$.

定理 1.2 设 $\boldsymbol{A}$，$\boldsymbol{B}$ 是两个同型矩阵，k，l 是两个数，则

(1) $1\boldsymbol{A}=\boldsymbol{A}$，$0\boldsymbol{A}=\boldsymbol{O}$；

(2) $(kl)\boldsymbol{A}=k(l\boldsymbol{A})$；

(3) $(k+l)\boldsymbol{A}=k\boldsymbol{A}+l\boldsymbol{A}$；

(4) $k(\boldsymbol{A}+\boldsymbol{B})=k\boldsymbol{A}+k\boldsymbol{B}$.

1.1.3 矩阵的乘法

定义 1.3 设 $\boldsymbol{A}=(a_{ij})_{m\times s}$ 为 $m\times s$ 的矩阵，$\boldsymbol{B}=(b_{ij})_{s\times n}$ 为 $s\times n$ 的矩阵，则 $m\times n$ 的矩阵 $\boldsymbol{C}=(c_{ij})_{m\times n}$ 称为 $\boldsymbol{A}$ 与 $\boldsymbol{B}$ 的**乘积**，记作 $\boldsymbol{AB}$，其中

$$c_{ij}=\sum_{k=1}^{s}a_{ik}b_{kj}=a_{i1}b_{1j}+a_{i2}b_{2j}+\cdots+a_{is}b_{sj}.$$

矩阵乘法的定义源于两个线性变换的复合运算，例如，线性变换

$$\begin{cases}x_1=a_{11}y_1+a_{12}y_2+a_{13}y_3,\\ x_2=a_{21}y_1+a_{22}y_2+a_{23}y_3,\end{cases}$$

与线性变换

$$\begin{cases} y_1 = b_{11}z_1 + b_{12}z_2, \\ y_2 = b_{21}z_1 + b_{22}z_2, \\ y_3 = b_{31}z_1 + b_{32}z_2 \end{cases}$$

的复合为

$$\begin{cases} x_1 = (a_{11}b_{11} + a_{12}b_{21} + a_{13}b_{31})z_1 + (a_{11}b_{12} + a_{12}b_{22} + a_{13}b_{32})z_2, \\ x_2 = (a_{21}b_{11} + a_{22}b_{21} + a_{23}b_{31})z_1 + (a_{21}b_{12} + a_{22}b_{22} + a_{23}b_{32})z_2. \end{cases}$$

若记

$$\boldsymbol{x} = \begin{pmatrix} x_1 \\ x_2 \end{pmatrix}, \quad \boldsymbol{y} = \begin{pmatrix} y_1 \\ y_2 \\ y_3 \end{pmatrix}, \quad \boldsymbol{z} = \begin{pmatrix} z_1 \\ z_2 \end{pmatrix},$$

$$\boldsymbol{A} = \begin{pmatrix} a_{11} & a_{12} & a_{13} \\ a_{21} & a_{22} & a_{23} \end{pmatrix}, \quad \boldsymbol{B} = \begin{pmatrix} b_{11} & b_{12} \\ b_{21} & b_{22} \\ b_{31} & b_{32} \end{pmatrix},$$

利用矩阵的乘法，就可以把两个线性变换分别记为 $\boldsymbol{x}=\boldsymbol{A}\boldsymbol{y}$，$\boldsymbol{y}=\boldsymbol{B}\boldsymbol{z}$，它们的复合为 $\boldsymbol{x}=\boldsymbol{A}\boldsymbol{B}\boldsymbol{z}$.

定理 1.3 设 $\boldsymbol{A}$，$\boldsymbol{B}$，$\boldsymbol{C}$ 为矩阵，k 为一个数，假设以下运算都是可行的，则

(1) $(\boldsymbol{AB})\boldsymbol{C}=\boldsymbol{A}(\boldsymbol{BC})$；

(2) $k(\boldsymbol{AB})=(k\boldsymbol{A})\boldsymbol{B}=\boldsymbol{A}(k\boldsymbol{B})$；

(3) $\boldsymbol{A}(\boldsymbol{B}+\boldsymbol{C})=\boldsymbol{AB}+\boldsymbol{AC}$，$(\boldsymbol{B}+\boldsymbol{C})\boldsymbol{A}=\boldsymbol{BA}+\boldsymbol{CA}$；

(4) $\boldsymbol{EA}=\boldsymbol{AE}=\boldsymbol{A}$，$\boldsymbol{OA}=\boldsymbol{AO}=\boldsymbol{O}$.

注 矩阵的乘法不满足交换律和消去律，即一般的 $\boldsymbol{AB}\neq\boldsymbol{BA}$，若 $\boldsymbol{AB}=\boldsymbol{AC}$，并不能得到 $\boldsymbol{B}=\boldsymbol{C}$. 例如，设

$$\boldsymbol{A} = \begin{pmatrix} 1 & 2 \\ -2 & -4 \end{pmatrix}, \quad \boldsymbol{B} = \begin{pmatrix} -2 & 2 \\ 1 & -1 \end{pmatrix},$$

则

$$\boldsymbol{AB} = \boldsymbol{O}, \quad \boldsymbol{BA} = \begin{pmatrix} -6 & -12 \\ 3 & 6 \end{pmatrix},$$

即 $\boldsymbol{AB}\neq\boldsymbol{BA}$. 又 $\boldsymbol{AB}=\boldsymbol{AO}=\boldsymbol{O}$，但 $\boldsymbol{B}=\boldsymbol{O}$ 不成立.

由于矩阵的乘法不满足交换律，因此 $\boldsymbol{AB}$ 可表述成 $\boldsymbol{A}$ 左乘 $\boldsymbol{B}$，或 $\boldsymbol{B}$ 右乘 $\boldsymbol{A}$.

对于 n 阶方阵 $\boldsymbol{A}$，规定 $\boldsymbol{A}^1=\boldsymbol{A}$，对正整数 k，定义 $\boldsymbol{A}^{k+1}=\boldsymbol{A}^k\boldsymbol{A}$，特别约定 $\boldsymbol{A}^0=\boldsymbol{E}$.

例 1.2 设矩阵 $\boldsymbol{A}=\begin{pmatrix} 1 & 1 & 0 & 0 \\ 0 & 1 & 1 & 0 \\ 0 & 0 & 1 & 1 \\ 0 & 0 & 0 & 1 \end{pmatrix}$，求 $\boldsymbol{A}^2$ 和 $\boldsymbol{A}^n$，这里 n 为正整数.

解 设 $\boldsymbol{H}=\begin{pmatrix} 0 & 1 & 0 & 0 \\ 0 & 0 & 1 & 0 \\ 0 & 0 & 0 & 1 \\ 0 & 0 & 0 & 0 \end{pmatrix}$，计算得

$$H^2=\begin{pmatrix}0&0&1&0\\0&0&0&1\\0&0&0&0\\0&0&0&0\end{pmatrix},\quad H^3=\begin{pmatrix}0&0&0&1\\0&0&0&0\\0&0&0&0\\0&0&0&0\end{pmatrix},\quad H^n=O\ (n\geqslant 4).$$

从而

$$A^2=(E+H)^2=E+2H+H^2=\begin{pmatrix}1&2&1&0\\0&1&2&1\\0&0&1&2\\0&0&0&1\end{pmatrix},$$

$$A^n=(E+H)^n=E+C_n^1H+C_n^2H^2+C_n^3H^3=\begin{pmatrix}1&C_n^1&C_n^2&C_n^3\\0&1&C_n^1&C_n^2\\0&0&1&C_n^1\\0&0&0&1\end{pmatrix}\ (n\geqslant 3).$$

注　本题中使用了二项式定理，这是因为 E 和 H 满足乘积的交换律，否则二项式定理对矩阵是不成立的.

1.1.4　矩阵的转置

定义 1.4　设 $A=(a_{ij})_{m\times n}$ 为一个矩阵，则 A 的行依次变成同一标号的列所得矩阵

$$\begin{pmatrix}a_{11}&a_{21}&\cdots&a_{m1}\\a_{12}&a_{22}&\cdots&a_{m2}\\\vdots&\vdots&&\vdots\\a_{1n}&a_{2n}&\cdots&a_{mn}\end{pmatrix}$$

称为 A 的**转置矩阵**，记作 A^{T}.

定理 1.4　设 A, B 为矩阵，k 为一个数，并假设运算都是可行的，则

(1) $(A^{\mathrm{T}})^{\mathrm{T}}=A$;

(2) $(A+B)^{\mathrm{T}}=A^{\mathrm{T}}+B^{\mathrm{T}}$;

(3) $(kA)^{\mathrm{T}}=kA^{\mathrm{T}}$;

(4) $(AB)^{\mathrm{T}}=B^{\mathrm{T}}A^{\mathrm{T}}$.

例 1.3　设 A 为 $m\times n$ 型的实矩阵，试证 $A^{\mathrm{T}}A=O$ 的充分必要条件是 $A=O$.

证明　充分性. 若 $A=O$，显然有 $A^{\mathrm{T}}A=O$.

必要性. 设 $A=(a_{ij})_{m\times n}$，则 $A^{\mathrm{T}}A$ 对角线上的元素为 $a_{1j}^2+a_{2j}^2+\cdots+a_{mj}^2\ (j=1, 2, \cdots, n)$，由 $A^{\mathrm{T}}A=O$ 知

$$a_{1j}^2+a_{2j}^2+\cdots+a_{mj}^2=0$$

对一切 $1\leqslant j\leqslant n$ 成立，从而 $a_{ij}=0$ 对一切 i, j 成立，即 $A=O$.

1.1.5　方阵的行列式

定义 1.5　设 $\boldsymbol{A}=(a_{ij})$ 为 n 阶方阵，则

$$\sum_{(p_1,\, p_2,\, \cdots,\, p_n)} (-1)^{\tau(p_1,\, p_2,\, \cdots,\, p_n)} a_{1p_1} a_{2p_2} \cdots a_{np_n} \tag{1.1}$$

称为 $\boldsymbol{A}$ 的**行列式**，记作 $|\boldsymbol{A}|$ 或 $\det \boldsymbol{A}$，这里 $(p_1,\, p_2,\, \cdots,\, p_n)$ 取遍集合 $\{1,\, 2,\, \cdots,\, n\}$ 的所有全排列，$\tau(p_1,\, p_2,\, \cdots,\, p_n)$ 是这个排列的逆序数.

根据定义可以得到以下性质.

定理 1.5　设 $\boldsymbol{A}=(a_{ij})$ 为 n 阶方阵，则求和式(1.1)，

(1) 共有 $n!$ 项，

(2) 每一项都是 n 个处于 $\boldsymbol{A}$ 的不同行、不同列的元素的积，

(3) 每一项的符号是由组成该项的 n 个元素下标排列的奇、偶性所确定的.

定义 1.6　n 阶方阵 $\boldsymbol{A}=(a_{ij})$ 去掉 a_{ij} 所在的行与列后所得到的 $(n-1)$ 阶方阵的行列式，称为元素 a_{ij} 的**余子式**，用 M_{ij} 表示. $(-1)^{i+j}M_{ij}$ 称为 a_{ij} 的**代数余子式**，用 A_{ij} 表示.

由代数余子式的定义，可得 n 阶行列式 $\det(a_{ij})$ 按行(列)展开的性质.

定理 1.6　设 $\boldsymbol{A}=(a_{ij})$ 为 n 阶方阵，则

$$a_{i1}A_{j1} + a_{i2}A_{j2} + \cdots + a_{in}A_{jn} = \delta_{ij} \det \boldsymbol{A},$$
$$a_{1i}A_{1j} + a_{2i}A_{2j} + \cdots + a_{ni}A_{nj} = \delta_{ij} \det \boldsymbol{A},$$

其中，A_{ij} 为元素 a_{ij} 的代数余子式，δ_{ij} 为 Kronecker 符号.

方阵的行列式关于方阵的数乘、乘法和转置满足下面的命题.

定理 1.7　设 $\boldsymbol{A}$, $\boldsymbol{B}$ 为方阵，k 为一个数，则

(1) $|k\boldsymbol{A}^{\mathrm{T}}|=k^n|\boldsymbol{A}|$,

(2) $|\boldsymbol{AB}|=|\boldsymbol{A}||\boldsymbol{B}|$,

(3) $|\boldsymbol{A}^{\mathrm{T}}|=|\boldsymbol{A}|$.

定理 1.8　设 $\boldsymbol{A}=(a_{ij})$ 为一个 n 阶方阵，A_{ij} 为元素 a_{ij} 的代数余子式，矩阵

$$\boldsymbol{A}^* = \begin{pmatrix} A_{11} & A_{21} & \cdots & A_{n1} \\ A_{12} & A_{22} & \cdots & A_{n2} \\ \vdots & \vdots & & \vdots \\ A_{1n} & A_{2n} & \cdots & A_{nn} \end{pmatrix} = (A_{ij})^{\mathrm{T}}$$

为 $\boldsymbol{A}$ 的**伴随矩阵**，则 $\boldsymbol{AA}^*=\boldsymbol{A}^*\boldsymbol{A}=|\boldsymbol{A}|\boldsymbol{E}$.

证明　设 $\boldsymbol{AA}^*=(b_{ij})$，则有 $b_{ij}=a_{i1}A_{j1}+a_{i2}A_{j2}+\cdots+a_{in}A_{jn}=|\boldsymbol{A}|\delta_{ij}$，故

$$\boldsymbol{AA}^* = (|\boldsymbol{A}|\delta_{ij}) = |\boldsymbol{A}|(\delta_{ij}) = |\boldsymbol{A}|\boldsymbol{E},$$

类似有 $\boldsymbol{A}^*\boldsymbol{A}=(A_{i1}a_{j1}+A_{i2}a_{j2}+\cdots+A_{in}a_{jn})=(|\boldsymbol{A}|\delta_{ij})=|\boldsymbol{A}|(\delta_{ij})=|\boldsymbol{A}|\boldsymbol{E}$.

1.1.6　逆矩阵

定义 1.7　设 $\boldsymbol{A}=(a_{ij})$ 为一个 n 阶方阵，若存在一个 n 阶方阵 $\boldsymbol{B}$，使得

$$\boldsymbol{AB}=\boldsymbol{BA}=\boldsymbol{E},$$

则称 $\boldsymbol{A}$ 是**可逆的**，并称 $\boldsymbol{B}$ 为 $\boldsymbol{A}$ 的**逆矩阵**，并记 $\boldsymbol{B}=\boldsymbol{A}^{-1}$.

事实上，定义中的条件形式上可以减弱.

定理 1.9 对于 n 阶方阵 $\boldsymbol{A}$, $\boldsymbol{B}$，若 $\boldsymbol{AB}=\boldsymbol{E}$，则 $\boldsymbol{BA}=\boldsymbol{E}$. 反之亦然.

下列命题是方阵 $\boldsymbol{A}$ 可逆的充分必要条件.

定理 1.10 $\boldsymbol{A}$ 可逆当且仅当 $|\boldsymbol{A}|\neq 0$（又称 $\boldsymbol{A}$ 是**非奇异的**），此时 $\boldsymbol{A}^{-1}=|\boldsymbol{A}|^{-1}\boldsymbol{A}^{*}$.

逆矩阵关于矩阵的数乘、乘法、转置和行列式运算有以下性质.

定理 1.11 设 $\boldsymbol{A}$, $\boldsymbol{B}$ 为 n 阶可逆矩阵，则

(1) $\boldsymbol{A}^{-1}$ 是可逆的，且 $(\boldsymbol{A}^{-1})^{-1}=\boldsymbol{A}$;

(2) 当数 $k\neq 0$ 时，$k\boldsymbol{A}$ 可逆，且 $(k\boldsymbol{A})^{-1}=k^{-1}\boldsymbol{A}^{-1}$;

(3) $\boldsymbol{AB}$ 是可逆的，且 $(\boldsymbol{AB})^{-1}=\boldsymbol{B}^{-1}\boldsymbol{A}^{-1}$;

(4) $\boldsymbol{A}^{\mathrm{T}}$ 是可逆的，且 $(\boldsymbol{A}^{\mathrm{T}})^{-1}=(\boldsymbol{A}^{-1})^{\mathrm{T}}$;

(5) $\det \boldsymbol{A}^{-1}=(\det \boldsymbol{A})^{-1}$.

例 1.4 求二阶方阵 $\boldsymbol{A}=\begin{pmatrix} a & b \\ c & d \end{pmatrix}$ 的逆矩阵，这里 $ad-bd\neq 0$.

解 $|\boldsymbol{A}|=ad-bc\neq 0$, $\boldsymbol{A}^{*}=\begin{pmatrix} d & -b \\ -c & a \end{pmatrix}$，故 $\boldsymbol{A}^{-1}=\dfrac{1}{ad-bc}\begin{pmatrix} d & -b \\ -c & a \end{pmatrix}$.

1.1.7 方阵的迹

定义 1.8 设 $\boldsymbol{A}=(a_{ij})$ 为一个 n 阶方阵，则 $\boldsymbol{A}$ 的主对角线上元素的和称为 $\boldsymbol{A}$ 的**迹**，记作 $\mathrm{tr}\,\boldsymbol{A}$，即

$$\mathrm{tr}\,\boldsymbol{A}=a_{11}+a_{22}+\cdots+a_{nn}.$$

定理 1.12 设 $\boldsymbol{A}$, $\boldsymbol{B}$ 为两个 n 阶方阵，k 为一个数，则

(1) $\mathrm{tr}\,\boldsymbol{A}+\mathrm{tr}\,\boldsymbol{B}=\mathrm{tr}(\boldsymbol{A}+\boldsymbol{B})$;

(2) $\mathrm{tr}\,k\boldsymbol{A}=k\mathrm{tr}\,\boldsymbol{A}$;

(3) $\mathrm{tr}\,\boldsymbol{AB}=\mathrm{tr}\,\boldsymbol{BA}$.

例 1.5 试证：对任意的方阵 $\boldsymbol{A}$, $\boldsymbol{B}$，都有 $\boldsymbol{AB}-\boldsymbol{BA}\neq \boldsymbol{E}$.

证明 由于 $\mathrm{tr}(\boldsymbol{AB}-\boldsymbol{BA})=\mathrm{tr}\,\boldsymbol{AB}-\mathrm{tr}\,\boldsymbol{BA}=0$，而 $\mathrm{tr}\,\boldsymbol{E}=n$，因此对任意的方阵 $\boldsymbol{A}$, $\boldsymbol{B}$，都有 $\boldsymbol{AB}-\boldsymbol{BA}\neq \boldsymbol{E}$.

1.1.8 共轭矩阵

定义 1.9 设 $\boldsymbol{A}=(a_{ij})_{m\times n}$ 为一个复矩阵，$\bar{a}_{ij}$ 为元素 a_{ij} 的共轭复数，则复矩阵 $(\bar{a}_{ij})_{m\times n}$ 称为 $\boldsymbol{A}$ 的**共轭矩阵**，记为 $\bar{\boldsymbol{A}}$.

定理 1.13 设 $\boldsymbol{A}$, $\boldsymbol{B}$ 为复矩阵，k 为复数，则

(1) $\overline{\boldsymbol{A}+\boldsymbol{B}}=\bar{\boldsymbol{A}}+\bar{\boldsymbol{B}}$,

(2) $\overline{k\boldsymbol{A}}=\bar{k}\bar{\boldsymbol{A}}$,

(3) $\overline{\boldsymbol{AB}}=\bar{\boldsymbol{A}}\bar{\boldsymbol{B}}$.

1.1.9　矩阵的分块

为了便于讨论，可以对矩阵使用分块的办法，已经被分块的矩阵称为**分块矩阵**. 原则上，如果分块矩阵的运算都是可运行的，则可先把矩阵的子块当成“元素”来对待，运算后再按通常的算法处理子块的运算. 所谓分块后矩阵的运算都是可运行的（或可称为分块是合理的）是指运算分别满足下列要求：

（1）作加法运算 $\boldsymbol{A}+\boldsymbol{B}$ 时，要求对 $\boldsymbol{A}$ 和 $\boldsymbol{B}$ 用相同的分块方法；

（2）作数乘运算 $k\boldsymbol{A}$ 时，对 $\boldsymbol{A}$ 的分块方法没有特别要求；

（3）作乘法运算 $\boldsymbol{AB}$ 时，要求对 $\boldsymbol{A}$ 的列的分法与 $\boldsymbol{B}$ 的行的分法相同；

（4）作转置运算 $\boldsymbol{A}^{\mathrm{T}}$ 时，对 $\boldsymbol{A}$ 分块方法没有要求.

现分别举例如下.

例 1.6　设 $\boldsymbol{A}, \boldsymbol{B}, \boldsymbol{C}, \boldsymbol{D}$ 为 n 阶方阵，其中 $\boldsymbol{A}$ 是可逆阵，试证：

$$\begin{vmatrix} \boldsymbol{A} & \boldsymbol{B} \\ \boldsymbol{C} & \boldsymbol{D} \end{vmatrix} = |\boldsymbol{A}|\,|\boldsymbol{D}-\boldsymbol{C}\boldsymbol{A}^{-1}\boldsymbol{B}|.$$

证明　利用分块矩阵乘法，有

$$\begin{pmatrix} \boldsymbol{E} & \boldsymbol{O} \\ -\boldsymbol{C}\boldsymbol{A}^{-1} & \boldsymbol{E} \end{pmatrix}\begin{pmatrix} \boldsymbol{A} & \boldsymbol{B} \\ \boldsymbol{C} & \boldsymbol{D} \end{pmatrix}\begin{pmatrix} \boldsymbol{E} & -\boldsymbol{A}^{-1}\boldsymbol{B} \\ \boldsymbol{O} & \boldsymbol{E} \end{pmatrix} = \begin{pmatrix} \boldsymbol{A} & \boldsymbol{O} \\ \boldsymbol{O} & \boldsymbol{D}-\boldsymbol{C}\boldsymbol{A}^{-1}\boldsymbol{B} \end{pmatrix},$$

再利用行列式的性质，就有

$$\begin{aligned}\begin{vmatrix} \boldsymbol{A} & \boldsymbol{B} \\ \boldsymbol{C} & \boldsymbol{D} \end{vmatrix} &= \begin{vmatrix} \boldsymbol{E} & \boldsymbol{O} \\ -\boldsymbol{C}\boldsymbol{A}^{-1} & \boldsymbol{E} \end{vmatrix}\begin{vmatrix} \boldsymbol{A} & \boldsymbol{B} \\ \boldsymbol{C} & \boldsymbol{D} \end{vmatrix}\begin{vmatrix} \boldsymbol{E} & -\boldsymbol{A}^{-1}\boldsymbol{B} \\ \boldsymbol{O} & \boldsymbol{E} \end{vmatrix} \\ &= \begin{vmatrix} \boldsymbol{A} & \boldsymbol{O} \\ \boldsymbol{O} & \boldsymbol{D}-\boldsymbol{C}\boldsymbol{A}^{-1}\boldsymbol{B} \end{vmatrix} = |\boldsymbol{A}|\,|\boldsymbol{D}-\boldsymbol{C}\boldsymbol{A}^{-1}\boldsymbol{B}|.\end{aligned}$$

例 1.7　设 $\boldsymbol{A}, \boldsymbol{B}$ 为 n 阶方阵，试证：

（1）$|\boldsymbol{AB}|=|\boldsymbol{A}|\,|\boldsymbol{B}|$；

（2）$\begin{vmatrix} \boldsymbol{A} & \boldsymbol{B} \\ \boldsymbol{B} & \boldsymbol{A} \end{vmatrix}=|\boldsymbol{A}+\boldsymbol{B}|\,|\boldsymbol{A}-\boldsymbol{B}|$.

证明　（1）考虑分块矩阵 $\begin{pmatrix} \boldsymbol{A} & \boldsymbol{O} \\ \boldsymbol{E} & \boldsymbol{B} \end{pmatrix}$，则有 $\begin{vmatrix} \boldsymbol{A} & \boldsymbol{O} \\ \boldsymbol{E} & \boldsymbol{B} \end{vmatrix}=|\boldsymbol{A}|\,|\boldsymbol{B}|$. 另一方面

$$\begin{pmatrix} \boldsymbol{O} & \boldsymbol{E} \\ \boldsymbol{E} & \boldsymbol{O} \end{pmatrix}\begin{pmatrix} \boldsymbol{A} & \boldsymbol{O} \\ \boldsymbol{E} & \boldsymbol{B} \end{pmatrix}\begin{pmatrix} \boldsymbol{E} & \boldsymbol{B} \\ \boldsymbol{O} & -\boldsymbol{E} \end{pmatrix} = \begin{pmatrix} \boldsymbol{E} & \boldsymbol{O} \\ \boldsymbol{A} & \boldsymbol{AB} \end{pmatrix},$$

于是有 $\begin{vmatrix} \boldsymbol{A} & \boldsymbol{O} \\ \boldsymbol{E} & \boldsymbol{B} \end{vmatrix}=|\boldsymbol{AB}|$，即 $|\boldsymbol{AB}|=|\boldsymbol{A}|\,|\boldsymbol{B}|$.

（2）利用分块矩阵可得

$$\begin{pmatrix} \boldsymbol{O} & \boldsymbol{E} \\ -\boldsymbol{E} & \boldsymbol{E} \end{pmatrix}\begin{pmatrix} \boldsymbol{A} & \boldsymbol{B} \\ \boldsymbol{B} & \boldsymbol{A} \end{pmatrix}\begin{pmatrix} \boldsymbol{E} & \boldsymbol{O} \\ \boldsymbol{E} & \boldsymbol{E} \end{pmatrix} = \begin{pmatrix} \boldsymbol{A}+\boldsymbol{B} & \boldsymbol{B} \\ \boldsymbol{O} & \boldsymbol{A}-\boldsymbol{B} \end{pmatrix},$$

再利用行列式的性质，就有

$$\begin{vmatrix} \boldsymbol{A} & \boldsymbol{B} \\ \boldsymbol{B} & \boldsymbol{A} \end{vmatrix} = |\boldsymbol{A}+\boldsymbol{B}||\boldsymbol{A}-\boldsymbol{B}|.$$

例 1.8 设 $\boldsymbol{A}=\begin{pmatrix} 3 & 0 & 0 \\ 0 & 1 & 2 \\ 0 & 1 & 5 \end{pmatrix}$，求 $\boldsymbol{A}^{-1}$.

解 先将矩阵 $\boldsymbol{A}$ 分块，

$$\boldsymbol{A}=\left(\begin{array}{c|cc} 3 & 0 & 0 \\ \hline 0 & 1 & 2 \\ 0 & 1 & 5 \end{array}\right)=\begin{pmatrix} \boldsymbol{A}_1 & \boldsymbol{O} \\ \boldsymbol{O} & \boldsymbol{A}_2 \end{pmatrix},$$

$$\boldsymbol{A}_1=3,\ \boldsymbol{A}_1^{-1}=\frac{1}{3};\quad \boldsymbol{A}_2=\begin{pmatrix} 1 & 2 \\ 1 & 5 \end{pmatrix},\ \boldsymbol{A}_2^{-1}=\begin{pmatrix} 5 & -2 \\ -1 & 1 \end{pmatrix},$$

故

$$\boldsymbol{A}^{-1}=\begin{pmatrix} \boldsymbol{A}_1^{-1} & \boldsymbol{O} \\ \boldsymbol{O} & \boldsymbol{A}_2^{-1} \end{pmatrix}=\frac{1}{3}\begin{pmatrix} 1 & 0 & 0 \\ 0 & 5 & -2 \\ 0 & -1 & 1 \end{pmatrix}.$$

分块矩阵在讨论线性方程组的求解问题时作用也十分明显. 例如，对线性方程组

$$\begin{cases} a_{11}x_1+a_{12}x_2+\cdots+a_{1n}x_n=b_1, \\ a_{21}x_1+a_{22}x_2+\cdots+a_{2n}x_n=b_2, \\ \qquad\qquad\qquad\vdots \\ a_{m1}x_1+a_{m2}x_2+\cdots+a_{mn}x_n=b_m, \end{cases}$$

设 $\boldsymbol{A}=\begin{pmatrix} a_{11} & a_{12} & \cdots & a_{1n} \\ a_{21} & a_{22} & \cdots & a_{2n} \\ \vdots & \vdots & & \vdots \\ a_{m1} & a_{m2} & \cdots & a_{mn} \end{pmatrix}$, $\boldsymbol{x}=\begin{pmatrix} x_1 \\ x_2 \\ \vdots \\ x_n \end{pmatrix}$, $\boldsymbol{b}=\begin{pmatrix} b_1 \\ b_2 \\ \vdots \\ b_m \end{pmatrix}$,

$$\boldsymbol{B}=(\boldsymbol{A},\ \boldsymbol{b})=\begin{pmatrix} a_{11} & a_{12} & \cdots & a_{1n} & b_1 \\ a_{21} & a_{22} & \cdots & a_{2n} & b_2 \\ \vdots & \vdots & & \vdots & \vdots \\ a_{m1} & a_{m2} & \cdots & a_{mn} & b_m \end{pmatrix},$$

其中，$\boldsymbol{A}$ 称为线性方程组的**系数矩阵**，$\boldsymbol{x}$ 称为**未知数矩阵**，$\boldsymbol{b}$ 称为**常数项矩阵**，$\boldsymbol{B}$ 称为**增广矩阵**，则线性方程组可表示为 $\boldsymbol{Ax}=\boldsymbol{b}$. 若把 $\boldsymbol{A}$ 按它的列分块，并记 $\boldsymbol{\alpha}_j=(a_{1j},\ a_{2j},\ \cdots,\ a_{mj})^{\mathrm{T}}$，则 $\boldsymbol{A}=(\boldsymbol{\alpha}_1,\ \boldsymbol{\alpha}_2,\ \cdots,\ \boldsymbol{\alpha}_n)$，于是线性方程组又可表示为

$$x_1\boldsymbol{\alpha}_1+x_2\boldsymbol{\alpha}_2+\cdots+x_n\boldsymbol{\alpha}_n=\boldsymbol{b}.$$

Cramer 法则也可以写成：如果线性方程组 $\boldsymbol{Ax}=\boldsymbol{b}$ 的系数矩阵是非奇异的，那么 $\boldsymbol{Ax}=\boldsymbol{b}$ 有唯一解 $\boldsymbol{x}=\boldsymbol{A}^{-1}\boldsymbol{b}$.

1.2 线性方程组

在大学线性代数的有关求解线性方程组的内容中，最显著的特点是在原来的 Gauss 消元法中引入矩阵的初等变换，这种作法的优点是明显的.

1.2.1 初等变换与初等矩阵

定义 1.10 设 $\boldsymbol{A}$，$\boldsymbol{B}$ 为同型矩阵，下列三类变换称为矩阵的**初等变换**：

(1) 对换 i, j 两行，记作 $r_i \leftrightarrow r_j$；对换 i, j 两列，记作 $c_i \leftrightarrow c_j$，

(2) 第 i 行乘非零数 k，记作 $r_i \times k$；第 i 列乘非零数 k，记作 $c_i \times k$，

(3) 第 i 行加上第 j 行的 k 倍，记作 $r_i + k r_j$；第 i 列加上第 j 列的 k 倍，记作 $c_i + k c_j$.

相对应的三类**初等矩阵**分别为

(1) $\boldsymbol{E}(i, j)=\boldsymbol{E}-(\boldsymbol{e}_i-\boldsymbol{e}_j)(\boldsymbol{e}_i-\boldsymbol{e}_j)^{\mathrm{T}}$，

(2) $\boldsymbol{E}(i(k))=\boldsymbol{E}+(k-1)\boldsymbol{e}_i\boldsymbol{e}_i^{\mathrm{T}}$，

(3) $\boldsymbol{E}(i, j(k))=\boldsymbol{E}+k\boldsymbol{e}_i\boldsymbol{e}_j^{\mathrm{T}}$.

其中，$\boldsymbol{e}_i$ 为单位矩阵 $\boldsymbol{E}$ 的第 i 列.

显然，矩阵的初等变换都是可逆的，并且其逆仍是同一种类的初等变换；相应地，初等矩阵也都是可逆的，并且其逆也仍是同一种类的初等矩阵.

对矩阵作一次初等行变换等同于对该矩阵左乘一个初等矩阵，而作一次初等列变换等同于该矩阵右乘一个初等矩阵，例如，

$\boldsymbol{A} \xrightarrow{r_i \leftrightarrow r_j} \boldsymbol{B}$ 当且仅当 $\boldsymbol{E}(i, j)\boldsymbol{A}=\boldsymbol{B}$；

$\boldsymbol{A} \xrightarrow{c_i \leftrightarrow c_j} \boldsymbol{B}$ 当且仅当 $\boldsymbol{A}\boldsymbol{E}(i, j)=\boldsymbol{B}$；

$\boldsymbol{A} \xrightarrow{k \times r_i} \boldsymbol{B}$ 当且仅当 $\boldsymbol{E}(i(k))\boldsymbol{A}=\boldsymbol{B}$；

$\boldsymbol{A} \xrightarrow{k \times c_i} \boldsymbol{B}$ 当且仅当 $\boldsymbol{A}\boldsymbol{E}(i(k))=\boldsymbol{B}$；

$\boldsymbol{A} \xrightarrow{r_i + k r_j} \boldsymbol{B}$ 当且仅当 $\boldsymbol{E}(i, j(k))\boldsymbol{A}=\boldsymbol{B}$；

$\boldsymbol{A} \xrightarrow{c_i + k c_j} \boldsymbol{B}$ 当且仅当 $\boldsymbol{A}\boldsymbol{E}(i, j(k))^{\mathrm{T}}=\boldsymbol{B}$.

定义 1.11 若 n 阶方阵 $\boldsymbol{P}$ 为有限个 $\boldsymbol{E}(i, j)$ 类的初等矩阵的乘积，即存在有限个 $\boldsymbol{E}(i, j)$ 类的初等矩阵 $\boldsymbol{P}_1$, $\boldsymbol{P}_2$, $\cdots$, $\boldsymbol{P}_s$，使得 $\boldsymbol{P}=\boldsymbol{P}_1\boldsymbol{P}_2\cdots\boldsymbol{P}_s$，则称 $\boldsymbol{P}$ 为 n 阶**置换阵**.

显然，置换阵就是第一类的初等矩阵.

定义 1.12 矩阵 $\boldsymbol{A}$ 经过有限次初等变换变成 $\boldsymbol{B}$，则称 $\boldsymbol{A}$ 与 $\boldsymbol{B}$ **等价**，记作 $\boldsymbol{A}\cong\boldsymbol{B}$.

有了初等矩阵，就可以把对矩阵的初等变换转换为矩阵与对应的初等矩阵的积，并且这种转换是相互的，同时还提供了矩阵之间的等价性以及方阵的可逆性的新的表示方法.

定理 1.14 方阵 $\boldsymbol{A}$ 可逆的充分必要条件分别是：

(1) 存在有限个初等矩阵 $\boldsymbol{P}_1, \boldsymbol{P}_2, \cdots, \boldsymbol{P}_s$，使 $\boldsymbol{A}=\boldsymbol{P}_1\boldsymbol{P}_2, \cdots, \boldsymbol{P}_s$，

(2) $\boldsymbol{A}\cong\boldsymbol{E}$.

定理 1.15 矩阵 $\boldsymbol{A}$ 与 $\boldsymbol{B}$ 等价的充分必要条件是存在可逆阵 $\boldsymbol{P}$ 和 $\boldsymbol{Q}$，使 $\boldsymbol{PAQ}=\boldsymbol{B}$.

1.2.2 阶梯型矩阵

利用矩阵的初等行变换求解线性方程组的优点之一就是给出了行阶梯形矩阵和行最简形矩阵的概念.

定义 1.13 一个**行阶梯形矩阵**是一个满足下列条件的矩阵：

(1) 若有全零行，则全零行都在矩阵的最下面；

(2) 非零行按其第一个非零元素的行标与列标同时增加的规则排列.

矩阵的非零行的第一个非零元素也通常称为这一行的**首非零元素**，有时简称为**首元素**.

一个**行最简形矩阵**是一个满足下列条件的行阶梯形矩阵：

(1) 非零行的首非零元素都是 1；

(2) 非零行的首非零元素所在的列的其余元素都是 0.

任意一个矩阵 $\boldsymbol{A}$ 都可以经过有限次初等行变换变成行阶梯形矩阵 $\boldsymbol{A}_0$，以及行最简形矩阵 $\boldsymbol{A}_1$. 我们记 $\boldsymbol{A}_0$ 为 $\boldsymbol{A}$ 的行阶梯形矩阵，$\boldsymbol{A}_1$ 为 $\boldsymbol{A}$ 的行最简形矩阵. 显然一个矩阵的行阶梯形矩阵不是唯一的，而行最简形矩阵则是唯一的. 有了行阶梯形矩阵和行最简形矩阵，在用矩阵的初等变换求解线性方程组时，可以方便地知道初等变换的运算如何进行，何时结束.

1.2.3 矩阵的秩和矩阵的等价标准形

利用矩阵的初等行变换求解线性方程组的另一个优点是给出了矩阵的秩的概念.

定义 1.14 矩阵 $\boldsymbol{A}$ 的非零子式的最高阶数，称为矩阵 $\boldsymbol{A}$ 的**秩**，记作 $\operatorname{rank}\boldsymbol{A}$，并且规定零矩阵的秩为零.

矩阵的秩是矩阵的一个非常重要的特性.

定理 1.16 矩阵 $\boldsymbol{A}$ 的秩有以下的性质：

(1) $\operatorname{rank}\boldsymbol{A}\geqslant r$ 当且仅当 $\boldsymbol{A}$ 有一个 r 阶非零子式；$\operatorname{rank}\boldsymbol{A}<r$ 当且仅当 $\boldsymbol{A}$ 的所有(如果有) r 阶子式全为零；

(2) 若 $\boldsymbol{A}\cong\boldsymbol{B}$，则 $\operatorname{rank}\boldsymbol{A}=\operatorname{rank}\boldsymbol{B}$；

(3) 若矩阵 $\boldsymbol{A}$ 的行阶梯形矩阵是 $\boldsymbol{A}_0$，则 $\operatorname{rank}\boldsymbol{A}$ 就等于 $\boldsymbol{A}_0$ 中非零行的行数；

(4) $\operatorname{rank}\boldsymbol{A}=\operatorname{rank}\boldsymbol{A}^{\mathrm{T}}$；

(5) 若 $\boldsymbol{A}$ 为 $m\times n$ 阵，则 $\operatorname{rank}\boldsymbol{A}\leqslant\min\{m, n\}$；

(6) 若 $\boldsymbol{A}, \boldsymbol{B}$ 是同型矩阵，则 $\operatorname{rank}(\boldsymbol{A}+\boldsymbol{B})\leqslant\operatorname{rank}\boldsymbol{A}+\operatorname{rank}\boldsymbol{B}$；

(7) 若 $\boldsymbol{A}$ 为 $m\times n$ 阵，$\boldsymbol{B}$ 为 $n\times s$ 阵，则 $\operatorname{rank}\boldsymbol{AB}\leqslant\min\{\operatorname{rank}\boldsymbol{A}, \operatorname{rank}\boldsymbol{B}\}$；

(8) 若 $\boldsymbol{A}$ 为 $m\times n$ 阵，$\boldsymbol{B}$ 为 $n\times s$ 阵，且 $\boldsymbol{AB}=\boldsymbol{O}$，则 $\operatorname{rank}\boldsymbol{A}+\operatorname{rank}\boldsymbol{B}\leqslant n$；

(9) $\operatorname{rank}\boldsymbol{A}^{\mathrm{T}}\boldsymbol{A}=\operatorname{rank}\boldsymbol{A}$，其中 $\boldsymbol{A}$ 为实矩阵.

设 $m\times n$ 阵 $\boldsymbol{A}$ 的秩为 r，则存在可逆阵 $\boldsymbol{P}$ 和 $\boldsymbol{Q}$，使得

$$\boldsymbol{PAQ}=\begin{bmatrix}\boldsymbol{E}_r & \boldsymbol{O}\\ \boldsymbol{O} & \boldsymbol{O}\end{bmatrix},$$

则分块矩阵$\begin{pmatrix} \boldsymbol{E}_r & \boldsymbol{O} \\ \boldsymbol{O} & \boldsymbol{O} \end{pmatrix}$称为$\boldsymbol{A}$的**等价标准形**.

一个矩阵$\boldsymbol{A}$总可以经过有限次初等变换变成$\boldsymbol{A}$的等价标准形.

例 1.9 设n阶阵$\boldsymbol{A}$的秩为r,试证明存在秩为$n-r$的n阶阵$\boldsymbol{B}$,使得$\boldsymbol{AB}=\boldsymbol{O}$.

证明 由于$\operatorname{rank}\boldsymbol{A}=r$,因此存在可逆阵$\boldsymbol{P}$和$\boldsymbol{Q}$,使得

$$\boldsymbol{PAQ}=\begin{pmatrix} \boldsymbol{E}_r & \boldsymbol{O} \\ \boldsymbol{O} & \boldsymbol{O} \end{pmatrix},$$

取$\boldsymbol{B}=\boldsymbol{Q}\begin{pmatrix} \boldsymbol{O} & \boldsymbol{O} \\ \boldsymbol{O} & \boldsymbol{E}_{n-r} \end{pmatrix}$,则$\operatorname{rank}\boldsymbol{B}=n-r$,于是

$$\boldsymbol{PAB}=\boldsymbol{PAQ}\begin{pmatrix} \boldsymbol{O} & \boldsymbol{O} \\ \boldsymbol{O} & \boldsymbol{E}_{n-r} \end{pmatrix}=\begin{pmatrix} \boldsymbol{E}_r & \boldsymbol{O} \\ \boldsymbol{O} & \boldsymbol{O} \end{pmatrix}\begin{pmatrix} \boldsymbol{O} & \boldsymbol{O} \\ \boldsymbol{O} & \boldsymbol{E}_{n-r} \end{pmatrix}=\boldsymbol{O},$$

因为$\boldsymbol{P}$为可逆阵,所以$\boldsymbol{AB}=\boldsymbol{O}$,且$\operatorname{rank}\boldsymbol{B}=n-r$.

例 1.10 设$\boldsymbol{A}$为$m\times n$阵,$\boldsymbol{B}$为$n\times s$阵,试证明

$$\operatorname{rank}\boldsymbol{AB}\geqslant\operatorname{rank}\boldsymbol{A}+\operatorname{rank}\boldsymbol{B}-n.$$

证明 记$\operatorname{rank}\boldsymbol{A}=r_1$, $\operatorname{rank}\boldsymbol{B}=r_2$,则存在可逆阵$\boldsymbol{P}_1$, $\boldsymbol{P}_2$, $\boldsymbol{Q}_1$, $\boldsymbol{Q}_2$使得

$$\boldsymbol{A}=\boldsymbol{P}_1\begin{pmatrix} \boldsymbol{E}_{r_1} & \boldsymbol{O} \\ \boldsymbol{O} & \boldsymbol{O} \end{pmatrix}\boldsymbol{Q}_1,\quad \boldsymbol{B}=\boldsymbol{P}_2\begin{pmatrix} \boldsymbol{E}_{r_2} & \boldsymbol{O} \\ \boldsymbol{O} & \boldsymbol{O} \end{pmatrix}\boldsymbol{Q}_2,$$

于是

$$\boldsymbol{AB}=\boldsymbol{P}_1\begin{pmatrix} \boldsymbol{E}_{r_1} & \boldsymbol{O} \\ \boldsymbol{O} & \boldsymbol{O} \end{pmatrix}\boldsymbol{Q}_1\boldsymbol{P}_2\begin{pmatrix} \boldsymbol{E}_{r_2} & \boldsymbol{O} \\ \boldsymbol{O} & \boldsymbol{O} \end{pmatrix}\boldsymbol{Q}_2,$$

记$\boldsymbol{Q}_1\boldsymbol{P}_2=\boldsymbol{C}=\begin{pmatrix} \boldsymbol{C}_1 & \boldsymbol{C}_2 \\ \boldsymbol{C}_3 & \boldsymbol{C}_4 \end{pmatrix}$,其中,$\boldsymbol{C}_1$为$r_1\times r_2$阵,由

$$\begin{pmatrix} \boldsymbol{E}_{r_1} & \boldsymbol{O} \\ \boldsymbol{O} & \boldsymbol{O} \end{pmatrix}\boldsymbol{C}\begin{pmatrix} \boldsymbol{E}_{r_2} & \boldsymbol{O} \\ \boldsymbol{O} & \boldsymbol{O} \end{pmatrix}=\begin{pmatrix} \boldsymbol{C}_1 & \boldsymbol{O} \\ \boldsymbol{O} & \boldsymbol{O} \end{pmatrix}$$

可知,$\operatorname{rank}\boldsymbol{AB}=\operatorname{rank}\boldsymbol{C}_1$. 又$\boldsymbol{C}_1$是在$\boldsymbol{C}$中取$r_1$行,$r_2$列所得,由于在$\boldsymbol{C}$中划去一行或一列时,其秩至多减少1,于是

$$\operatorname{rank}\boldsymbol{C}_1\geqslant n-(n-r_1)-(n-r_2)=r_1+r_2-n,$$

因此$\operatorname{rank}\boldsymbol{AB}\geqslant r_1+r_2-n$. 用矩阵的初等变换以及阶梯形矩阵和矩阵的秩的概念,可以得到求解线性方程组的算法.

关于线性方程组,有以下两个重要的结论:

定理 1.17 设$\boldsymbol{A}$为$m\times n$阵,则

(1) 齐次线性方程组$\boldsymbol{Ax}=\boldsymbol{0}$有非零解的充分必要条件是$\operatorname{rank}\boldsymbol{A}<n$.

(2) 非齐次线性方程组$\boldsymbol{Ax}=\boldsymbol{b}$有解的充分必要条件是$\operatorname{rank}\boldsymbol{A}=\operatorname{rank}(\boldsymbol{A},\ \boldsymbol{b})$,并且当

rank $\boldsymbol{A}$=rank($\boldsymbol{A}$, $\boldsymbol{b}$)=n 时有唯一解，当 rank $\boldsymbol{A}$=rank($\boldsymbol{A}$, $\boldsymbol{b}$)<n 时有无穷多解.

为了弄清楚线性方程组解的结构，还需要了解线性方程组的更多性质.

1.2.4 向量组的线性相关性

n 维空间中向量组的线性相关性理论是解析几何中的重要内容，在选定坐标系后，任何一个 n 维向量可以唯一对应一个 n 行的列矩阵，于是可以利用矩阵来研究向量组的线性相关性. 为了叙述简单，在本节中我们将向量和列矩阵等同，不加区别.

定义 1.15 设 $\boldsymbol{\alpha}_1$, $\boldsymbol{\alpha}_2$, …, $\boldsymbol{\alpha}_n$ 为向量组，若存在不全为零的数 k_1, k_2, …, k_n，使得

$$k_1\boldsymbol{\alpha}_1 + k_2\boldsymbol{\alpha}_2 + \cdots + k_n\boldsymbol{\alpha}_n = \boldsymbol{0},$$

则称向量组 $\boldsymbol{\alpha}_1$, $\boldsymbol{\alpha}_2$, …, $\boldsymbol{\alpha}_n$ **线性相关**，否则称向量组 $\boldsymbol{\alpha}_1$, $\boldsymbol{\alpha}_2$, …, $\boldsymbol{\alpha}_n$ **线性无关**.

定理 1.18 设 $\boldsymbol{A}=(\boldsymbol{\alpha}_1, \boldsymbol{\alpha}_2, \cdots, \boldsymbol{\alpha}_n)$ 为向量组 $\boldsymbol{\alpha}_1$, $\boldsymbol{\alpha}_2$, …, $\boldsymbol{\alpha}_n$ 组成的矩阵，则下列命题等价：

(1) 向量 $\boldsymbol{\alpha}_1$, $\boldsymbol{\alpha}_2$, …, $\boldsymbol{\alpha}_n$ 线性相关；

(2) 齐次线性方程组 $\boldsymbol{Ax}=\boldsymbol{0}$ 有非零解；

(3) rank $\boldsymbol{A}<n$.

定义 1.16 设 $\boldsymbol{\alpha}_1$, $\boldsymbol{\alpha}_2$, …, $\boldsymbol{\alpha}_n$, $\boldsymbol{\beta}$ 为向量，若存在数 k_1, k_2, …, k_n，使得

$$\boldsymbol{\beta} = k_1\boldsymbol{\alpha}_1 + k_2\boldsymbol{\alpha}_2 + \cdots + k_n\boldsymbol{\alpha}_n,$$

则称向量 $\boldsymbol{\beta}$ 可由向量组 $\boldsymbol{\alpha}_1$, $\boldsymbol{\alpha}_2$, …, $\boldsymbol{\alpha}_n$ **线性表示**.

定理 1.19 设 $\boldsymbol{A}=(\boldsymbol{\alpha}_1, \boldsymbol{\alpha}_2, \cdots, \boldsymbol{\alpha}_n)$, $\boldsymbol{B}=(\boldsymbol{\alpha}_1, \boldsymbol{\alpha}_2, \cdots, \boldsymbol{\alpha}_n, \boldsymbol{\beta})$，则下列命题等价：

(1) 向量 $\boldsymbol{\beta}$ 可由向量组 $\boldsymbol{\alpha}_1$, $\boldsymbol{\alpha}_2$, …, $\boldsymbol{\alpha}_n$ 线性表示；

(2) 线性方程组 $x_1\boldsymbol{\alpha}_1 + x_2\boldsymbol{\alpha}_2 + \cdots x_n\boldsymbol{\alpha}_n = \boldsymbol{\beta}$ 有解；

(3) rank $\boldsymbol{A}$=rank $\boldsymbol{B}$.

对向量组也可以讨论秩的概念.

定义 1.17 设 A 为向量组，$\boldsymbol{\alpha}_1$, $\boldsymbol{\alpha}_2$, …, $\boldsymbol{\alpha}_r \in A$，若满足：

(1) $\boldsymbol{\alpha}_1$, $\boldsymbol{\alpha}_2$, …, $\boldsymbol{\alpha}_r$ 线性无关；

(2) 对 $\boldsymbol{\alpha} \in A$, $\boldsymbol{\alpha}$ 可由 $\boldsymbol{\alpha}_1$, $\boldsymbol{\alpha}_2$, …, $\boldsymbol{\alpha}_r$ 线性表示.

则称 $\boldsymbol{\alpha}_1$, $\boldsymbol{\alpha}_2$, …, $\boldsymbol{\alpha}_r$ 为向量组 A 的一个**极大线性无关组**，r 称为向量组 A 的秩，记作 rank A.

当向量组 A 中所含向量个数有限时，求向量组 A 的秩就可以转化为求对应矩阵的秩.

定义 1.18 设有两个 m 维向量组 A: $\boldsymbol{\alpha}_1$, $\boldsymbol{\alpha}_2$, …, $\boldsymbol{\alpha}_s$, B: $\boldsymbol{\beta}_1$, $\boldsymbol{\beta}_2$, …, $\boldsymbol{\beta}_t$，若向量组 B 的每个向量都可由向量组 A 线性表示，则称向量组 B 可由向量组 A 线性表示. 若向量组 A 可由 B 线性表示，同时向量组 B 可由 A 线性表示，则称向量组 A 与向量组 B **等价**，记作 $A \cong B$.

向量组的线性相关性理论除了上面的概念外还有以下的性质：

定理 1.20 (1) 若向量组 A 的一个部分组线性相关，则向量组 A 也线性相关；

(2) $m+1$ 个 m 维向量组成的向量组必线性相关；

(3) 若向量组 $\boldsymbol{\alpha}_1$, $\boldsymbol{\alpha}_2$, …, $\boldsymbol{\alpha}_n$ 线性无关，向量组 $\boldsymbol{\alpha}_1$, $\boldsymbol{\alpha}_2$, …, $\boldsymbol{\alpha}_n$, $\boldsymbol{\beta}$ 线性相关，则 $\boldsymbol{\beta}$ 可由

向量组$\boldsymbol{\alpha}_1$，$\boldsymbol{\alpha}_2$，…，$\boldsymbol{\alpha}_n$唯一地线性表示；

(4) 若向量组 A：$\boldsymbol{\alpha}_1$，$\boldsymbol{\alpha}_2$，…，$\boldsymbol{\alpha}_s$可由向量组 B：$\boldsymbol{\beta}_1$，$\boldsymbol{\beta}_2$，…，$\boldsymbol{\beta}_t$线性表示，则 $\text{rank}\ A \leqslant \text{rank}\ B$.

下面介绍解决线性方程组解的结构问题的关键概念——向量空间.

定义 1.19　设 V 是一个非空向量组，若对任意 $\boldsymbol{\alpha}$，$\boldsymbol{\beta} \in V$，都有 $\boldsymbol{\alpha}+\boldsymbol{\beta} \in V$，$k\boldsymbol{\alpha} \in V$，其中 k 为实数，则称 V 是一个**实向量空间**. 向量组 V 的极大线性无关组，称为 V 的一组**基**；向量组 V 的秩，称为 V 的**维数**，记作 $\dim V$.

定义 1.20　设齐次线性方程组 $\boldsymbol{Ax}=\boldsymbol{0}$ 解向量的集合为 S，$\boldsymbol{\xi}$，$\boldsymbol{\xi}_1$，$\boldsymbol{\xi}_2 \in S$，k 为实数，则

$$\boldsymbol{\xi}_1+\boldsymbol{\xi}_2 \in S, \quad k\boldsymbol{\xi} \in S,$$

则 S 是一个实向量空间，称为线性方程组 $\boldsymbol{Ax}=\boldsymbol{0}$ 的**解空间**，解空间 S 的基称为线性方程组 $\boldsymbol{Ax}=\boldsymbol{0}$ 的一组**基础解系**.

要了解线性方程组 $\boldsymbol{Ax}=\boldsymbol{0}$ 解的结构，等同于了解 $\boldsymbol{Ax}=\boldsymbol{0}$ 的解空间 S，而要了解解空间 S，又等同于掌握解空间 S 的一组基. 下面给出求线性方程组 $\boldsymbol{Ax}=\boldsymbol{0}$ 基础解系的具体算法. 设齐次线性方程组

$$\begin{cases} a_{11}x_1+a_{12}x_2+\cdots+a_{1n}x_n=0, \\ a_{21}x_1+a_{22}x_2+\cdots+a_{2n}x_n=0, \\ \qquad\qquad\vdots \\ a_{m1}x_1+a_{m2}x_2+\cdots+a_{mn}x_n=0, \end{cases} \tag{1.2}$$

记

$$\boldsymbol{A}=\begin{pmatrix} a_{11} & a_{12} & \cdots & a_{1n} \\ a_{21} & a_{22} & \cdots & a_{2n} \\ \vdots & \vdots & & \vdots \\ a_{m1} & a_{m2} & \cdots & a_{mn} \end{pmatrix}, \ \boldsymbol{x}=\begin{pmatrix} x_1 \\ x_2 \\ \vdots \\ x_n \end{pmatrix}, \ \text{rank}\ \boldsymbol{A}=r,$$

不妨设 $\boldsymbol{A}$ 的前 r 个列矩阵线性无关，$\boldsymbol{A}_1$ 为 $\boldsymbol{A}$ 的行最简形矩阵，则有

$$\boldsymbol{A}_1=\begin{pmatrix} 1 & \cdots & 0 & b_{11} & \cdots & b_{1n-r} \\ \vdots & & \vdots & \vdots & & \vdots \\ 0 & \cdots & 1 & b_{r1} & \cdots & b_{rn-r} \\ 0 & \cdots & 0 & 0 & \cdots & 0 \\ \vdots & & \vdots & \vdots & & \vdots \\ 0 & \cdots & 0 & 0 & \cdots & 0 \end{pmatrix},$$

与 $\boldsymbol{A}_1$ 对应的齐次线性方程组为

$$\begin{cases} x_1+b_{11}x_{r+1}+\cdots+b_{1n-r}x_n=0, \\ \qquad\qquad\vdots \\ x_r+b_{r1}x_{r+1}+\cdots+b_{rn-r}x_n=0. \end{cases} \tag{1.3}$$

把 x_1，…，x_r这 r 个变量作为因变量，而 x_{r+1}，…，x_n 这 $n-r$ 个变量作为自由变量，并令自

由变量分别取下列 $n-r$ 组数：

$$\begin{pmatrix} x_{r+1} \\ x_{r+2} \\ \vdots \\ x_n \end{pmatrix} = \begin{pmatrix} 1 \\ 0 \\ \vdots \\ 0 \end{pmatrix}, \begin{pmatrix} 0 \\ 1 \\ \vdots \\ 0 \end{pmatrix}, \cdots, \begin{pmatrix} 0 \\ 0 \\ \vdots \\ 1 \end{pmatrix},$$

代入线性方程组(1.3)后依次得

$$\begin{pmatrix} x_1 \\ \vdots \\ x_r \end{pmatrix} = \begin{pmatrix} -b_{11} \\ \vdots \\ -b_{r1} \end{pmatrix}, \begin{pmatrix} -b_{12} \\ \vdots \\ -b_{r2} \end{pmatrix}, \cdots, \begin{pmatrix} -b_{1n-r} \\ \vdots \\ -b_{rn-r} \end{pmatrix}.$$

于是就得线性方程组(1.2)的基础解系

$$\boldsymbol{\xi}_1 = \begin{pmatrix} -b_{11} \\ \vdots \\ -b_{r1} \\ 1 \\ 0 \\ \vdots \\ 0 \end{pmatrix}, \boldsymbol{\xi}_2 = \begin{pmatrix} -b_{12} \\ \vdots \\ -b_{r2} \\ 0 \\ 1 \\ \vdots \\ 0 \end{pmatrix}, \cdots, \boldsymbol{\xi}_{n-r} = \begin{pmatrix} -b_{1n-r} \\ \vdots \\ -b_{rn-r} \\ 0 \\ 0 \\ \vdots \\ 1 \end{pmatrix}.$$

线性方程组的通解为

$$\boldsymbol{x} = k_1\boldsymbol{\xi}_1 + k_2\boldsymbol{\xi}_2 + \cdots + k_{n-r}\boldsymbol{\xi}_{n-r}.$$

从以上讨论中，可得如下结论：

定理 1.21 设齐次线性方程组 $\boldsymbol{Ax}=\boldsymbol{0}$ 的解空间为 S，$\boldsymbol{A}$ 为 $m\times n$ 型矩阵，则

$$\dim S = n - \operatorname{rank} \boldsymbol{A}.$$

例 1.11 求解线性方程组

$$\begin{cases} x_1 - 2x_2 - x_3 + 2x_4 = 0, \\ 2x_1 - 4x_2 + 8x_4 = 0, \\ -2x_1 + 4x_2 + 3x_3 - 2x_4 = 0. \end{cases}$$

解 对系数矩阵 $\boldsymbol{A}$ 作初等变换

$$\boldsymbol{A} = \begin{pmatrix} 1 & -2 & -1 & 2 \\ 2 & -4 & 0 & 8 \\ -2 & 4 & 3 & -2 \end{pmatrix} \xrightarrow[r_3+2r_1]{r_2-2r_1} \begin{pmatrix} 1 & -2 & -1 & 2 \\ 0 & 0 & 2 & 4 \\ 0 & 0 & 1 & 2 \end{pmatrix}$$

$$\xrightarrow{r_2-2r_3} \begin{pmatrix} 1 & -2 & -1 & 2 \\ 0 & 0 & 0 & 0 \\ 0 & 0 & 1 & 2 \end{pmatrix} \xrightarrow[r_1+r_3]{r_2\leftrightarrow r_3} \begin{pmatrix} 1 & -2 & 0 & 4 \\ 0 & 0 & 1 & 2 \\ 0 & 0 & 0 & 0 \end{pmatrix},$$

得

$$\begin{cases} x_1 - 2x_2 + 4x_4 = 0, \\ x_3 + 2x_4 = 0, \end{cases}$$

把 x_1, x_3 作为因变量,而 x_2, x_4 作为自由变量,即得线性方程组的基础解系

$$\boldsymbol{\xi}_1 = \begin{pmatrix} 2 \\ 1 \\ 0 \\ 0 \end{pmatrix}, \quad \boldsymbol{\xi}_2 = \begin{pmatrix} -4 \\ 0 \\ -2 \\ 1 \end{pmatrix},$$

线性方程组的通解为

$$\boldsymbol{x} = k_1\boldsymbol{\xi}_1 + k_2\boldsymbol{\xi}_2,$$

其中,k_1, k_2 是任意数.

1.3 相似矩阵

1.3.1 方阵的特征值与特征向量

定义 1.21 设 $\boldsymbol{A}=(a_{ij})$为 n 阶方阵,如果存在数 λ 和 n 维非零列向量 $\boldsymbol{x}$ 使

$$\boldsymbol{A}\boldsymbol{x} = \lambda\boldsymbol{x}, \tag{1.4}$$

则称 λ 为方阵 $\boldsymbol{A}$ 的**特征值**,$\boldsymbol{x}$ 称为 $\boldsymbol{A}$ 的对应于特征值 λ 的**特征向量**.

式(1.4)等价于$(\boldsymbol{A}-\lambda\boldsymbol{E})\boldsymbol{x}=\boldsymbol{0}$,这是一个具有 n 个未知数,n 个方程的齐次线性方程组,它有非零解的充分必要条件是

$$|\boldsymbol{A}-\lambda\boldsymbol{E}| = 0,$$

记 $f(\lambda)=|\boldsymbol{A}-\lambda\boldsymbol{E}|$,称为 $\boldsymbol{A}$ 的**特征多项式**,设 λ_1, λ_2, $\cdots$, λ_n 为 $\boldsymbol{A}$ 的 n 个特征值,则

$$\begin{aligned} f(\lambda) &= (-1)^n(\lambda-\lambda_1)(\lambda-\lambda_2)\cdots(\lambda-\lambda_n) \\ &= (-\lambda)^n + \operatorname{tr}\boldsymbol{A}(-\lambda)^{n-1} + \cdots + \det\boldsymbol{A}. \end{aligned}$$

比较第二个等号的两端,得

$$\lambda_1 + \lambda_2 + \cdots + \lambda_n = \operatorname{tr}\boldsymbol{A}, \quad \lambda_1\lambda_2\cdots\lambda_n = \det\boldsymbol{A}.$$

关于方阵的特征值,有下列性质:

定理 1.22 设 λ 是方阵 $\boldsymbol{A}$ 的特征值,则

(1) λ 也是 $\boldsymbol{A}^{\mathrm{T}}$ 的特征值.

(2) 对于任意正整数 m, λ^m 是 $\boldsymbol{A}^m$ 的特征值.

(3) λ^{-1}是 $\boldsymbol{A}^{-1}$的特征值;$\lambda^{-1}|\boldsymbol{A}|$是 $\boldsymbol{A}^*$ 的特征值.

(4) 设方阵 $\boldsymbol{A}$ 满足 $\boldsymbol{A}^k=\boldsymbol{O}$,则称 $\boldsymbol{A}$ 为**幂零阵**. 幂零阵的特征值只能是零.

(5) 设方阵 $\boldsymbol{A}$ 满足 $\boldsymbol{A}^2=\boldsymbol{A}$,则称 $\boldsymbol{A}$ 为**幂等阵**. 幂等阵的特征值只能是 0 和 1.

证明 (1) 因为 λ 是 $\boldsymbol{A}$ 的特征值,所以

$$|\lambda\boldsymbol{E}-\boldsymbol{A}|=0,\text{而}\ |\lambda\boldsymbol{E}-\boldsymbol{A}|=|(\lambda\boldsymbol{E}-\boldsymbol{A})^{\mathrm{T}}|=|\lambda\boldsymbol{E}-\boldsymbol{A}^{\mathrm{T}}|=0,$$

故 $\boldsymbol{\lambda}$ 也是 $\boldsymbol{A}^{\mathrm{T}}$ 的特征值.

(2) 因为 λ 是 $\boldsymbol{A}$ 的特征值,所以有 $\boldsymbol{Ax}=\lambda\boldsymbol{x}$,将此式的两边左乘 $\boldsymbol{A}$,得 $\boldsymbol{A}^2\boldsymbol{x}=\lambda\boldsymbol{Ax}\Rightarrow\boldsymbol{A}^2\boldsymbol{x}=\lambda^2\boldsymbol{x}$,再将此式两边左乘 $\boldsymbol{A}$,可得 $\boldsymbol{A}^3\boldsymbol{x}=\lambda^3\boldsymbol{x}$,如此重复进行下去,可得 $\boldsymbol{A}^m\boldsymbol{x}=\lambda^m\boldsymbol{x}$,这就证明了 λ^m 是 $\boldsymbol{A}^m$ 的特征值.

(3) 因为 λ 是 $\boldsymbol{A}$ 的特征值,所以有 $\boldsymbol{Ax}=\lambda\boldsymbol{x}$,又 $\boldsymbol{A}$ 可逆,由特征方程 $|\lambda\boldsymbol{E}-\boldsymbol{A}|=0$,知 $\lambda\neq 0$. 否则将有 $|\boldsymbol{A}|=0$,这与 $\boldsymbol{A}$ 可逆矛盾. 于是得到 $\frac{1}{\lambda}\boldsymbol{x}=\boldsymbol{A}^{-1}\boldsymbol{x}$,此式表明 $\frac{1}{\lambda}$ 是 $\boldsymbol{A}^{-1}$ 的特征值. 再由 $\boldsymbol{Ax}=\lambda\boldsymbol{x}$ 得 $\boldsymbol{A}^*\boldsymbol{Ax}=\lambda\boldsymbol{A}^*\boldsymbol{x}$,于是得 $|\boldsymbol{A}|\boldsymbol{x}=\lambda\boldsymbol{A}^*\boldsymbol{x}$,从而有 $\boldsymbol{A}^*\boldsymbol{x}=\frac{1}{\lambda}|\boldsymbol{A}|\boldsymbol{x}$,此式表明 $\frac{1}{\lambda}|\boldsymbol{A}|$ 是 $\boldsymbol{A}^*$ 的特征值.

(4) 设 λ 是 $\boldsymbol{A}$ 的特征值,则有 $\boldsymbol{Ax}=\lambda\boldsymbol{x}$,两边左乘 $\boldsymbol{A}^{k-1}$ 得 $\boldsymbol{A}^k\boldsymbol{x}=\lambda^k\boldsymbol{x}$,于是得 $\lambda^k\boldsymbol{x}=\boldsymbol{O}\cdot\boldsymbol{x}=\boldsymbol{0}$,由于 $\boldsymbol{x}\neq\boldsymbol{0}$,所以 $\lambda^k=0$,即有 $\lambda=0$,因此,幂零阵的特征值只能是零.

(5) 设 λ 是 $\boldsymbol{A}$ 的特征值,则有 $\boldsymbol{Ax}=\lambda\boldsymbol{x}$,两边左乘 $\boldsymbol{A}$ 得 $\boldsymbol{A}^2\boldsymbol{x}=\lambda\boldsymbol{Ax}$,于是得 $\boldsymbol{Ax}=\lambda^2\boldsymbol{x}$, $\lambda\boldsymbol{x}=\lambda^2\boldsymbol{x}$, $\lambda(\lambda-1)\boldsymbol{x}=\boldsymbol{0}$,因此 $x\neq\boldsymbol{0}$,所以 $\lambda(\lambda-1)=0$,故 $\lambda=0$ 或 $\lambda=1$. 因此,幂等阵的特征值只能是 1 和 0.

例 1.12 设 λ_1, λ_2 是方阵 $\boldsymbol{A}$ 的两个不同的特征值,$\boldsymbol{x}_1$, $\boldsymbol{x}_2$ 分别是属于 λ_1, λ_2 的特征向量,证明 $\boldsymbol{x}_1+\boldsymbol{x}_2$ 不是 $\boldsymbol{A}$ 的特征向量.

证明 假设 $\boldsymbol{x}_1+\boldsymbol{x}_2$ 是 A 的属于 λ 的特征向量,则 $\boldsymbol{A}(\boldsymbol{x}_1+\boldsymbol{x}_2)=\lambda(\boldsymbol{x}_1+\boldsymbol{x}_2)$. 由 $\boldsymbol{A}\boldsymbol{x}_1=\lambda_1\boldsymbol{x}_1$, $\boldsymbol{A}\boldsymbol{x}_2=\lambda_2\boldsymbol{x}_2$ 可得 $\boldsymbol{A}(\boldsymbol{x}_1+\boldsymbol{x}_2)=\boldsymbol{A}\boldsymbol{x}_1+A\boldsymbol{x}_2=\lambda_1\boldsymbol{x}_1+\lambda_2\boldsymbol{x}_2$. 所以 $\lambda_1\boldsymbol{x}_1+\lambda_2\boldsymbol{x}_2=\lambda(\boldsymbol{x}_1+\boldsymbol{x}_2)$,即 $(\lambda_1-\lambda)\boldsymbol{x}_1+(\lambda_2-\lambda)\boldsymbol{x}_2=\boldsymbol{0}$,而 $\boldsymbol{x}_1$, $\boldsymbol{x}_2$ 分别是属于不同特征值的特征向量,故 $\boldsymbol{x}_1$, $\boldsymbol{x}_2$ 线性无关,因此 $\lambda_1-\lambda=\lambda_2-\lambda=0$,即 $\lambda_1=\lambda_2$,矛盾. 所以 $\boldsymbol{x}_1+\boldsymbol{x}_2$ 不是 $\boldsymbol{A}$ 的特征向量.

1.3.2 相似矩阵

定义 1.22 设 $\boldsymbol{A}$, $\boldsymbol{B}$ 为 n 阶方阵,若存在可逆矩阵 $\boldsymbol{P}$ 使得 $\boldsymbol{P}^{-1}\boldsymbol{AP}=\boldsymbol{B}$,则称 $\boldsymbol{A}$ 与 $\boldsymbol{B}$ 相似,记作 $\boldsymbol{A}\sim\boldsymbol{B}$,也称 $\boldsymbol{P}$ 为**相似变换矩阵**,称运算 $\boldsymbol{P}^{-1}\boldsymbol{AP}$ 为对 $\boldsymbol{A}$ 作相似变换.

若 $\boldsymbol{P}^{-1}\boldsymbol{AP}=\boldsymbol{\Lambda}$ 是对角阵,则称 $\boldsymbol{A}$ **可以对角化**. 由于 $\boldsymbol{P}^{-1}\boldsymbol{AP}=\boldsymbol{\Lambda}$,就有 $\boldsymbol{AP}=\boldsymbol{P\Lambda}$. 设 $\boldsymbol{P}=(\boldsymbol{p}_1, \boldsymbol{p}_2, \cdots, \boldsymbol{p}_n)$,则

$$\boldsymbol{A}(\boldsymbol{p}_1, \boldsymbol{p}_2, \cdots, \boldsymbol{p}_n)=(\boldsymbol{p}_1, \boldsymbol{p}_2, \cdots, \boldsymbol{p}_n)\begin{pmatrix}\lambda_1 & & & \\ & \lambda_2 & & \\ & & \ddots & \\ & & & \lambda_n\end{pmatrix}=(\lambda_1\boldsymbol{p}_1, \lambda_2\boldsymbol{p}_2, \cdots, \lambda_n\boldsymbol{p}_n),$$

因此 $\boldsymbol{A}\boldsymbol{p}_i=\lambda_i\boldsymbol{p}_i(i=1, 2, \cdots, n)$. 也就是说,若 $\boldsymbol{A}$ 可以对角化,即存在相似变换矩阵 $\boldsymbol{P}$,使得 $\boldsymbol{P}^{-1}\boldsymbol{AP}=\boldsymbol{\Lambda}$,则对角阵 $\boldsymbol{\Lambda}$ 的对角线上元素是 $\boldsymbol{A}$ 的特征值,$\boldsymbol{P}=(\boldsymbol{p}_1, \boldsymbol{p}_2, \cdots, \boldsymbol{p}_n)$ 的列矩阵是 $\boldsymbol{A}$ 的特征向量. 注意到,上述推理的第一步不可逆,即由 $\boldsymbol{AP}=\boldsymbol{P\Lambda}$ 到 $\boldsymbol{P}^{-1}\boldsymbol{AP}=\boldsymbol{\Lambda}$ 需要增加矩阵

$\boldsymbol{P}$ 可逆的条件,也就是 $\boldsymbol{A}$ 要具有 n 个线性无关的特征向量 $\boldsymbol{p}_1$, $\boldsymbol{p}_2$, …, $\boldsymbol{p}_n$.

定理 1.23 矩阵相似的性质:

(1) 矩阵 $\boldsymbol{A}$ 与 $\boldsymbol{B}$ 相似,则 $\boldsymbol{A}$ 与 $\boldsymbol{B}$ 有相同的特征多项式.

(2) 设 $\boldsymbol{A}$ 可以对角化的充要条件是 $\boldsymbol{A}$ 具有 n 个线性无关的特征向量,此时对角阵的对角线上元素恰是 $\boldsymbol{A}$ 的特征值.

(3) 若 $\boldsymbol{A}$ 有 n 个两两不同的特征值,则 $\boldsymbol{A}$ 可以对角化.

例 1.13 设矩阵 $\boldsymbol{A}=\begin{pmatrix}2&0&0\\0&0&1\\0&1&x\end{pmatrix}$ 与 $\boldsymbol{B}=\begin{pmatrix}2&0&0\\0&y&0\\0&0&-1\end{pmatrix}$ 相似,求 x, y 以及可逆阵 $\boldsymbol{P}$,使得 $\boldsymbol{P}^{-1}\boldsymbol{A}\boldsymbol{P}=\boldsymbol{B}$.

解 因为矩阵 $\boldsymbol{A}$ 与 $\boldsymbol{B}$ 相似,所以 $|\lambda\boldsymbol{E}-\boldsymbol{A}|=|\lambda\boldsymbol{E}-\boldsymbol{B}|$,即

$$\begin{vmatrix}\lambda-2&0&0\\0&\lambda&-1\\0&-1&\lambda-x\end{vmatrix}=\begin{vmatrix}\lambda-2&0&0\\0&\lambda-y&0\\0&0&\lambda+1\end{vmatrix}$$

或 $(\lambda-2)(\lambda^2-x\lambda-1)=(\lambda-2)[\lambda^2+(1-y)\lambda-y]$. 比较等式两端得 $x=0$, $y=1$,此时

$$\boldsymbol{A}=\begin{pmatrix}2&0&0\\0&0&1\\0&1&0\end{pmatrix},\quad \boldsymbol{B}=\begin{pmatrix}2&0&0\\0&1&0\\0&0&-1\end{pmatrix}.$$

于是 $\lambda=2$, 1, -1 是矩阵 $\boldsymbol{A}$ 与 $\boldsymbol{B}$ 的特征值. 解 $(2\boldsymbol{E}-\boldsymbol{A})\boldsymbol{x}=\boldsymbol{0}$ 得 $\boldsymbol{p}_1=(1, 0, 0)^{\mathrm{T}}$,解 $(\boldsymbol{E}-\boldsymbol{A})\boldsymbol{x}=\boldsymbol{0}$ 得 $\boldsymbol{p}_2=(0, 1, 1)^{\mathrm{T}}$,解 $(-\boldsymbol{E}-\boldsymbol{A})\boldsymbol{x}=\boldsymbol{0}$ 得 $\boldsymbol{p}_3=(0, 1, -1)^{\mathrm{T}}$,故

$$\boldsymbol{P}=\begin{pmatrix}1&0&0\\0&1&1\\0&1&-1\end{pmatrix},\quad \boldsymbol{P}^{-1}\boldsymbol{A}\boldsymbol{P}=\begin{pmatrix}2&0&0\\0&1&0\\0&0&-1\end{pmatrix}.$$

1.3.3 正定矩阵

定义 1.23 设 $\boldsymbol{A}$ 为 n 阶实对称阵.

(1) 若对任意的 n 维实非零列向量 $\boldsymbol{x}$,都有 $\boldsymbol{x}^{\mathrm{T}}\boldsymbol{A}\boldsymbol{x}>0$,则称 $\boldsymbol{A}$ 为**正定矩阵**,记作 $\boldsymbol{A}>0$;

(2) 若对任意的 n 维实非零列向量 $\boldsymbol{x}$,都有 $\boldsymbol{x}^{\mathrm{T}}\boldsymbol{A}\boldsymbol{x}\geqslant0$,则称 $\boldsymbol{A}$ 为**半正定矩阵**,记作 $\boldsymbol{A}\geqslant0$;

(3) 若对任意的 n 维实非零列向量 $\boldsymbol{x}$,都有 $\boldsymbol{x}^{\mathrm{T}}\boldsymbol{A}\boldsymbol{x}<0$,则称 $\boldsymbol{A}$ 为**负定矩阵**,记作 $\boldsymbol{A}<0$;

(4) 若对任意的 n 维实非零列向量 $\boldsymbol{x}$,都有 $\boldsymbol{x}^{\mathrm{T}}\boldsymbol{A}\boldsymbol{x}\leqslant0$,则称 $\boldsymbol{A}$ 为**半负定矩阵**,记作 $\boldsymbol{A}\leqslant0$.

一个简单的事实,若 $\boldsymbol{A}$ 为(半)正定矩阵,则 $-\boldsymbol{A}$ 必为(半)负定矩阵.

定理 1.24 设 $\boldsymbol{A}$ 为 n 阶实对称阵,则下列各个命题等价:

(1) $\boldsymbol{A}$ 为正定矩阵,

(2) $\boldsymbol{A}$ 的每个特征值都大于零,

(3) 存在可逆阵 $\boldsymbol{P}$,使得 $\boldsymbol{A}=\boldsymbol{P}^{\mathrm{T}}\boldsymbol{P}$,

(4) 存在正定阵 $\boldsymbol{Q}$,使得 $\boldsymbol{A}=\boldsymbol{Q}^2$,

(5) $\boldsymbol{A}$ 的各阶顺序主子式大于零.

性质 1.24(1)—(4)可以利用“实对称阵可以正交相似于对角阵”这个结论来证明，而(5)可利用归纳法证明.

例 1.14 设 $\boldsymbol{A}$ 为正定矩阵，则 $\boldsymbol{A}^{-1}$ 和 $\boldsymbol{A}^{*}$ 都是正定矩阵.

证明 设正定阵 $\boldsymbol{A}$ 的特征值为 $\lambda_1, \lambda_2, \cdots, \lambda_n>0$，$\boldsymbol{A}$ 的行列式 $|\boldsymbol{A}|>0$，则 $\boldsymbol{A}^{-1}$ 的特征值为 $\lambda_1^{-1}, \lambda_2^{-1}, \cdots, \lambda_n^{-1}>0$，$\boldsymbol{A}^{*}$ 的特征值为 $\lambda_1^{-1}|\boldsymbol{A}|, \lambda_2^{-1}|\boldsymbol{A}|, \cdots, \lambda_n^{-1}|\boldsymbol{A}|>0$，故 $\boldsymbol{A}^{-1}$ 和 $\boldsymbol{A}^{*}$ 都是正定矩阵.

习 题 1

1. 计算下列乘积.

(a) $(1\quad 2\quad 3)\begin{pmatrix}4\\5\\6\end{pmatrix}$；　(b) $\begin{pmatrix}4\\5\\6\end{pmatrix}(1\quad 2\quad 3)$；

(c) $\begin{pmatrix}1&&\\&2&\\&&3\end{pmatrix}\begin{pmatrix}1&1&1\\1&1&1\\1&1&1\end{pmatrix}$；　(d) $\begin{pmatrix}1&1&1\\1&1&1\\1&1&1\end{pmatrix}\begin{pmatrix}1&&\\&2&\\&&3\end{pmatrix}$.

2. 设矩阵 $\boldsymbol{A}=\begin{pmatrix}\lambda&1&0\\0&\lambda&1\\0&0&\lambda\end{pmatrix}$，求 $\boldsymbol{A}^k$.

3. 设 $\boldsymbol{A}$ 为 n 阶方阵，$\boldsymbol{\alpha}$ 为 n 维列矩阵，λ 是数，并且 $\boldsymbol{A\alpha}=\lambda\boldsymbol{\alpha}$，验证：

(a) $\boldsymbol{A}^2\boldsymbol{\alpha}=\lambda^2\boldsymbol{\alpha}$；

(b) $(\boldsymbol{A}^5+2\boldsymbol{A}^3-3\boldsymbol{E})\boldsymbol{\alpha}=(\lambda^5+2\lambda^3-3)\boldsymbol{\alpha}$.

4. 设 $\boldsymbol{\alpha}$ 为 n 维列矩阵，证明：$\boldsymbol{\alpha}^{\mathrm{T}}\boldsymbol{\alpha}=0\Leftrightarrow\boldsymbol{\alpha}=\boldsymbol{0}$.

5. 求下列矩阵的逆矩阵

(a) $\begin{pmatrix}3&1&0&0\\2&-1&0&0\\0&0&1&2\\0&0&2&5\end{pmatrix}$；　(b) $\begin{pmatrix}0&0&2&2\\0&0&2&3\\5&1&0&0\\3&1&0&0\end{pmatrix}$.

6. 设矩阵 $\boldsymbol{A}=\begin{pmatrix}1&2&2&1\\2&1&-2&-1\\1&-1&-4&-2\end{pmatrix}$，求可逆矩阵 $\boldsymbol{P}$，使得 $\boldsymbol{PA}$ 是行最简形.

7. 问 λ 取什么值时，非齐次线性方程组

$$\begin{cases}-2x_1+x_2+x_3=-2,\\ x_1-2x_2+x_3=\lambda,\\ x_1+x_2-2x_3=\lambda^2\end{cases}$$

有解？并求其通解.

8. 设 $\boldsymbol{A}$ 为列满秩矩阵，$\boldsymbol{B}$，$\boldsymbol{C}$ 分别为齐次线性方程组 $\boldsymbol{Bx}=\boldsymbol{0}$ 与 $\boldsymbol{Cx}=\boldsymbol{0}$ 的系数矩阵，并且

$\boldsymbol{AB}=\boldsymbol{C}$,证明:$\boldsymbol{Bx}=\boldsymbol{0}$ 与 $\boldsymbol{Cx}=\boldsymbol{0}$ 同解.

9. 设向量组 A 线性无关,向量组 B: $\boldsymbol{b}_1, \boldsymbol{b}_2, \cdots, \boldsymbol{b}_r$ 能由向量组 A: $\boldsymbol{a}_1, \boldsymbol{a}_2, \cdots, \boldsymbol{a}_s$ 线性表示

$$(\boldsymbol{b}_1, \boldsymbol{b}_2, \cdots, \boldsymbol{b}_r) = (\boldsymbol{a}_1, \boldsymbol{a}_2, \cdots, \boldsymbol{a}_s)\boldsymbol{K},$$

其中,

$$\boldsymbol{K} = \begin{pmatrix} k_{11} & k_{12} & \cdots & k_{1r} \\ k_{21} & k_{22} & \cdots & k_{2r} \\ \vdots & \vdots & & \vdots \\ k_{s1} & k_{s2} & \cdots & k_{sr} \end{pmatrix}.$$

证明向量组 $\boldsymbol{B}$ 线性无关的充要条件是 $\operatorname{rank} \boldsymbol{K}=r$.

10. 设向量组 $\boldsymbol{a}_1, \boldsymbol{a}_2, \boldsymbol{a}_3$ 线性无关,判断向量组 $\boldsymbol{b}_1, \boldsymbol{b}_2, \boldsymbol{b}_3$ 是否线性相关:
 (a) $\boldsymbol{b}_1=\boldsymbol{a}_1+\boldsymbol{a}_2,\ \boldsymbol{b}_2=\boldsymbol{a}_2+\boldsymbol{a}_3,\ \boldsymbol{b}_3=\boldsymbol{a}_3+\boldsymbol{a}_1$;
 (b) $\boldsymbol{b}_1=\boldsymbol{a}_1+2\boldsymbol{a}_2,\ \boldsymbol{b}_2=2\boldsymbol{a}_2-3\boldsymbol{a}_3,\ \boldsymbol{b}_3=3\boldsymbol{a}_3+\boldsymbol{a}_1$;
 (c) $\boldsymbol{b}_1=\boldsymbol{a}_1+3\boldsymbol{a}_2,\ \boldsymbol{b}_2=\boldsymbol{a}_2+3\boldsymbol{a}_3,\ \boldsymbol{b}_3=\boldsymbol{a}_1-\boldsymbol{a}_3$.

11. 设向量组 $\boldsymbol{a}_1, \boldsymbol{a}_2, \boldsymbol{a}_3$ 线性无关,而向量组 $\boldsymbol{a}_1, \boldsymbol{a}_2, \boldsymbol{a}_3, \boldsymbol{a}_4$ 线性相关,并且向量组 $\boldsymbol{a}_1, \boldsymbol{a}_2, \boldsymbol{a}_3, \boldsymbol{a}_5$ 线性无关,求向量组 $\boldsymbol{a}_1, \boldsymbol{a}_2, \boldsymbol{a}_3, \boldsymbol{a}_4+\boldsymbol{a}_5$ 的一个极大线性无关组.

12. 设 $\boldsymbol{\eta}$ 是非齐次线性方程组 $\boldsymbol{Ax}=\boldsymbol{b}$ 的一个解,$\boldsymbol{\xi}_1, \boldsymbol{\xi}_2, \cdots, \boldsymbol{\xi}_{n-r}$ 是 $\boldsymbol{Ax}=\boldsymbol{b}$ 对应的齐次线性方程组 $\boldsymbol{Ax}=\boldsymbol{0}$ 的基础解系,证明向量组 $\boldsymbol{\xi}_1+\boldsymbol{\eta}, \boldsymbol{\xi}_2+\boldsymbol{\eta}, \cdots, \boldsymbol{\xi}_{n-r}+\boldsymbol{\eta}, \boldsymbol{\eta}$ 线性无关.

13. 设 $\boldsymbol{A}$ 是 $m\times n$ 矩阵,$\operatorname{rank} \boldsymbol{A}=r$,非齐次线性方程组 $\boldsymbol{Ax}=\boldsymbol{b}$ 有解,并且 $\boldsymbol{\eta}_1, \boldsymbol{\eta}_2, \cdots, \boldsymbol{\eta}_{n-r+1}$ 是 $n-r+1$ 个线性无关的解,证明 $\boldsymbol{Ax}=\boldsymbol{b}$ 的任意解 $\boldsymbol{x}$ 可表示为 $\boldsymbol{x}=k_1\boldsymbol{\eta}_1+k_2\boldsymbol{\eta}_2+\cdots+k_{n-r+1}\boldsymbol{\eta}_{n-r+1}$,其中 $k_1+k_2+\cdots+k_{n-r+1}=1$.

14. 设 n 阶矩阵 $\boldsymbol{A}=(\boldsymbol{\alpha}_1, \boldsymbol{\alpha}_2, \cdots, \boldsymbol{\alpha}_n)$,证明 $\boldsymbol{A}$ 是正交矩阵当且仅当 $\boldsymbol{\alpha}_i^{\mathrm{T}}\boldsymbol{\alpha}_j=\delta_{ij}$.

15. 判断下列矩阵是否为正交矩阵:

 (a) $\dfrac{1}{3}\begin{pmatrix} 1 & 2 & -2 \\ 2 & 1 & 2 \\ -2 & 2 & 1 \end{pmatrix}$;

 (b) $\begin{pmatrix} 0 & -\dfrac{1}{\sqrt{2}} & \dfrac{1}{\sqrt{2}} \\ -\dfrac{1}{\sqrt{3}} & \dfrac{1}{\sqrt{3}} & \dfrac{1}{\sqrt{3}} \\ \dfrac{2}{\sqrt{6}} & \dfrac{1}{\sqrt{6}} & \dfrac{1}{\sqrt{6}} \end{pmatrix}$.

16. 设 $n\times 1$ 的矩阵 $\boldsymbol{\alpha}=(1, 1, \cdots, 1)^{\mathrm{T}}$,矩阵 $\boldsymbol{A}=\boldsymbol{\alpha}\boldsymbol{\alpha}^{\mathrm{T}}$,求 $\boldsymbol{A}$ 的特征值以及 n 个线性无关的特征向量.

17. 设 $\boldsymbol{A}$ 是 3 阶矩阵,并且 $|\boldsymbol{A}+3\boldsymbol{E}|=|\boldsymbol{A}-\boldsymbol{E}|=|3\boldsymbol{A}-2\boldsymbol{E}|=0$,求 $\boldsymbol{A}$ 的特征值.

18. 设 $\lambda_1=\lambda_2=2,\ \lambda_3=-1$ 是 3 阶矩阵 $\boldsymbol{A}$ 的特征值,并且与这 3 个特征值对应的特征向

量依次为

$$\boldsymbol{p}_1=\begin{pmatrix}1\\1\\0\end{pmatrix},\quad \boldsymbol{p}_2=\begin{pmatrix}2\\0\\1\end{pmatrix},\quad \boldsymbol{p}_1=\begin{pmatrix}3\\-1\\1\end{pmatrix}.$$

求矩阵 $\boldsymbol{A}$.

19. 设 $\boldsymbol{A}$, $\boldsymbol{B}$ 都是 n 阶正定矩阵，
   (a) 证明 $\boldsymbol{A}+\boldsymbol{B}$ 也是正定矩阵；
   (b) 若 $\boldsymbol{AB}=\boldsymbol{BA}$,证明 $\boldsymbol{AB}$ 也是正定矩阵.
20. 设 $\boldsymbol{A}$ 为 n 阶实对称矩阵，
   (a) 证明存在实数 c,使得当 $b\geqslant c$ 时,$b\boldsymbol{E}+\boldsymbol{A}$ 是正定矩阵；
   (b) 证明存在实数 C_1, C_2,使得对任意的 n 维实向量 $\boldsymbol{x}$,都有

$$C_1\,\boldsymbol{x}^{\mathrm{T}}\boldsymbol{x}\leqslant\boldsymbol{x}^{\mathrm{T}}\boldsymbol{A}\boldsymbol{x}\leqslant C_2\,\boldsymbol{x}^{\mathrm{T}}\boldsymbol{x}.$$

第 2 章　矩阵的标准形

本章将在矩阵相似的意义下，讨论方阵的标准化问题，本章的主要结论是每个方阵在复数域上必定相似于一个上三角形矩阵——Jordan 标准形. 为了达到这个目标，我们先来介绍一元多项式的基础知识.

2.1　一元多项式

多项式是研究矩阵的一个重要工具. 在讨论多项式时，总是以一个预先给定的数域 **F** 作为基础(所谓**数域**，是关于加、减、乘和除四则运算都封闭的数集，例如，有理数集 **Q**、实数集 **R** 和复数集 **C** 等都是数域，但整数集 **Z** 就不是数域).

定义 2.1　设 n 是一个非负整数，x 是一个符号(或文字)，a_0，a_1，…，$a_n \in \mathbf{F}$，则表达式

$$f(x) = a_n x^n + a_{n-1}x^{n-1} + \cdots + a_0 \tag{2.1}$$

称为系数在数域 **F** 上的**一元多项式**，简称为数域 **F** 上的**多项式**. 其中，$a_i x^i$ $(0 \leqslant i \leqslant n)$ 称为这个多项式的 ***i* 次项**，a_i 称为 ***i* 次项系数**. 特别，a_0 也称为多项式的**常数项**.

在多项式 $f(x)$ 中，若 $a_n \neq 0$，则 n 称为多项式 $f(x)$ 的**次数**，记为 $\deg f(x)$，并且把 $a_n x^n$ 称为 $f(x)$ 的**首项**，a_n 称为**首项系数**；若 $f(x)$ 的所有各次项的系数都为零，此时 $f(x)=0$，我们把 0 称为**零多项式**，零多项式不定义次数或将次数看作 $-\infty$.

定义 2.2　若在多项式 $f(x)$ 与 $g(x)$ 中，所有同次项的系数都相等，则称多项式 $f(x)$ 与 $g(x)$ **相等**，记为 $f(x)=g(x)$.

为了叙述简洁，可以用求和号来表示多项式. 设

$$f(x) = a_n x^n + a_{n-1}x^{n-1} + \cdots + a_0 = \sum_{i=0}^{n} a_i x^i,$$

$$g(x) = b_m x^m + b_{m-1}x^{m-1} + \cdots + b_0 = \sum_{i=0}^{m} b_i x^i$$

是数域 **F** 上的两个多项式，以下定义它们的加法和乘法运算.

1. 多项式加法

不失一般性，设 $n \geqslant m$，定义多项式 $f(x)$ 与 $g(x)$ 的**和**(或差)为

$$f(x) \pm g(x) = \sum_{i=1}^{n} (a_i \pm b_i) x^i,$$

这里约定 $b_n=b_{n-1}=\cdots=b_{m+1}=0$. 特别, $f(x)+0=f(x)$.

显然,两个多项式的和或差仍是多项式,其次数满足不等式

$$\deg(f(x)\pm g(x))\leqslant\max\{\deg f(x),\ \deg g(x)\}.$$

此处不难发现,如果将 0 多项式的次数看作 $-\infty$,就不必排除上述多项式为零多项式的情形.

2. 多项式乘法

定义多项式 $f(x)$ 与 $g(x)$ 的**乘积**为

$$f(x)g(x)=\sum_{s=0}^{m+n}c_s x^s,$$

这里 s 次项的系数

$$c_s=\sum_{i=0}^{s}a_i b_{s-i}.$$

特别, $f(x)\cdot 0=0$.

同样,两个多项式的乘积仍然是多项式,其次数满足

$$\deg(f(x)g(x))=\deg f(x)+\deg g(x).$$

事实上,若 $a_n\neq 0$, $b_m\neq 0$ 分别为 $f(x)$, $g(x)$ 的首项系数,则 $f(x)g(x)$ 的首项为 $a_n b_m x^{n+m}$,即两个多项式乘积的首项系数恰为两个多项式首项系数的乘积.

与数的运算类似,多项式的运算也具有下面的一些运算律.

性质 2.1 多项式的运算律:

(1) 加法交换律 $f(x)+g(x)=g(x)+f(x)$;

(2) 加法结合律 $(f(x)+g(x))+h(x)=f(x)+(g(x)+h(x))$;

(3) 乘法交换律 $f(x)g(x)=g(x)f(x)$;

(4) 乘法结合律 $(f(x)g(x))h(x)=f(x)(g(x)h(x))$;

(5) 分配律 $f(x)(g(x)+h(x))=f(x)g(x)+f(x)h(x)$;

(6) 乘法消去律 若 $f(x)g(x)=f(x)h(x)$,且 $f(x)\neq 0$,则 $g(x)=h(x)$.

这些运算律都比较容易证明,这里略去.

定义 2.3 系数在数域 $\mathbf{F}$ 中的一元多项式的全体,称为数域 $\mathbf{F}$ 上的**一元多项式环**,记为 $\mathbf{F}[x]$, $\mathbf{F}$ 称为 $\mathbf{F}[x]$ 的**系数域**.

在一元多项式环中,可以做加、减、乘三种运算,但是除法运算有些特殊,也就是说,并不是任意两个多项式做除法运算的结果还是一个多项式. 下面来讨论这个问题.

定理 2.1(带余除法) 设 $f(x)$ 与 $g(x)$ 为 $\mathbf{F}[x]$ 中两个多项式,并且 $g(x)\neq 0$,则存在唯一的 $\mathbf{F}[x]$ 中的多项式 $q(x)$, $r(x)$,使得

$$f(x)=q(x)g(x)+r(x), \tag{2.2}$$

其中 $\deg r(x)<\deg g(x)$, $q(x)$, $r(x)$ 分别称为 $g(x)$ 除 $f(x)$ 的**商式**和**余式**,并将这种算法

称为**带余除法**，有时也称为**长除法**.

证明　首先证明 $q(x)$，$r(x)$的存在性. 当 $\deg f(x)<\deg g(x)$时，取 $q(x)=0$，$r(x)=f(x)$即可. 对次数的差 $\deg f(x)-\deg g(x)$用归纳法.

假设当 $\deg f(x)-\deg g(x)\leqslant k$ 时，$q(x)$，$r(x)$存在，那么当 $\deg f(x)-\deg g(x)=k+1$时，设

$$f(x)=\sum_{i=0}^{n}a_ix^i,\ g(x)=\sum_{i=0}^{m}b_ix^i,$$

取 $f_1(x)=f(x)-\dfrac{a_n}{b_m}x^{n-m}g(x)$，则

$$\deg f_1(x)-\deg g(x)\leqslant \deg f(x)-1-\deg g(x)=k,$$

从而由归纳法假设可知，存在 $q_1(x)$，$r(x)$使得

$$f_1(x)=q_1(x)g(x)+r(x),$$

这里 $\deg r(x)<\deg q(x)$. 于是

$$f(x)=f_1(x)+\frac{a_n}{b_m}x^{n-m}g(x)=\left(\frac{a_n}{b_m}x^{n-m}+q_1(x)\right)g(x)+r(x),$$

记 $q(x)=\dfrac{a_n}{b_m}x^{n-m}+q_1(x)$，即有 $q(x)$，$r(x)$在 $\deg f(x)-\deg g(x)=k+1$ 时存在，归纳法完成.

再证 $q(x)$，$r(x)$的唯一性. 设另有多项式 $\tilde{q}(x)$，$\tilde{r}(x)$使

$$f(x)=\tilde{q}(x)g(x)+\tilde{r}(x),$$

其中 $\deg \tilde{r}(x)<\deg g(x)$，于是

$$q(x)g(x)+r(x)=\tilde{q}(x)g(x)+\tilde{r}(x),$$

即

$$(q(x)-\tilde{q}(x))g(x)=\tilde{r}(x)-r(x),$$

如果 $q(x)\neq\tilde{q}(x)$，又据假设 $g(x)\neq 0$，那么 $\tilde{r}(x)-r(x)\neq 0$，且有

$$\deg(q(x)-\tilde{q}(x))+\deg g(x)=\deg(\tilde{r}(x)-r(x)),$$

但是

$$\deg g(x)>\deg(\tilde{r}(x)-r(x)),$$

所以上式不可能成立，这就证明了 $q(x)=\tilde{q}(x)$，因此 $r(x)=\tilde{r}(x)$.

例 2.1　设 $\mathbf{Q}[x]$上的两个多项式 $f(x)=4x^4-2x^3-6x^2+5x+9$，$g(x)=2x^2-5x+4$，求出满足等式 $f(x)=q(x)g(x)+r(x)$的多项式 $q(x)$，$r(x)$.

解　由

$$
\begin{array}{r}
2x^2+4x+3 \\
2x^2-5x+4 \overline{\smash{)}\,4x^4-2x^3-6x^2+5x+9} \\
\underline{4x^4-10x^3+8x^2} \\
8x^3-14x^2+5x+9 \\
\underline{8x^3-20x^2+16x} \\
6x^2-11x+9 \\
\underline{6x^2-15x+12} \\
4x-3
\end{array}
$$

得出 $q(x)=2x^2+4x+3$ 和 $r(x)=4x-3$.

利用带余除法可以得出下面的推论.

推论 2.1(余数定理) 设 $f(x)$ 为 $\mathbf{F}[x]$ 中的任意一个的多项式,并且 $c\in\mathbf{F}$,则存在 $\mathbf{F}[x]$ 中的多项式 $q(x)$,使得

$$f(x)=q(x)(x-c)+f(c), \tag{2.3}$$

并且 $q(x)$ 是唯一的.这里 $f(c)$ 称为多项式 $f(x)$ 除以 $x-c$ 的**余数**.

定义 2.4 设 $f(x)$ 为 $\mathbf{F}[x]$ 中的多项式,$c\in\mathbf{F}$,若 $f(c)=0$,则 c 称为 $f(x)$ 的**根**或**零点**.

推论 2.2 设 $f(x)$ 为 $\mathbf{F}[x]$ 中的多项式,$c\in\mathbf{F}$,则 c 是 $f(x)$ 的根当且仅当存在 $\mathbf{F}[x]$ 中的多项式 $q(x)$,使得

$$f(x)=q(x)(x-c). \tag{2.4}$$

这个推论用另一句话说就是,多项式 $f(x)$ 有因式 $x-c$ 当且仅当 $f(c)=0$,又或者说 c 是 $f(x)$ 的根当且仅当 $(x-c)\mid f(x)$.

定义 2.5 设 $f(x)$, $g(x)$ 为数域 $\mathbf{F}$ 上的多项式,若存在数域 $\mathbf{F}$ 上的多项式 $q(x)$ 使得 $f(x)=q(x)g(x)$,则称 $g(x)$ **整除** $f(x)$,记作 $g(x)\mid f(x)$,并称 $g(x)$ 为 $f(x)$ 的**因式**,$f(x)$ 为 $g(x)$ 的**倍式**.

事实上,任意一个多项式 $f(x)$ 都一定整除 $f(x)$ 自身,即 $f(x)\mid f(x)$.特别,零多项式只整除零多项式 $0\mid 0$;而任意一个非零多项式 $f(x)$ 一定整除零多项式,即 $f(x)\mid 0$;但零次多项式整除任意一个多项式.据此我们规定,零次多项式,以及 $f(x)$ 的与其次数相同的因式,称为 $f(x)$ 的**平凡因式**;零多项式,以及 $f(x)$ 的与其次数相同的倍式,称为 $f(x)$ 的**平凡倍式**.

上述事实说明了多项式的因式和倍式的存在性,而带余除法还给出了整除性的一个判别法.

定理 2.2 设 $f(x)$,$g(x)$ 为数域 $\mathbf{F}$ 上的两个多项式,$g(x)\neq 0$,则 $g(x)\mid f(x)$ 的充要条件是 $g(x)$ 除 $f(x)$ 的余式为零,即存在多项式 $q(x)$ 使得 $f(x)=q(x)g(x)$.

当 $g(x)\mid f(x)$ 时,$g(x)$ 除 $f(x)$ 的商 $q(x)$ 也可用 $\dfrac{f(x)}{g(x)}$ 表示.

性质 2.2 整除的性质:

(1) 若 $f(x)\mid g(x)$,并且 $g(x)\mid f(x)$,则 $f(x)=cg(x)$,其中 c 为非零常数;

(2) 若 $f(x)\mid g(x)$,并且 $g(x)\mid h(x)$,则 $f(x)\mid h(x)$;

(3) 若 $f(x)\mid g_i(x)$ $(i=1, 2, \cdots, n)$,则 $f(x)\mid(u_1(x)g_1(x)+u_2(x)g_2(x)+\cdots+$

$u_n(x)g_n(x)$)，其中 $u_i(x)$ $(i=1,2,\cdots,n)$是数域 **F** 上的多项式.

2.2　因式分解定理

现在我们讨论数域 **F** 上多项式的因式分解.

定义 2.6　设 $f(x)$，$g(x)$是数域 **F** 上的多项式，若数域 **F** 上的多项式 $d(x)$既是 $f(x)$的因式，又是 $g(x)$的因式，则称 $d(x)$为 $f(x)$与 $g(x)$的一个**公因式**.

进一步地，若 $d(x)$是 $f(x)$与 $g(x)$的公因式，并且 $f(x)$与 $g(x)$的任意公因式都是 $d(x)$的因式，则称 $d(x)$为 $f(x)$与 $g(x)$的一个**最大公因式**. 并把 $f(x)$与 $g(x)$的首项系数为 1 的最大公因式记为$(f(x),\ g(x))$.

我们知道，对于任意多项式 $f(x)$而言，$f(x)$就是 $f(x)$与 0 的一个最大公因式，并且是唯一的. 而两个非零多项式的最大公因式总是一个非零多项式. 再由最大公因式的定义不难看出，如果 $d_1(x)$和 $d_2(x)$是 $f(x)$与 $g(x)$的两个最大公因式，那么一定有 $d_1(x)\mid d_2(x)$与 $d_2(x)\mid d_1(x)$，即 $d_1(x)=cd_2(x)$，$c\neq 0$.

也就是说，两个多项式的最大公因式在相差一个非零常数因子的意义下是唯一确定的.

为证明最大公因式的存在性，需要用到与带余除法相关的一个定理.

定理 2.3　设 $f(x)$，$g(x)$，$q(x)$，$r(x)\in \mathbf{F}[x]$，并且

$$f(x)=q(x)g(x)+r(x), \tag{2.5}$$

则 $f(x)$，$g(x)$与 $g(x)$，$r(x)$具有相同的公因式.

证明　事实上，如果 $\varphi(x)\mid g(x)$，并且 $\varphi(x)\mid r(x)$，那么由表达式(2.5)知 $\varphi(x)\mid f(x)$. 就是说，$g(x)$与 $r(x)$的公因式也是 $f(x)$与 $g(x)$的公因式. 反过来，如果 $\varphi(x)\mid f(x)$，并且 $\varphi(x)\mid g(x)$，那么 $\varphi(x)$一定整除它们的组合 $r(x)=f(x)-q(x)g(x)$，就是说，$\varphi(x)$也是 $g(x)$与 $r(x)$的公因式.

下面利用这个定理来证明最大公因式的存在性. 并介绍最大公因式的一个算法——辗转相除法.

定理 2.4　设 $f(x)$，$g(x)$是 $\mathbf{F}[x]$中两个多项式，则在 $\mathbf{F}[x]$中，$f(x)$与 $g(x)$的最大公因式 $d(x)$存在，且有 $\mathbf{F}[x]$中的两个多项式 $u(x)$，$v(x)$使得

$$d(x)=u(x)f(x)+v(x)g(x). \tag{2.6}$$

证明　如果 $f(x)$和 $g(x)$中有一个为零，譬如说，$g(x)=0$，那么另一个 $f(x)$就是 $f(x)$与 $g(x)$的一个最大公因式，并且 $f(x)=1\cdot f(x)+1\cdot 0$.

以下只需考虑 $g(x)\neq 0$. 由带余除法，用 $g(x)$除 $f(x)$，得到商 $q_1(x)$，余式$r_1(x)$；同样考虑$r_1(x)\neq 0$，就再用$r_1(x)$除 $g(x)$，得到商 $g_2(x)$，余式$r_2(x)$；又如果$r_2(x)\neq 0$，就用$r_2(x)$除$r_1(x)$，得出商 $q_3(x)$，余式 $r_3(x)$；如此依次不断相除下去. 显然，所得余式的次数就依次不断降低，即 $\deg g(x)>\deg r_1(x)>\deg r_2(x)>\cdots$这样在经过有限次相除之后，必然有余式为零. 于是得到一列等式：

$$
\begin{aligned}
f(x) &= q_1(x)g(x)+r_1(x),\\
g(x) &= q_2(x)r_1(x)+r_2(x),\\
&\ \vdots\\
r_{i-2}(x) &= q_i(x)r_{i-1}(x)+r_i(x),\\
&\ \vdots\\
r_{s-3}(x) &= q_{s-1}(x)r_{s-2}(x)+r_{s-1}(x),\\
r_{s-2}(x) &= q_s(x)r_{s-1}(x)+r_s(x),\\
r_{s-1}(x) &= q_{s+1}(x)r_s(x),
\end{aligned}
$$

其中 $r_s(x)$是 $r_s(x)$与 $r_{s-1}(x)$的一个最大公因式，因此 $r_s(x)$就是 $r_{s-1}(x)$与 $r_{s-2}(x)$的一个最大公因式，这样逐步推上去，就有 $r_s(x)$是 $f(x)$与 $g(x)$的一个最大公因式.

由上面等式列的倒数第二个可得

$$r_s(x)=r_{s-2}(x)-q_s(x)r_{s-1}(x),$$

再由倒数第三式可得

$$r_{s-1}(x)=r_{s-3}(x)-q_{s-1}(x)r_{s-2}(x),$$

代入上式消去 $r_{s-1}(x)$后就得到

$$r_s(x)=(1+q_s(x)q_{s-1}(x))r_{s-2}(x)-q_s(x)r_{s-3}(x).$$

然后用同样的方法逐个消去 $r_{s-k}(x)$ $(k=2,3,\cdots,s-1)$，即可得到式(2.6).

在上述定理的证明过程中，这种多次利用带余除法计算两个多项式的最大公因式的算法就是**辗转相除法**.下面是使用这种算法的一个例题.

例 2.2 求 $\mathbf{Q}[x]$中的多项式 $f(x)=4x^4-2x^3-8x^2+9x-3$ 与 $g(x)=2x^3-x^2-5x+4$ 的最大公因式，及满足等式(2.6)的多项式 $u(x)$，$v(x)$.

解 对 $f(x)$与 $g(x)$做带余除法，

$$
\begin{array}{r|l}
 & 2x \\
\hline
2x^3-x^2-5x+4 & 4x^4-2x^3-8x^2+9x-3 \\
 & 4x^4-2x^3-10x^2+8x \\
\hline
 & 2x^2+x-3
\end{array}
$$

故 $f(x)=2xg(x)+r_1(x)$，$r_1(x)=2x^2+x-3$. 再对 $g(x)$与$r_1(x)$做带余除法，

$$
\begin{array}{r|l}
 & x-1 \\
\hline
2x^2+x-3 & 2x^3-x^2-5x+4 \\
 & 2x^3+x^2-3x \\
\hline
 & -2x^2-2x+4 \\
 & -2x^2-x+3 \\
\hline
 & -x+1
\end{array}
$$

得 $g(x)=(x-1)r_1(x)+r_2(x)$，$r_2(x)=-x+1$. 对 $r_1(x)$与 $r_2(x)$做带余除法，

$$
\begin{array}{r}
-2x-3 \\
-x+1\,\big)\overline{\,2x^2+x-3} \\
\underline{2x^2-2x} \\
3x-3 \\
\underline{3x-3} \\
0
\end{array}
$$

得$r_1(x)=(-2x-3)r_2(x)$. 由此得

$$r_2(x)=g(x)-(x-1)\,r_1(x)=g(x)-(x-1)[f(x)-2xg(x)],$$

即

$$-r_2(x)=(x-1)f(x)-(2x^2-2x+1)g(x),$$

故$(f(x),g(x))=x-1$,且

$$x-1=u(x)f(x)+v(x)g(x),$$

其中,$u(x)=x-1$, $v(x)=-(2x^2-2x-1)$.

定义 2.7　设 $f(x)$和 $g(x)$为 $\mathbf{F}[x]$中两个多项式,若$(f(x),g(x))=1$,则称 $f(x)$与 $g(x)$**互素**.

显然,如果两个多项式互素,那么它们除去零次多项式以外没有其他的公因式,反之亦然.

定理 2.5　$\mathbf{F}[x]$中两个多项式 $f(x)$, $g(x)$互素的充要条件是存在 $\mathbf{F}[x]$中的两个多项式 $u(x)$, $v(x)$使得

$$u(x)f(x)+v(x)g(x)=1.$$

证明　必要性是定理 2.4 的直接推论. 现在来证明充分性,设存在 $u(x)$, $v(x)$使得 $u(x)f(x)+v(x)g(x)=1$,并且 $\varphi(x)$是 $f(x)$与 $g(x)$的一个最大公因式. 于是就有 $\varphi(x)\mid f(x)$和 $\varphi(x)\mid g(x)$,从而 $\varphi(x)\mid 1$,即 $f(x)$与 $g(x)$互素.

由此可以证明.

定理 2.6　若$(f(x), g(x))=1$,且 $f(x)\mid g(x)h(x)$,则 $f(x)\mid h(x)$.

证明　由$(f(x), g(x))=1$ 可知,有 $u(x)$, $v(x)$使

$$u(x)f(x)+v(x)g(x)=1,$$

等式两边乘 $h(x)$,得

$$u(x)f(x)h(x)+v(x)g(x)h(x)=h(x).$$

因为 $f(x)\mid g(x)h(x)$,所以 $f(x)$整除等式左端,从而 $f(x)\mid h(x)$.

推论 2.3　若 $f_1(x)\mid g(x)$, $f_2(x)\mid g(x)$,并且$(f_1(x), f_2(x))=1$,则 $f_1(x)f_2(x)\mid g(x)$.

利用前面定理的证明方法就可以得出这个推论的证明. 最大公因式与互素的概念,都

是关于两个多项式定义的. 事实上,对于有限多个多项式 $f_1(x)$, $f_2(x)$, …, $f_s(x)$ $(s\geqslant 2)$ 也同样可以定义其最大公因式.

定义 2.8 若多项式 $d(x)$满足下面的性质:

(1) $d(x)\mid f_i(x)$, $i=1, 2, \cdots, s$,

(2) 如果 $d_1(x)\mid f_i(x)$, $i=1, 2, \cdots, s$,那么 $d_1(x)\mid d(x)$,

则多项式 $d(x)$称为 $f_1(x)$, $f_2(x)$, …, $f_s(x)$ $(s\geqslant 2)$的一个最大公因式.

我们仍用符号$(f_1(x), f_2(x), \cdots, f_s(x))$来表示首项系数为 1 的最大公因式.

若$(f_1(x), f_2(x), \cdots, f_s(x))=1$,则 $f_1(x)$, $f_2(x)$, …, $f_s(x)$就称为互素的. 同样,有类似于定理 2.5 的结论.

下面的讨论,考虑数域 $\mathbf{F}$ 上的多项式环 $\mathbf{F}[x]$中多项式的因式分解.

定义 2.9 设 $p(x)$为数域 $\mathbf{F}$ 上的多项式,若 $p(x)$在数域 $\mathbf{F}$ 上只有平凡因式,则称 $p(x)$为域 $\mathbf{F}$ 上的**不可约多项式**,否则,称 $p(x)$为域 $\mathbf{F}$ 上的**可约多项式**.

按照定义,一次多项式总是不可约多项式.

注 多项式 $p(x)$的不可约性与 $p(x)$的系数域密切相关. 例如,x^2+2 是实数域上的不可约多项式,但是它在复数域上可以分解成两个一次多项式的乘积

$$x^2+2=(x+\sqrt{2}\mathrm{i})(x-\sqrt{2}\mathrm{i}),$$

因而在复数域上是可约的. 这就说明,一个多项式是否可约依赖于系数域. 但需要注意的是,两个多项式的最大公因式并不依赖于域的选取,这是因为辗转相除法并不会因为域的选择不同,而得到不同的结果.

不可约多项式 $p(x)$的因式只有平凡因式,即只有非零常数和它自身的非零常数倍 $cp(x)$ $(c\neq 0)$这两种,此外再没有了. 由此可知,不可约多项式 $p(x)$与任一多项式 $f(x)$之间只可能有两种关系,或者 $p(x)\mid f(x)$或者$(p(x), f(x))=1$. 事实上,如果$(p(x), f(x))=d(x)$,那么 $d(x)$或者是 1 或者是 $cp(x)$ $(c\neq 0)$. 当 $d(x)=cp(x)$时,就有 $p(x)\mid f(x)$.

不可约多项式有下述的重要性质.

定理 2.7 设 $p(x)$是数域 $\mathbf{F}$ 上的不可约多项式,$f(x)$,$g(x)$是数域 $\mathbf{F}$ 上的两个多项式,若 $p(x)\mid f(x)g(x)$,则一定有 $p(x)\mid f(x)$或者 $p(x)\mid g(x)$.

证明 如果 $p(x)\mid f(x)$,那么结论已经成立. 如果 $p(x)\nmid f(x)$,那么由上面的说明可知

$$(p(x), f(x))=1,$$

于是由定理 2.6 即得 $p(x)\mid g(x)$.

利用数学归纳法,这个定理可以推广为:如果不可约多项式 $p(x)$整除一些多项式 $f_1(x)$, $f_2(x)$, …, $f_s(x)$的乘积 $f_1(x)f_2(x)\cdots f_s(x)$,那么 $p(x)$一定整除这些多项式之中的一个.

下面给出本节的主要结论.

定理 2.8(因式分解唯一性定理) 数域 $\mathbf{F}$ 上任意一个非常数多项式 $f(x)$都可以分解成数域 $\mathbf{F}$ 上有限个不可约多项式的乘积,并且这个分解式是唯一的,即若有两个分解式

$$f(x)=p_1(x)p_2(x)\cdots p_s(x),$$
$$f(x)=q_1(x)q_2(x)\cdots q_t(x),$$

则必有 $s=t$，并且适当排列因式的次序后有

$$p_i(x)=c_iq_i(x),\ i=1,\ 2,\ \cdots,\ s,$$

其中，$c_i(i=1,\ 2,\ \cdots,\ s)$都是非零常数.

证明　先证分解式的存在性. 对多项式 $f(x)$的次数 $n=\deg f(x)$作归纳法. 因为一次多项式都是不可约的，所以当 $n=1$ 时结论成立. 假设当 $\deg f(x)\leqslant n$ 时结论成立. 现在考虑当 $\deg f(x)=n+1$ 时的情形，若此时 $f(x)$是不可约多项式，结论是显然成立. 不妨设 $f(x)$不是不可约的，即有

$$f(x)=f_1(x)f_2(x),$$

其中 $f_1(x),\ f_2(x)$的次数都小于 n. 由归纳法假定 $f_1(x)$和 $f_2(x)$都可分解成数域 $\mathbf{F}$ 上有限个不可约多项式的乘积. 把 $f_1(x),\ f_2(x)$的分解式合起来就得到 $f(x)$的一个分解式. 由归纳法原理知，结论成立.

再证唯一性. 设 $f(x)$可以分解成不可约多项式的乘积

$$f(x)=p_1(x)p_2(x)\cdots p_s(x),$$

若 $f(x)$还有另一个分解式 $f(x)=q_1(x)q_2(x)\cdots q_t(x)$，其中 $q_i(x)$ $(i=1,\ 2,\ \cdots,\ t)$都是不可约多项式，于是

$$f(x)=p_1(x)p_2(x)\cdots p_s(x)=q_1(x)q_2(x)\cdots q_t(x). \tag{2.7}$$

对 s 作归纳法. 当 $s=1$ 时，$f(x)$是不可约多项式，由定义可得 $s=t=1$，并且

$$f(x)=p_1(x)=q_1(x).$$

假设当不可约因式的个数为 $s-1$ 时，唯一性成立，则由式(2.7)得

$$p_1(x)\mid q_1(x)q_2(x)\cdots q_t(x),$$

因此 $p_1(x)$必能整除其中的一个，不妨设

$$p_1(x)\mid q_1(x),$$

因为 $q_1(x)$也是不可约多项式，所以有

$$p_1(x)=c_1q_1(x). \tag{2.8}$$

在式(2.7)两边消去 $p_1(x)$，就有

$$p_2(x)\cdots p_s(x)=c_1^{-1}q_2(x)\cdots q_t(x).$$

由归纳法假定，有 $s-1=t-1$，或者

$$s=t, \tag{2.9}$$

并且经适当排列次序之后就有

$$p_i(x)=c_iq_i(x)\quad(i=2,\ \cdots,\ s). \tag{2.10}$$

综合式(2.8),式(2.9),式(2.10)就是所要证的结论.这就证明了分解的唯一性.

应该指出,因式分解定理并没有给出一个具体的将多项式分解为不可约多项式乘积的方法.事实上,对一般数域上的多项式,不存在通用的因式分解的方法,甚至判定一个多项式是否可约都是非常困难的.

在多项式 $f(x)$ 的分解式中,可以把每一个不可约因式的首项系数提出来,使它们成为首项系数为 1 的多项式,再把相同的不可约因式合并.于是 $f(x)$ 在数域 $\mathbf{F}$ 上的分解式成为

$$f(x)=ap_1^{r_1}(x)p_2^{r_2}(x)\cdots p_s^{r_s}(x),$$

其中,a 是 $f(x)$ 的首项系数,$p_1(x),\ p_2(x),\ \cdots,\ p_s(x)$ 是两两不同的并且首项系数为 1 的不可约多项式,而 $r_1,\ r_2,\ \cdots,\ r_s$ 是正整数.这种分解式称为多项式 $f(x)$ 在数域 $\mathbf{F}$ 上的**标准分解式**.

如果已经有了两个多项式在同一个数域 $\mathbf{F}$ 上的标准分解式,就可以直接写出两个多项式的最大公因式.多项式 $f(x)$ 与 $g(x)$ 的最大公因式 $d(x)$ 就是那些同时在 $f(x)$ 与 $g(x)$ 的标准分解式中都出现的不可约多项式的方幂的乘积,所带的方幂就等于它在 $f(x)$ 与 $g(x)$ 中所带方幂较小的一个.

从以上讨论可以看出,带余除法是一元多项式因式分解理论的基础.而在带余除法定理的推论中,我们知道,c 是 $f(x)$ 的根的充要条件是 $(x-c)\mid f(x)$,若 $x-c$ 是 $f(x)$ 的 k 重因式,则当 $k=1$ 时,称 c 为 $f(x)$ 的**单根**,当 $k>1$ 时,称 c 为 $f(x)$ 的 k **重根**.显然,$\mathbf{F}[x]$ 中的 n 次多项式在数域 $\mathbf{F}$ 上的根不会多于 n 个,其中的重根按重数计算.

根据著名的代数学基本定理:任何一个复系数 n 次多项式,在复数域 $\mathbf{C}$ 上恰有 n 个根,由此可得,次数大于 1 的多项式在复数域上都是可约的,即复数域上不可约多项式只能是一次多项式.进一步,由于实系数多项式的虚根必定成对出现,就有实数域上的不可约多项式只能是一次或二次多项式,于是,在这两个特殊的数域上,因式分解定理可以表示为以下形式.

定理 2.9(复系数多项式的因式分解定理) 非常数的复系数多项式在复数域 $\mathbf{C}$ 上可唯一地分解成一次因式的乘积.

复系数多项式 $f(x)=a_nx^n+a_{n-1}x^{n-1}+\cdots+a_0$ 的标准分解式为

$$f(x)=a_n(x-r_1)^{n_1}(x-r_2)^{n_2}\cdots(x-r_k)^{n_k},$$

其中,$n_1,\ n_2,\ \cdots,\ n_k$ 是正整数,且 $n_1+n_2+\cdots+n_k=n$.

标准分解式说明 n 次复系数多项式恰有 n 个根,这里重根按重数计算.

定理 2.10(实系数多项式的因式分解定理) 非常数的实系数多项式在实数域 $\mathbf{R}$ 上可唯一地分解成一次因式和二次不可约因式的乘积.

实系数多项式 $f(x)=a_nx^n+a_{n-1}x^{n-1}+\cdots+a_0$ 的标准分解式为

$$f(x)=a_n(x-r_1)^{n_1}\cdots(x-r_s)^{n_s}(x^2+p_1x+q_1)^{m_1}\cdots(x^2+p_tx+q_t)^{m_t},$$

其中,$r_1,\ \cdots,\ r_s,\ p_1,\ \cdots,\ p_t,\ q_1,\ \cdots,\ q_t$ 都是实数,$n_1,\ \cdots,\ n_s,\ m_1,\ \cdots,\ m_t$ 是正整数,并且 $n_1+\cdots+n_s+2m_1+\cdots+2m_t=n,\ p_i^2-4q_i<0\ (i=1,\ 2,\ \cdots,\ t)$.

2.3　λ-矩阵的标准形

从这一节开始，我们逐渐进入到这一章的核心部分，讨论相似矩阵的标准形问题. 为此先来介绍 λ-矩阵的等价标准形问题，下面先给出 λ-矩阵的概念.

定义 2.10　元素为 λ 的多项式的矩阵称为 **λ-矩阵**，记作 $\boldsymbol{A}(\lambda)$.

这里为了区分方便，我们把元素为常数的矩阵强调为**数字矩阵**. 这样，数字矩阵 $\boldsymbol{A}$ 的特征矩阵 $\lambda\boldsymbol{E}-\boldsymbol{A}$ 就是一个 λ-矩阵.

定义 2.11　λ-矩阵 $\boldsymbol{A}(\lambda)$ 的所有元素的最高次数称为 $\boldsymbol{A}(\lambda)$ 的**次数**，m 次 λ-矩阵 $\boldsymbol{A}(\lambda)$ 可表示为

$$\boldsymbol{A}(\lambda)=\lambda^m\boldsymbol{A}_0+\lambda^{m-1}\boldsymbol{A}_1+\cdots+\lambda\boldsymbol{A}_{m-1}+\boldsymbol{A}_m,$$

其中，$\boldsymbol{A}_i(i=0,\ 1,\ \cdots,\ m)$ 是数字矩阵，且 $\boldsymbol{A}_0\neq\boldsymbol{O}$.

例如

$$\boldsymbol{A}(\lambda)=\begin{pmatrix}\lambda^2+3\lambda+1 & \lambda^3+\lambda & 2\\ \lambda+2 & \lambda+1 & \lambda^2-4\\ 3 & 2\lambda^2 & 3\lambda^2\end{pmatrix}$$

$$=\lambda^3\begin{pmatrix}0&1&0\\0&0&0\\0&0&0\end{pmatrix}+\lambda^2\begin{pmatrix}1&0&0\\0&0&1\\0&2&3\end{pmatrix}+\lambda\begin{pmatrix}3&1&0\\1&1&0\\0&0&0\end{pmatrix}+\begin{pmatrix}1&0&2\\2&1&-4\\3&0&0\end{pmatrix}.$$

于是，数字矩阵也就是零次 λ-阵. 而 λ-阵的加、减、乘、数乘以及行列式等运算律都与数字矩阵相应的运算律相同.

定义 2.12　λ-阵 $\boldsymbol{A}(\lambda)$ 不恒为零的子式的最高阶数称为 $\boldsymbol{A}(\lambda)$ 的**秩**，记作 $\operatorname{rank}\boldsymbol{A}(\lambda)$.

例 2.3　设 $\boldsymbol{A}$ 是 n 阶数字方阵，则 $|\lambda\boldsymbol{E}-\boldsymbol{A}|$ 是 λ 的 n 次多项式. 因此 $\lambda\boldsymbol{E}-\boldsymbol{A}$ 的秩为 n. 也就是说，不论数字方阵 $\boldsymbol{A}$ 是否满秩，它的特征矩阵 $\lambda\boldsymbol{E}-\boldsymbol{A}$ 总是满秩的.

定义 2.13　设 $\boldsymbol{A}(\lambda)$ 是 λ-阵，若存在 λ-阵 $\boldsymbol{B}(\lambda)$，使 $\boldsymbol{A}(\lambda)\boldsymbol{B}(\lambda)=\boldsymbol{B}(\lambda)\boldsymbol{A}(\lambda)=\boldsymbol{E}$，则称 $\boldsymbol{A}(\lambda)$ 是**可逆的**，并且 $\boldsymbol{B}(\lambda)$ 称为 $\boldsymbol{A}(\lambda)$ 的**逆矩阵**，记作 $\boldsymbol{A}(\lambda)^{-1}$.

显然，如果 $\boldsymbol{A}(\lambda)$ 是可逆的，那么 $\boldsymbol{A}(\lambda)$ 的逆矩阵必定唯一. 事实上，假如 $\boldsymbol{B}_1(\lambda)$ 和 $\boldsymbol{B}_2(\lambda)$ 两个矩阵都是可逆 λ-阵 $\boldsymbol{A}(\lambda)$ 的逆矩阵，那么 $\boldsymbol{A}(\lambda)\boldsymbol{B}_1(\lambda)=\boldsymbol{B}_1(\lambda)\boldsymbol{A}(\lambda)=\boldsymbol{E}$，以及 $\boldsymbol{A}(\lambda)\boldsymbol{B}_2(\lambda)=\boldsymbol{B}_2(\lambda)\boldsymbol{A}(\lambda)=\boldsymbol{E}$，于是

$$\boldsymbol{B}_1(\lambda)=\boldsymbol{B}_1(\lambda)[\boldsymbol{A}(\lambda)\boldsymbol{B}_2(\lambda)]=[\boldsymbol{B}_1(\lambda)\boldsymbol{A}(\lambda)]\boldsymbol{B}_2(\lambda)=\boldsymbol{B}_2(\lambda).$$

定理 2.11　λ-阵 $\boldsymbol{A}(\lambda)$ 是可逆的充分必要条件是 $|\boldsymbol{A}(\lambda)|$ 为非零常数.

证明　记 $\boldsymbol{A}(\lambda)^*$ 为 $\boldsymbol{A}(\lambda)$ 的伴随矩阵. 若 $|\boldsymbol{A}(\lambda)|$ 为非零常数 c，则

$$\boldsymbol{A}^{-1}(\lambda)=\frac{1}{|\boldsymbol{A}(\lambda)|}\boldsymbol{A}(\lambda)^*=\frac{1}{c}\boldsymbol{A}(\lambda)^*.$$

也是 λ-阵，即 $\boldsymbol{A}(\lambda)$ 可逆. 反之，若 $\boldsymbol{A}(\lambda)$ 可逆，即存在 λ-阵 $\boldsymbol{A}^{-1}(\lambda)$ 使 $\boldsymbol{A}(\lambda)\boldsymbol{A}^{-1}(\lambda)=\boldsymbol{E}$. 于是

$|\boldsymbol{A}(\lambda)||\boldsymbol{A}^{-1}(\lambda)|=1$. 而$|\boldsymbol{A}(\lambda)|$与$|\boldsymbol{A}^{-1}(\lambda)|$均是$\lambda$的多项式,比较等式两边多项式的次数,表明$|\boldsymbol{A}(\lambda)|$是非零常数.

这里的$|\boldsymbol{A}(\lambda)|$是非零常数也就是说$|\boldsymbol{A}(\lambda)|$是零次多项式.

定义 2.14 λ-阵$\boldsymbol{A}(\lambda)$的三类初等变换定义如下:

(1) 对换i, j两行(列),记作$r_i\leftrightarrow r_j(c_i\leftrightarrow c_j)$,

(2) 第i行(列)乘非零数k,记作$r_i\times k$ $(c_i\times k)$,

(3) 第i行(列)加上第j行(列)的$k(\lambda)$倍,记作$r_i+k(\lambda)r_j$ $(c_i+k(\lambda)c_j)$,其中,$k(\lambda)$为λ的多项式.

类似于数字矩阵,λ-阵$\boldsymbol{A}(\lambda)$也可定义初等λ-阵.

定义 2.15 三类初等λ-阵定义如下:

(1) 把单位阵$\boldsymbol{E}$对换第i, j两行所得矩阵,记作$\boldsymbol{E}(i, j)$.

(2) 把单位阵$\boldsymbol{E}$的第i行乘非零数k所得矩阵,记作$\boldsymbol{E}(i(k))$.

(3) 把单位阵$\boldsymbol{E}$的第i行加上第j行的$k(\lambda)$倍所得矩阵,记作$\boldsymbol{E}(i, j(k(\lambda)))$.

对一个λ-阵$\boldsymbol{A}(\lambda)$作一次初等行变换相当于用一个对应的初等λ-阵左乘$\boldsymbol{A}(\lambda)$,反过来,对$\boldsymbol{A}(\lambda)$作一次初等列变换相当于用一个对应的初等λ-阵的转置去右乘$\boldsymbol{A}(\lambda)$. λ-阵$\boldsymbol{A}(\lambda)$可逆的充分必要条件是$\boldsymbol{A}(\lambda)$为有限个初等λ-阵的乘积.

定义 2.16 若λ-阵$\boldsymbol{A}(\lambda)$经有限次初等变换后变成$\boldsymbol{B}(\lambda)$,则称$\boldsymbol{A}(\lambda)$为$\boldsymbol{B}(\lambda)$等价,记作$\boldsymbol{A}(\lambda)\cong\boldsymbol{B}(\lambda)$.

由上面的结论立即可得到如下定理.

定理 2.12 设$\boldsymbol{A}(\lambda)$与$\boldsymbol{B}(\lambda)$均是$m\times n$阶λ-阵,则$\boldsymbol{A}(\lambda)\cong\boldsymbol{B}(\lambda)$的充分必要条件是存在$m$阶可逆$\lambda$-阵$\boldsymbol{P}(\lambda)$与$n$阶可逆$\lambda$-阵$\boldsymbol{Q}(\lambda)$,使$\boldsymbol{B}(\lambda)=\boldsymbol{P}(\lambda)\boldsymbol{A}(\lambda)\boldsymbol{Q}(\lambda)$.

现在的问题是,一个λ-阵是否能像数字方阵那样,经有限次初等变换后能变成一个简单的,并且唯一确定的标准形矩阵呢?我们从下面的引理开始,逐步讨论.

引理 2.1 设$\boldsymbol{A}(\lambda)=(a_{ij}(\lambda))$为$n$阶$\lambda$-矩阵,$a_{11}(\lambda)\neq 0$,若$\boldsymbol{A}(\lambda)$中存在一个元素不能被$a_{11}(\lambda)$整除,则必存在与$\boldsymbol{A}(\lambda)$等价的矩阵$\boldsymbol{B}(\lambda)=(b_{ij}(\lambda))$使得$\deg b_{11}(\lambda)<\deg a_{11}(\lambda)$.

证明 情形1:设某个$a_{i1}(1<i\leqslant n)$不能被a_{11}整除,$a_{i1}=qa_{11}+r$, $\deg(r)<\deg(a_{11})$,则有

$$\boldsymbol{A}(\lambda)=\begin{pmatrix} a_{11} & \cdots \\ \vdots & \vdots \\ a_{i1} & \cdots \\ \cdots & \cdots \end{pmatrix}\xrightarrow{r_i-qr_1}\begin{pmatrix} a_{11} & \cdots \\ \vdots & \vdots \\ r & \cdots \\ \cdots & \cdots \end{pmatrix}\xrightarrow{r_1\leftrightarrow r_i}\begin{pmatrix} r & \cdots \\ \vdots & \vdots \\ a_{11} & \cdots \\ \cdots & \cdots \end{pmatrix}.$$

情形2:设某个$a_{1j}(1<j\leqslant n)$不能被a_{11}整除,$a_{1j}=qa_{11}+r$, $\deg(r)<\deg(a_{11})$,证明过程与情形1类似.

情形3:设a_{i1}和$a_{1j}(1<i, j\leqslant n)$都能被$a_{11}$整除,并且$a_{i1}=qa_{11}$,但某个$a_{ij}(1<i, j\leqslant n)$不能被$a_{11}$整除,则有

$$\boldsymbol{A}(\lambda)=\begin{pmatrix} a_{11} & \cdots & a_{1j} & \cdots \\ \vdots & & \vdots & \vdots \\ a_{i1} & \cdots & a_{ij} & \cdots \\ \cdots & \cdots & \cdots & \cdots \end{pmatrix}\xrightarrow{r_i+qr_1}\begin{pmatrix} a_{11} & \cdots & a_{1j} & \cdots \\ \vdots & & \vdots & \vdots \\ 0 & \cdots & a_{ij}-qa_{1j} & \cdots \\ \cdots & \cdots & \cdots & \cdots \end{pmatrix}.$$

此时$(1-q)a_{1j}+a_{ij}$不能被a_{11}整除，问题已经转化成情形 2.

综上所述，全部 3 种情形都已被证明，本引理得证.

由引理 2.1 可以看出，如果一个λ-阵$\boldsymbol{A}(\lambda)$的(1, 1)元素$a_{11}(\lambda)$非零，并且$\boldsymbol{A}(\lambda)$中还存在元素不能被$a_{11}(\lambda)$整除，就可以对$\boldsymbol{A}(\lambda)$作若干次初等变换，将其变成一个新的λ-阵$\boldsymbol{B}(\lambda)$，使得新矩阵$\boldsymbol{B}(\lambda)$的(1, 1)元素能整除其余的元素，于是有下面的结论.

定理 2.13　任意一个秩为r的λ-阵$\boldsymbol{A}(\lambda)$都等价于一个分块λ-阵

$$\begin{pmatrix}\boldsymbol{D}(\lambda) & \boldsymbol{O}\\ \boldsymbol{O} & \boldsymbol{O}\end{pmatrix},$$

其中，

$$\boldsymbol{D}(\lambda)=\begin{pmatrix}d_1(\lambda) & & & \\ & d_2(\lambda) & & \\ & & \ddots & \\ & & & d_r(\lambda)\end{pmatrix}$$

为r阶对角阵，$d_i(\lambda)$ $(1\leqslant i\leqslant r)$是关于$\lambda$的首项系数为 1 的多项式，并且$d_i(\lambda)\mid d_{i+1}(\lambda)$ $(1\leqslant i<r)$，称这个分块λ-阵为$\boldsymbol{A}(\lambda)$的**等价标准形**，记作$\boldsymbol{I}_r(\lambda)$.

利用引理 2.1 可以证明这个定理. 这里略去证明，只用实例说明如何将一个λ-阵$\boldsymbol{A}(\lambda)$用λ-阵的初等变换化为标准形.

例 2.4　求λ-阵$\boldsymbol{A}(\lambda)$的等价标准形，

$$\boldsymbol{A}(\lambda)=\begin{pmatrix}1-\lambda & 2\lambda-1 & \lambda\\ \lambda & \lambda^2 & -\lambda\\ 1+\lambda^2 & \lambda^3+\lambda-1 & -\lambda^2\end{pmatrix}.$$

解　把λ-阵化成等价标准形的步骤是：首先观察$\boldsymbol{A}(\lambda)$的(1, 1)元素是否能整除其他元素. 若能，则用初等变换把第一行和第一列的其余元素都化为零；若不能，则利用引理 2.1 证明过程中的方法降低(1, 1)元素的次数，直到变化后的矩阵其(1, 1)元素能整除其他元素，再用初等变换将第一行和第一列的其余元素都化为零. 然后，考察变换后矩阵的(2, 2)元素否能整除(1, 1)元素以外的元素，类似地重复前面的过程，直到化成标准形矩阵.

$$\boldsymbol{A}(\lambda)=\begin{pmatrix}1-\lambda & 2\lambda-1 & \lambda\\ \lambda & \lambda^2 & -\lambda\\ 1+\lambda^2 & \lambda^3+\lambda-1 & -\lambda^2\end{pmatrix}\xrightarrow[r_3-\lambda r_2]{r_1+r_2}\begin{pmatrix}1 & \lambda^2+2\lambda-1 & 0\\ \lambda & \lambda^2 & -\lambda\\ 1 & \lambda-1 & 0\end{pmatrix}$$

$$\xrightarrow[r_2-\lambda r_1]{r_3-r_1}\begin{pmatrix}1 & \lambda^2+2\lambda-1 & 0\\ 0 & -\lambda^3-\lambda^2+\lambda & -\lambda\\ 0 & -\lambda^2-\lambda & 0\end{pmatrix}\xrightarrow{c_2-(\lambda^2+2\lambda-1)c_1}\begin{pmatrix}1 & 0 & 0\\ 0 & -\lambda^3-\lambda^2+\lambda & -\lambda\\ 0 & -\lambda^2-\lambda & 0\end{pmatrix}$$

$$\xrightarrow{r_2-\lambda r_3}\begin{pmatrix}1 & 0 & 0\\ 0 & \lambda & -\lambda\\ 0 & -\lambda^2-\lambda & 0\end{pmatrix}\xrightarrow[r_3-(\lambda-1)r_2]{c_3+c_2}\begin{pmatrix}1 & 0 & 0\\ 0 & \lambda & 0\\ 0 & 0 & \lambda(\lambda+1)\end{pmatrix}=I_3(\lambda).$$

为了进一步深入讨论λ-阵的等价标准形，下面将给出λ-阵在初等变换下的几个不变量.

定义 2.17 λ-阵$\boldsymbol{A}(\lambda)$的所有k阶子式的首项系数为1的最大公因式称为$\boldsymbol{A}(\lambda)$的k阶**行列式因子**，记为$D_k(\lambda)$.

可以证明，一个λ-阵经过初等变换后，其各阶行列式因子不会改变.

定理 2.14 设$\boldsymbol{A}(\lambda)$与$\boldsymbol{B}(\lambda)$为同阶的λ-阵，则$\boldsymbol{A}(\lambda)$与$\boldsymbol{B}(\lambda)$等价的充要条件是它们有相同的各阶行列式因子.

对于这个定理，只要针对初等变换的三类情形逐一验证即可，这里略去证明.

例 2.5 设$\boldsymbol{I}_r(\lambda)=\begin{pmatrix}\boldsymbol{D}(\lambda) & \boldsymbol{O}\\ \boldsymbol{O} & \boldsymbol{O}\end{pmatrix}$，$\boldsymbol{D}(\lambda)=\begin{pmatrix}d_1(\lambda) & & & \\ & d_2(\lambda) & & \\ & & \ddots & \\ & & & d_r(\lambda)\end{pmatrix}$，求$\boldsymbol{I}_r(\lambda)$的各阶行列式因子.

解 由于$\boldsymbol{I}_r(\lambda)$中不为零的一阶子式只有$d_i(\lambda)$，而$d_1(\lambda)\mid d_i(\lambda)$ $(1\leqslant i\leqslant r)$，故$D_1(\lambda)=d_1(\lambda)$. 又$\boldsymbol{I}_r(\lambda)$中不为零的二阶子式$d_i(\lambda)d_j(\lambda)$ $(1\leqslant i\neq j\leqslant r)$满足

$$d_1(\lambda)d_2(\lambda)\mid d_i(\lambda)d_j(\lambda)\quad (i\neq j),$$

因此$D_2(\lambda)=d_1(\lambda)d_2(\lambda)$. 同理可知

$$D_k(\lambda)=d_1(\lambda)d_2(\lambda)\cdots d_k(\lambda)\quad (1\leqslant k\leqslant r),$$

由于$\boldsymbol{I}_r(\lambda)$为$\boldsymbol{A}(\lambda)$的等价标准形，即$\boldsymbol{A}(\lambda)\cong\boldsymbol{I}_r(\lambda)$. 由定理2.14，也得到了$\boldsymbol{A}(\lambda)$的各阶行列式因子.

定义 2.18 设$D_k(\lambda)$ $(1\leqslant k\leqslant r)$为$\lambda$-阵$\boldsymbol{A}(\lambda)$的$k$阶行列式因子，则称

$$d_k(\lambda)=D_k(\lambda)/D_{k-1}(\lambda)\quad (1\leqslant k\leqslant r),$$

为$\boldsymbol{A}(\lambda)$的第k个**不变因子**，其中$D_0(\lambda)=1$.

显然，$\boldsymbol{A}(\lambda)$的不变因子与$\boldsymbol{A}(\lambda)$的行列式因子是相互确定的.

定理 2.15 设$\boldsymbol{A}(\lambda)$与$\boldsymbol{B}(\lambda)$为同阶的λ-阵，则$\boldsymbol{A}(\lambda)$与$\boldsymbol{B}(\lambda)$等价的充要条件是它们的不变因子完全相同.

从上面的讨论，我们可以得出下面的定理.

定理 2.16 一个λ-阵的等价标准形是唯一的.

事实上，由于λ-阵$\boldsymbol{A}(\lambda)$的k阶行列式因子$D_k(\lambda)$ $(1\leqslant k\leqslant r)$，即$\boldsymbol{A}(\lambda)$的$k$阶子式的首项系数为1的最大公因式存在且唯一，因而$\boldsymbol{A}(\lambda)$的第$k$个不变因子也是存在且唯一. 又$\boldsymbol{A}(\lambda)$的等价标准形$\boldsymbol{I}_r(\lambda)$的$k$阶行列式因子

$$D_k(\lambda)=d_1(\lambda)d_2(\lambda)\cdots d_k(\lambda)\ (1\leqslant k\leqslant r),$$

并且$d_1(\lambda)$，$d_2(\lambda)$，…，$d_r(\lambda)$就是$\boldsymbol{A}(\lambda)$的不变因子，故$\boldsymbol{A}(\lambda)$的等价标准形是唯一的.

例 2.6 求$\boldsymbol{A}(\lambda)=\begin{pmatrix}\lambda-1 & 1 & 0\\ -2 & \lambda-4 & 1\\ 0 & 0 & \lambda-3\end{pmatrix}$的等价标准形.

解　因$\boldsymbol{A}(\lambda)$的元素中有非零数 1，故 $D_1(\lambda)=1$. 又$\boldsymbol{A}(\lambda)$有二阶子式$\begin{vmatrix} 1 & 0 \\ \lambda-4 & 1 \end{vmatrix}$，故

$$D_2(\lambda)=1,\quad D_3(\lambda)=\begin{vmatrix} \lambda-1 & 1 & 0 \\ -2 & \lambda-4 & 1 \\ 0 & 0 & \lambda-3 \end{vmatrix}=(\lambda-2)(\lambda-3)^3,$$

于是 $d_1(\lambda)=d_2(\lambda)=1$, $d_3(\lambda)=(\lambda-2)(\lambda-3)^2$. 故$\boldsymbol{A}(\lambda)$的等价标准形是

$$\boldsymbol{I}_r(\lambda)=\begin{pmatrix} 1 & & \\ & 1 & \\ & & (\lambda-2)(\lambda-3)^2 \end{pmatrix}.$$

为了找出矩阵相似的标准形的特征，还需要进一步讨论$\boldsymbol{A}(\lambda)$的不变因子的特性.

定义 2.19　设λ-阵$\boldsymbol{A}(\lambda)$的全体不变因子在复数域$\mathbf{C}$上有下面的标准分解式：

$$\begin{aligned} d_1(\lambda) &= (\lambda-a_1)^{l_{11}}(\lambda-a_2)^{l_{21}}\cdots(\lambda-a_q)^{l_{q1}}, \\ d_2(\lambda) &= (\lambda-a_1)^{l_{12}}(\lambda-a_2)^{l_{22}}\cdots(\lambda-a_q)^{l_{q2}}, \\ &\vdots \\ d_r(\lambda) &= (\lambda-a_1)^{l_{1r}}(\lambda-a_2)^{l_{2r}}\cdots(\lambda-a_q)^{l_{qr}}, \end{aligned}$$

其中 $a_1, a_2, \cdots, a_q$ 两两不同，$0\leqslant l_{i1}\leqslant l_{i2}\leqslant\cdots\leqslant l_{ir}$ $(i=1, 2, \cdots, q)$，称因式$(\lambda-a_i)^{l_{ij}}$ $(l_{ij}>0, i=1, 2, \cdots, q, j=1, 2, \cdots, r)$为 $A(\lambda)$的**初等因子**.

例如，如果一个 5 阶λ-阵$\boldsymbol{A}(\lambda)$的等价标准形是

$$\boldsymbol{I}_r(\lambda)=\begin{pmatrix} 1 & & & & \\ & \lambda-2 & & & \\ & & (\lambda-2)(\lambda+3) & & \\ & & & (\lambda-2)^2(\lambda+3)^2 & \\ & & & & 0 \end{pmatrix}.$$

那么，$\boldsymbol{A}(\lambda)$的所有不变因子在复数域$\mathbf{C}$上的标准分解式为

$$\begin{aligned} d_1(\lambda) &= 1, \\ d_2(\lambda) &= \lambda-2, \\ d_3(\lambda) &= (\lambda-2)(\lambda+3), \\ d_4(\lambda) &= (\lambda-2)^2(\lambda+3)^2. \end{aligned}$$

所以，$\boldsymbol{A}(\lambda)$的全体初等因子为$\lambda-2$, $\lambda-2$, $(\lambda-2)^2$, $\lambda+3$, $(\lambda+3)^2$.

注　在记录一个λ-阵$\boldsymbol{A}(\lambda)$的全体初等因子时，必须逐一记录$\boldsymbol{A}(\lambda)$的每个不变因子在复数域$\mathbf{C}$上的标准分解式中的所有因式$(\lambda-a_i)^{l_{ij}}$ $(l_{ij}>0)$，不论它们当中是否有重复出现的.

这样，在不计顺序的前提下，$\boldsymbol{A}(\lambda)$的所有不变因子唯一确定了其全体初等因子. 反之，如果已知$\boldsymbol{A}(\lambda)$的全体初等因子，是否能够确定$\boldsymbol{A}(\lambda)$的所有不变因子呢？根据初等因子的定义可知答案是肯定的. 我们利用上一个例题来做说明，已知$\boldsymbol{A}(\lambda)$的秩是 4，因此，首先取$\boldsymbol{A}(\lambda)$的全部初等因子

$$\lambda-2,\ \lambda-2,\ (\lambda-2)^2,\ \lambda+3,\ (\lambda+3)^2$$

的最小公倍式作为 $\boldsymbol{A}(\lambda)$的第 4 个不变因子，即 $d_4(\lambda)=(\lambda-2)^2(\lambda+3)^2$，然后再取剩余的初等因子

$$\lambda-2,\ \lambda-2,\ \lambda+3$$

的最小公倍式作为 $\boldsymbol{A}(\lambda)$的第 3 个不变因子，即 $d_3(\lambda)=(\lambda-2)(\lambda+3)$. 同理得到 $d_2(\lambda)=\lambda-2$. 这时 $A(\lambda)$的全部初等因子都已经使用过了，于是剩余的不变因子 $d_1(\lambda)=1$.

总结以上讨论可得出以下定理.

定理 2.17 设 $\boldsymbol{A}(\lambda)$与 $\boldsymbol{B}(\lambda)$为同阶的 λ-阵，则 $\boldsymbol{A}(\lambda)$与 $\boldsymbol{B}(\lambda)$等价的充要条件是它们的初等因子完全相同且有相同的秩.

2.4 矩阵相似的条件

通过 2.3 节的讨论，我们得到了两个 λ-矩阵等价的充要条件，在这一节里我们将给出两个数字方阵相似的充要条件.

定理 2.18 数字方阵 $\boldsymbol{A}$ 与 $\boldsymbol{B}$ 相似的充要条件是 $\lambda\boldsymbol{E}-\boldsymbol{A}$ 与 $\lambda\boldsymbol{E}-\boldsymbol{B}$ 等价.

证明 必要性. 设 $\boldsymbol{A}$ 与 $\boldsymbol{B}$ 相似，即存在可逆阵 $\boldsymbol{P}$ 使得 $\boldsymbol{P}^{-1}\boldsymbol{A}\boldsymbol{P}=\boldsymbol{B}$，则有

$$\lambda\boldsymbol{E}-\boldsymbol{B}=\lambda\boldsymbol{E}-\boldsymbol{P}^{-1}\boldsymbol{A}\boldsymbol{P}=\boldsymbol{P}^{-1}(\lambda\boldsymbol{E}-\boldsymbol{A})\boldsymbol{P},$$

即 $\lambda\boldsymbol{E}-\boldsymbol{A}$ 与 $\lambda\boldsymbol{E}-\boldsymbol{B}$ 等价.

充分性. 设 $\lambda\boldsymbol{E}-\boldsymbol{A}$ 与 $\lambda\boldsymbol{E}-\boldsymbol{B}$ 等价，则存在可逆的 λ-矩阵 $\boldsymbol{P}(\lambda)$和 $\boldsymbol{Q}(\lambda)$，使得

$$\boldsymbol{P}(\lambda)(\lambda\boldsymbol{E}-\boldsymbol{A})\boldsymbol{Q}(\lambda)=\lambda\boldsymbol{E}-\boldsymbol{B},$$

故有 $\boldsymbol{P}(\lambda)(\lambda\boldsymbol{E}-\boldsymbol{A})=(\lambda\boldsymbol{E}-\boldsymbol{B})\boldsymbol{Q}(\lambda)^{-1}$，下面先把 $\boldsymbol{P}(\lambda)$和 $\boldsymbol{Q}(\lambda)^{-1}$分别变形为

$$\boldsymbol{P}(\lambda)=(\lambda\boldsymbol{E}-\boldsymbol{B})\boldsymbol{P}_1(\lambda)+\boldsymbol{R}_1,\quad \boldsymbol{Q}(\lambda)^{-1}=\boldsymbol{Q}_1(\lambda)(\lambda\boldsymbol{E}-\boldsymbol{A})+\boldsymbol{R}_2,$$

其中，$\boldsymbol{R}_1$，$\boldsymbol{R}_2$ 都是数字矩阵. 带入前式，再适当变形可以得到

$$(\lambda\boldsymbol{E}-\boldsymbol{B})[\boldsymbol{P}_1(\lambda)-\boldsymbol{Q}_1(\lambda)](\lambda\boldsymbol{E}-\boldsymbol{A})=(\lambda\boldsymbol{E}-\boldsymbol{B})\boldsymbol{R}_2-\boldsymbol{R}_1(\lambda\boldsymbol{E}-\boldsymbol{A}),$$

比较两端的次数得$\boldsymbol{P}_1(\lambda)=\boldsymbol{Q}_1(\lambda)$，于是$\boldsymbol{R}_1(\lambda\boldsymbol{E}-\boldsymbol{A})=(\lambda\boldsymbol{E}-\boldsymbol{B})\boldsymbol{R}_2$，再变形成 $\lambda(\boldsymbol{R}_1-\boldsymbol{R}_2)=\boldsymbol{R}_1\boldsymbol{A}-\boldsymbol{B}\boldsymbol{R}_2$，就有$\boldsymbol{R}_1=\boldsymbol{R}_2$，故$\boldsymbol{R}_1\boldsymbol{A}=\boldsymbol{B}\boldsymbol{R}_1$. 只需再证明$\boldsymbol{R}_1$是可逆阵即可.

设 $\boldsymbol{P}(\lambda)^{-1}=(\lambda\boldsymbol{E}-\boldsymbol{B})\boldsymbol{P}_2(\lambda)+\boldsymbol{R}_0$，其中$\boldsymbol{R}_0$是只含常数的矩阵，则有

$$\begin{aligned}\boldsymbol{P}(\lambda)\boldsymbol{P}(\lambda)^{-1}&=[(\lambda\boldsymbol{E}-\boldsymbol{B})\boldsymbol{P}_1(\lambda)+\boldsymbol{R}_1][(\lambda\boldsymbol{E}-\boldsymbol{B})\boldsymbol{P}_2(\lambda)+\boldsymbol{R}_0]\\&=(\lambda\boldsymbol{E}-\boldsymbol{B})\boldsymbol{P}_1(\lambda)\boldsymbol{P}(\lambda)^{-1}+\boldsymbol{R}_1(\lambda\boldsymbol{E}-\boldsymbol{B})\boldsymbol{P}_2(\lambda)+\boldsymbol{R}_1\boldsymbol{R}_0,\end{aligned}$$

即

$$\boldsymbol{E}=(\lambda\boldsymbol{E}-\boldsymbol{B})\boldsymbol{P}_1(\lambda)\boldsymbol{P}(\lambda)^{-1}+\boldsymbol{R}_1(\lambda\boldsymbol{E}-\boldsymbol{B})\boldsymbol{P}_2(\lambda)+\boldsymbol{R}_1\boldsymbol{R}_0,$$

比较两端的次数有$\boldsymbol{R}_1\boldsymbol{R}_0=\boldsymbol{E}$，即 $\boldsymbol{R}_1$ 是可逆阵，因此 $\boldsymbol{A}$ 与 $\boldsymbol{B}$ 相似.

结合定理 2.18 以及 2.3 节的结论就有如下推论.

推论 2.4　设 $\boldsymbol{A}$ 与 $\boldsymbol{B}$ 为 n 阶数字矩阵，则下列命题等价：

(1) $\boldsymbol{A}$ 与 $\boldsymbol{B}$ 相似，

(2) $\lambda\boldsymbol{E}-\boldsymbol{A}$ 与 $\lambda\boldsymbol{E}-\boldsymbol{B}$ 等价，

(3) $\lambda\boldsymbol{E}-\boldsymbol{A}$ 与 $\lambda\boldsymbol{E}-\boldsymbol{B}$ 具有相同的各阶行列式因子，

(4) $\lambda\boldsymbol{E}-\boldsymbol{A}$ 与 $\lambda\boldsymbol{E}-\boldsymbol{B}$ 具有相同的各个不变因子，

(5) $\lambda\boldsymbol{E}-\boldsymbol{A}$ 与 $\lambda\boldsymbol{E}-\boldsymbol{B}$ 具有相同的各个初等因子.

为了方便，以后把 $\boldsymbol{A}$ 的特征矩阵 $\lambda\boldsymbol{E}-\boldsymbol{A}$ 的不变因子和初等因子就称为**矩阵 $\boldsymbol{A}$ 的不变因子和初等因子**.

下面的结论给我们讨论数字矩阵相似标准形提供了很大的作用.

引理 2.2　设 2 阶 λ-矩阵

$$\boldsymbol{A}_1=\begin{pmatrix}(\lambda-a_0)^{m_2}g_1(\lambda) & 0\\ 0 & (\lambda-a_0)^{m_1}g_2(\lambda)\end{pmatrix},$$

$$\boldsymbol{A}_2=\begin{pmatrix}(\lambda-a_0)^{m_1}g_1(\lambda) & 0\\ 0 & (\lambda-a_0)^{m_2}g_2(\lambda)\end{pmatrix},$$

并且 $g_i(a_0)\neq 0\ (i=1,\ 2)$，则 $\boldsymbol{A}_1$ 与 A_2 等价.

证明　不妨设 $m_1\leqslant m_2$，$d(\lambda)=(g_1(\lambda),\ g_2(\lambda))$，因为 $g_i(a_0)\neq 0\ (i=1,\ 2)$，所以 $\lambda-a_0$ 不是 $g_i(\lambda)\ (i=1,\ 2)$的因式. 故 $\boldsymbol{A}_1$ 和 $\boldsymbol{A}_2$ 的行列式因子都是

$$D_1(\lambda)=(\lambda-a_0)^{m_1}d(\lambda),\ D_2(\lambda)=(\lambda-a_0)^{m_1+m_2}g_1(\lambda)g_2(\lambda),$$

故 $\boldsymbol{A}_1$ 与 $\boldsymbol{A}_2$ 等价.

利用这个引理，再结合第一类的初等变换就可以对任意一个对角形 λ-阵作同样的处理，即在引理 2.2 的前提下就有

$$\begin{pmatrix}\ddots & & & & \\ & (\lambda-a_0)^{m_2}g_1(\lambda) & & & \\ & & \ddots & & \\ & & & (\lambda-a_0)^{m_1}g_2(\lambda) & \\ & & & & \ddots\end{pmatrix}$$

$$\cong\begin{pmatrix}\ddots & & & & \\ & (\lambda-a_0)^{m_1}g_1(\lambda) & & & \\ & & \ddots & & \\ & & & (\lambda-a_0)^{m_2}g_2(\lambda) & \\ & & & & \ddots\end{pmatrix}.$$

进一步，经过若干次使用这个引理的讨论过程，可以把对角形矩阵

$$\boldsymbol{A}_1=\begin{pmatrix}(\lambda-a_0)^{m_1}g_1(\lambda) & & & \\ & (\lambda-a_0)^{m_2}g_2(\lambda) & & \\ & & \ddots & \\ & & & (\lambda-a_0)^{m_r}g_r(\lambda)\end{pmatrix}$$

变换为对角形矩阵

$$A_2=\begin{pmatrix}(\lambda-a_0)^{n_1}g_1(\lambda) & & & \\ & (\lambda-a_0)^{n_2}g_2(\lambda) & & \\ & & \ddots & \\ & & & (\lambda-a_0)^{n_r}g_r(\lambda)\end{pmatrix},$$

其中，$g_i(a_0)\neq 0\ (i=1, 2, \cdots, r)$，而 $n_1, n_2, \cdots, n_r$ 是 $m_1, m_2, \cdots, m_r$ 的一个重新排列，并且 $0\leqslant n_1\leqslant n_2\leqslant\cdots\leqslant n_r$.

利用这个引理及其讨论结果可得下面的定理.

定理 2.19 设 λ-阵 $A(\lambda)$ 为分块对角阵

$$A(\lambda)=\begin{pmatrix}A_1(\lambda) & & & \\ & A_2(\lambda) & & \\ & & \ddots & \\ & & & A_s(\lambda)\end{pmatrix},$$

则 $A(\lambda)$ 的每个子块 $A_j(\lambda)\ (1\leqslant j\leqslant s)$ 的每个初等因子都是 $A(\lambda)$ 的初等因子，并且 $A(\lambda)$ 的每个初等因子必是某个 $A_j(\lambda)\ (1\leqslant j\leqslant s)$ 的初等因子.

证明 不妨设 $A_j(\lambda)$ 的等价标准形为

$$I_j(\lambda)=\begin{pmatrix}d_{1j}(\lambda) & & \\ & \ddots & \\ & & d_{r_j j}(\lambda)\end{pmatrix}\quad(1\leqslant j\leqslant s),$$

其中，$d_{ij}(\lambda)\ (1\leqslant i\leqslant r_j)$ 是 $A_j(\lambda)$ 的不变因子，并且 $r_1+r_2+\cdots+r_s=r$，于是 $A(\lambda)$ 就等价于对角阵

$$B(\lambda)=\begin{pmatrix}d_{11}(\lambda) & & & & & & \\ & \ddots & & & & & \\ & & d_{r_1 1}(\lambda) & & & & \\ & & & \ddots & & & \\ & & & & d_{1s}(\lambda) & & \\ & & & & & \ddots & \\ & & & & & & d_{r_s s}(\lambda)\end{pmatrix},$$

逐次使用引理 2.2 的讨论结论，把每个 $A_j(\lambda)\ (1\leqslant j\leqslant s)$ 的全部初等因子按指数从大到小，依从右下到左上的顺序交换到 $B(\lambda)$ 的对角线上，也即把 $B(\lambda)$ 等价地变成了它的等价标准形 $I_r(\lambda)$，并且在 $B(\lambda)$ 等价变换成 $I_r(\lambda)$ 的过程中，仅作了 $A_j(\lambda)$ 的初等因子的位置变换，故而 $A_j(\lambda)$ 的初等因子就是 $A(\lambda)$ 的初等因子，$A(\lambda)$ 的每个初等因子必是某个 $A_j(\lambda)$ 的初等因子.

从这个定理的论证过程中可知，要求一个 λ-阵 $A(\lambda)$ 的初等因子，可以先用初等变换把

$\boldsymbol{A}(\lambda)$变成分块对角阵，再分别计算每个子块的初等因子，这样也可以得到$\boldsymbol{A}(\lambda)$的初等因子.

例 2.7　设

$$\boldsymbol{A}(\lambda)=\begin{pmatrix}1-\lambda & 2\lambda-1 & \lambda \\ \lambda & \lambda^2 & -\lambda \\ 1+\lambda^2 & \lambda^3+\lambda-1 & -\lambda^2\end{pmatrix},$$

求$\boldsymbol{A}(\lambda)$的初等因子，以及$\boldsymbol{A}(\lambda)$的等价标准形.

解　先用初等变换化简成分块对角阵.

$$\boldsymbol{A}(\lambda)\xrightarrow[r_1+r_2]{r_3-\lambda r_2}\begin{pmatrix}1 & \lambda^2+2\lambda-1 & 0 \\ \lambda & \lambda^2 & -\lambda \\ 1 & \lambda-1 & 0\end{pmatrix}\xrightarrow[r_2-\lambda r_1]{r_3-r_1}\begin{pmatrix}1 & \lambda^2+2\lambda-1 & 0 \\ 0 & -\lambda^3-\lambda^2+\lambda & -\lambda \\ 0 & -\lambda^2-\lambda & 0\end{pmatrix}$$

$$\xrightarrow[c_2-(\lambda^2+2\lambda-1)c_1]{}\begin{pmatrix}1 & 0 & 0 \\ 0 & -\lambda^3-\lambda^2+\lambda & -\lambda \\ 0 & -\lambda^2-\lambda & 0\end{pmatrix}=\begin{pmatrix}\boldsymbol{A}_1(\lambda) & \\ & \boldsymbol{A}_2(\lambda)\end{pmatrix}.$$

对于$\boldsymbol{A}_1(\lambda)=1$，有$D_1(\lambda)=1$，$d_1(\lambda)=1$，无初等因子.

对于$\boldsymbol{A}_2(\lambda)=\begin{pmatrix}-\lambda^3-\lambda^2+\lambda & -\lambda \\ -\lambda^2-\lambda & 0\end{pmatrix}$，有$D_1(\lambda)=\lambda$，故$D_2(\lambda)=\lambda^2(\lambda+1)$，初等因子为$\lambda$，$\lambda$，$\lambda+1$.

所以$\boldsymbol{A}(\lambda)$的初等因子为λ，λ，$\lambda+1$，$\boldsymbol{A}(\lambda)$的等价标准形为

$$\boldsymbol{I}_3(\lambda)=\begin{pmatrix}1 & 0 & 0 \\ 0 & \lambda & 0 \\ 0 & 0 & \lambda(\lambda+1)\end{pmatrix}.$$

2.5　Jordan 标准形

先看一个例题.

例 2.8　求下面方阵的初等因子

$$\boldsymbol{J}_0=\begin{pmatrix}\lambda_0 & 1 & & \\ & \lambda_0 & \ddots & \\ & & \ddots & 1 \\ & & & \lambda_0\end{pmatrix}_{n_0}.$$

解　因为

$$\lambda\boldsymbol{E}-\boldsymbol{J}_0=\begin{pmatrix}\lambda-\lambda_0 & -1 & & \\ & \lambda-\lambda_0 & \ddots & \\ & & \ddots & -1 \\ & & & \lambda-\lambda_0\end{pmatrix}_{n_0},$$

故有 $\boldsymbol{J}_0$ 的行列式因子：$D_1(\lambda)=1,\ \cdots,\ D_{n_0-1}(\lambda)=1,\ D_{n_0}(\lambda)=(\lambda-\lambda_0)^{n_0}$，所以 $\boldsymbol{J}_0$ 的初等因子是 $(\lambda-\lambda_0)^{n_0}$.

注意到方阵 $\boldsymbol{J}_0$ 的初等因子的这种特殊形式，提示了这个方阵的重要性.

定义 2.20 分块矩阵

$$\boldsymbol{J}=\begin{pmatrix}\boldsymbol{J}_1 & & & \\ & \boldsymbol{J}_2 & & \\ & & \ddots & \\ & & & \boldsymbol{J}_s\end{pmatrix}$$

称为 **Jordan 标准形**，其中

$$\boldsymbol{J}_i=\begin{pmatrix}\lambda_i & 1 & & \\ & \lambda_i & \ddots & \\ & & \ddots & 1 \\ & & & \lambda_i\end{pmatrix}_{n_i},\ i=1,2,\cdots,s$$

称为 n_i 阶 **Jordan 块**.

根据例 2.8 和 2.4 节中定理 2.19 的结论可以得到，Jordan 标准形 $\boldsymbol{J}$ 的全部初等因子是 $(\lambda-\lambda_1)^{n_1},\ (\lambda-\lambda_2)^{n_2},\ \cdots,\ (\lambda-\lambda_s)^{n_s}$，结合 2.4 节中的推论 2.4 就有下面本章的核心定理.

定理 2.20 设 n 阶矩阵 $\boldsymbol{A}$ 的初等因子是 $(\lambda-\lambda_1)^{n_1},\ (\lambda-\lambda_2)^{n_2},\ \cdots,\ (\lambda-\lambda_s)^{n_s}$，则存在 Jordan 标准形

$$\boldsymbol{J}=\begin{pmatrix}\boldsymbol{J}_1 & & & \\ & \boldsymbol{J}_2 & & \\ & & \ddots & \\ & & & \boldsymbol{J}_s\end{pmatrix}$$

使得 $\boldsymbol{A}$ 与 $\boldsymbol{J}$ 相似，并且 $n_1+n_2+\cdots+n_s=n$.

例 2.9 求下面方阵的 Jordan 标准形

$$\boldsymbol{A}=\begin{pmatrix}1 & -1 & 0\\ 2 & 4 & -1\\ 0 & 0 & 3\end{pmatrix}.$$

解 因为

$$\lambda\boldsymbol{E}-\boldsymbol{A}=\begin{pmatrix}\lambda-1 & 1 & 0\\ -2 & \lambda-4 & 1\\ 0 & 0 & \lambda-3\end{pmatrix}\xrightarrow{c_1\leftrightarrow c_2}\begin{pmatrix}1 & \lambda-1 & 0\\ \lambda-4 & -2 & 1\\ 0 & 0 & \lambda-3\end{pmatrix}$$

$$\xrightarrow[r_2-(\lambda-4)r_1]{c_2-(\lambda-1)c_1}\begin{pmatrix}1 & 0 & 0\\ 0 & -\lambda^2+5\lambda-6 & 1\\ 0 & 0 & \lambda-3\end{pmatrix},$$

所以,矩阵 $\boldsymbol{A}$ 的初等因子为 $\lambda-2$, $(\lambda-3)^2$, $\boldsymbol{A}$ 的 Jordan 标准形

$$\boldsymbol{J}=\begin{pmatrix}2&0&0\\0&3&1\\0&0&3\end{pmatrix}.$$

如果 Jordan 标准形 $\boldsymbol{J}$ 中的每个 Jordan 块都是 1 阶阵,那么 $\boldsymbol{J}$ 就是一个对角阵.

推论 2.5　一个 n 阶矩阵 $\boldsymbol{A}$ 相似于对角阵的充要条件是 $\boldsymbol{A}$ 的初等因子都是 λ 的一次多项式.

通过下面的例题,我们来讨论如果矩阵 $\boldsymbol{A}$ 与其 Jordan 标准形相似,那么怎么来求解相似变换矩阵 $\boldsymbol{P}$.

例 2.10　对于例 2.9 中的矩阵 $\boldsymbol{A}$,求相似变换矩阵 $\boldsymbol{P}$ 以及 $\boldsymbol{A}$ 的 Jordan 标准形 $\boldsymbol{J}$,使得 $\boldsymbol{P}^{-1}\boldsymbol{A}\boldsymbol{P}=\boldsymbol{J}$.

解　已知 $\boldsymbol{J}=\begin{pmatrix}2&0&0\\0&3&1\\0&0&3\end{pmatrix}$,设 $\boldsymbol{P}=(\boldsymbol{p}_1,\ \boldsymbol{p}_2,\ \boldsymbol{p}_3)$,由 $\boldsymbol{P}^{-1}\boldsymbol{A}\boldsymbol{P}=\boldsymbol{J}$,就有 $\boldsymbol{A}\boldsymbol{P}=\boldsymbol{P}\boldsymbol{J}$,

$$\boldsymbol{A}(\boldsymbol{p}_1,\ \boldsymbol{p}_2,\ \boldsymbol{p}_3)=(\boldsymbol{p}_1,\ \boldsymbol{p}_2,\ \boldsymbol{p}_3)\begin{pmatrix}2&0&0\\0&3&1\\0&0&3\end{pmatrix}.$$

于是 $\boldsymbol{A}\boldsymbol{p}_1=2\boldsymbol{p}_1$, $\boldsymbol{A}\boldsymbol{p}_2=3\boldsymbol{p}_2$, $\boldsymbol{A}\boldsymbol{p}_3=\boldsymbol{p}_2+3\boldsymbol{p}_3$.

解方程组 $(\boldsymbol{A}-2\boldsymbol{E})\boldsymbol{x}=\boldsymbol{0}$,得 $\boldsymbol{p}_1=(1,\ -1,\ 0)^{\mathrm{T}}$.

解方程组 $(\boldsymbol{A}-3\boldsymbol{E})\boldsymbol{x}=\boldsymbol{0}$,得 $\boldsymbol{p}_2=(2,\ -1,\ 0)^{\mathrm{T}}$.

解方程组 $(\boldsymbol{A}-3\boldsymbol{E})\boldsymbol{x}=\boldsymbol{p}_2$,得 $\boldsymbol{p}_3=(-1,\ 0,\ -1)^{\mathrm{T}}$.

于是

$$\boldsymbol{P}=(\boldsymbol{p}_1,\ \boldsymbol{p}_2,\ \boldsymbol{p}_3)=\begin{pmatrix}1&2&-1\\-1&-1&0\\0&0&-1\end{pmatrix}.$$

下面是一个较为复杂的情形.

例 2.11　设

$$\boldsymbol{A}=\begin{pmatrix}-1&2&-2\\-1&2&-1\\1&-1&2\end{pmatrix},$$

求 $\boldsymbol{A}$ 的 Jordan 标准形 $\boldsymbol{J}$,以及相似变换矩阵 $\boldsymbol{P}$ 使得 $\boldsymbol{P}^{-1}\boldsymbol{A}\boldsymbol{P}=\boldsymbol{J}$.

解　利用初等变换

$$\lambda\boldsymbol{E}-\boldsymbol{A}=\begin{pmatrix}\lambda+1&-2&2\\1&\lambda-2&1\\-1&1&\lambda-2\end{pmatrix}\to\begin{pmatrix}1&\lambda-2&1\\\lambda+1&-2&2\\-1&1&\lambda-2\end{pmatrix}$$

$$\rightarrow\begin{pmatrix}1 & 0 & 0\\0 & \lambda^2-\lambda & \lambda-1\\0 & \lambda-1 & \lambda-1\end{pmatrix},$$

得 $\boldsymbol{A}$ 的初等因子 $\lambda-1$, $(\lambda-1)^2$,以及 $\boldsymbol{A}$ 的 Jordan 标准形

$$\boldsymbol{J}=\begin{pmatrix}1 & 0 & 0\\0 & 1 & 1\\0 & 0 & 1\end{pmatrix},$$

设 $\boldsymbol{P}=(\boldsymbol{p}_1, \boldsymbol{p}_2, \boldsymbol{p}_3)$,由 $\boldsymbol{P}^{-1}\boldsymbol{AP}=\boldsymbol{J}$,就有 $(\boldsymbol{Ap}_1, \boldsymbol{Ap}_2, \boldsymbol{Ap}_3)=(\boldsymbol{p}_1, \boldsymbol{p}_2, \boldsymbol{p}_2+\boldsymbol{p}_3)$.

解方程组 $(\boldsymbol{A}-\boldsymbol{E})\boldsymbol{x}=\boldsymbol{0}$,得基础解系 $\boldsymbol{\alpha}_1=(1, 1, 0)^{\mathrm{T}}$, $\boldsymbol{\alpha}_2=(-1, 0, 1)^{\mathrm{T}}$.

考虑 $\boldsymbol{p}_1$, $\boldsymbol{p}_2$, $\boldsymbol{p}_3$ 应满足的条件,其中 $\boldsymbol{p}_1$ 和 $\boldsymbol{p}_2$ 是 $(\boldsymbol{A}-\boldsymbol{E})\boldsymbol{x}=\boldsymbol{0}$ 的 2 个线性无关的解,并且 $\boldsymbol{p}_2$ 还需要使 $(\boldsymbol{A}-\boldsymbol{E})\boldsymbol{x}=\boldsymbol{p}_2$ 有解,$\boldsymbol{p}_3$ 是 $(\boldsymbol{A}-\boldsymbol{E})\boldsymbol{x}=\boldsymbol{p}_2$ 的解. 设 $\boldsymbol{p}_2=k_1\boldsymbol{\alpha}_1+k_2\boldsymbol{\alpha}_2$,则

$$(\boldsymbol{A}-\boldsymbol{E}, \boldsymbol{p}_2)=\begin{pmatrix}-2 & 2 & -2 & k_1-k_2\\-1 & 1 & -1 & k_1\\1 & -1 & 1 & k_2\end{pmatrix}\rightarrow\begin{pmatrix}1 & -1 & 1 & k_2\\0 & 0 & 0 & k_1+k_2\\0 & 0 & 0 & 0\end{pmatrix},$$

当 $k_1+k_2=0$ 时,$(\boldsymbol{A}-\boldsymbol{E})\boldsymbol{x}=\boldsymbol{p}_2$ 有解,取 $k_1=1$, $k_2=-1$,即 $\boldsymbol{p}_2=\boldsymbol{\alpha}_1-\boldsymbol{\alpha}_2=(2, 1, -1)^{\mathrm{T}}$,取 $\boldsymbol{p}_1=\boldsymbol{\alpha}_1=(1, 1, 0)^{\mathrm{T}}$.

再解 $(\boldsymbol{A}-\boldsymbol{E})\boldsymbol{x}=\boldsymbol{p}_2$,得 $\boldsymbol{p}_3=(-1, 0, 0)^{\mathrm{T}}$. 于是

$$\boldsymbol{P}=(\boldsymbol{p}_1, \boldsymbol{p}_2, \boldsymbol{p}_3)=\begin{pmatrix}1 & 2 & -1\\1 & 1 & 0\\0 & -1 & 0\end{pmatrix}.$$

2.6 最小多项式

作为矩阵的 Jordan 标准形理论的一个应用,我们来讨论一个非常有用的概念——矩阵的最小多项式.

例如,若一个 n 阶矩阵 $\boldsymbol{A}$ 满足 $\boldsymbol{A}^2+\boldsymbol{A}-2\boldsymbol{E}=\boldsymbol{O}$,是否能确定 $\boldsymbol{A}$ 在相似意义下的某些特征,比如说,相似于对角阵呢?

定义 2.21 设 $\boldsymbol{A}$ 是 n 阶方阵,若存在多项式

$$\varphi(\lambda)=a_0\lambda^n+a_1\lambda^{n-1}+\cdots+a_{n-1}\lambda+a_n,$$

使得 $\varphi(\boldsymbol{A})=\boldsymbol{O}$,则称 $\varphi(\lambda)$ 为 $\boldsymbol{A}$ 的一个**零化多项式**.

例 2.12 设矩阵 $\boldsymbol{A}=\begin{pmatrix}2 & 1\\0 & 2\end{pmatrix}$,验证 $\boldsymbol{A}^3-3\boldsymbol{A}^2+4\boldsymbol{E}=\boldsymbol{O}$.

解 $\boldsymbol{A}^3-3\boldsymbol{A}^2+4\boldsymbol{E}=\begin{pmatrix}2 & 1\\0 & 2\end{pmatrix}^3-3\begin{pmatrix}2 & 1\\0 & 2\end{pmatrix}^2+4\begin{pmatrix}1 & 0\\0 & 1\end{pmatrix}=\boldsymbol{O}$.

于是多项式 $\varphi(\lambda)=\lambda^3-3\lambda^2+4$ 就是 $\boldsymbol{A}$ 的一个零化多项式.

那么是否每个方阵都具有零化多项式呢？下面的定理回答了这个问题.

定理 2.21(Cayley-Hamilton)　设 $f(\lambda)=|\lambda\boldsymbol{E}-\boldsymbol{A}|$ 是方阵 $\boldsymbol{A}$ 的特征多项式，则 $f(\boldsymbol{A})=\boldsymbol{O}$，即 $\boldsymbol{A}$ 的特征多项式是 $\boldsymbol{A}$ 的一个零化多项式.

证明　设 $f(\lambda)=|\lambda\boldsymbol{E}-\boldsymbol{A}|=\lambda^n+a_1\lambda^{n-1}+\cdots+a_{n-1}\lambda+a_n$ 是方阵 $\boldsymbol{A}$ 的特征多项式，$(\lambda\boldsymbol{E}-\boldsymbol{A})^*$ 是特征矩阵 $\lambda\boldsymbol{E}-\boldsymbol{A}$ 的伴随矩阵. 由于 $(\lambda\boldsymbol{E}-\boldsymbol{A})^*$ 的每个元素都是 $\lambda\boldsymbol{E}-\boldsymbol{A}$ 的某个元素的代数余子式，因而，至多是 λ 的 $n-1$ 次多项式，故可设

$$(\lambda\boldsymbol{E}-\boldsymbol{A})^*=\boldsymbol{B}_0\lambda^{n-1}+\boldsymbol{B}_1\lambda^{n-2}+\cdots+\boldsymbol{B}_{n-2}\lambda+\boldsymbol{B}_{n-1},$$

其中，$\boldsymbol{B}_i(i=0,1,\cdots,n-1)$ 是 n 阶数字方阵，于是

$$\begin{aligned}(\lambda\boldsymbol{E}-\boldsymbol{A})(\lambda\boldsymbol{E}-\boldsymbol{A})^*&=(\lambda\boldsymbol{E}-\boldsymbol{A})(\boldsymbol{B}_0\lambda^{n-1}+\boldsymbol{B}_1\lambda^{n-2}+\cdots+\boldsymbol{B}_{n-2}\lambda+\boldsymbol{B}_{n-1})\\&=\boldsymbol{B}_0\lambda^n+(\boldsymbol{B}_1-\boldsymbol{A}\boldsymbol{B}_0)\lambda^{n-1}+\cdots+(\boldsymbol{B}_{n-1}-\boldsymbol{A}\boldsymbol{B}_{n-2})\lambda+\boldsymbol{A}\boldsymbol{B}_{n-1}.\end{aligned}$$

另一方面，

$$(\lambda\boldsymbol{E}-\boldsymbol{A})(\lambda\boldsymbol{E}-\boldsymbol{A})^*=|\lambda\boldsymbol{E}-\boldsymbol{A}|\boldsymbol{E}=(\lambda^n+a_1\lambda^{n-1}+\cdots+a_{n-1}\lambda+a_n)\boldsymbol{E},$$

比较这两个等式 λ 的同次乘幂的系数矩阵，可得

$$\begin{cases}\boldsymbol{B}_0=\boldsymbol{E},\\\boldsymbol{B}_1-\boldsymbol{A}\boldsymbol{B}_0=a_1\boldsymbol{E},\\\quad\vdots\\\boldsymbol{B}_{n-1}-\boldsymbol{A}\boldsymbol{B}_{n-2}=a_{n-1}\boldsymbol{E},\\-\boldsymbol{A}\boldsymbol{B}_{n-1}=a_n\boldsymbol{E},\end{cases}$$

分别用 $\boldsymbol{A}^n,\boldsymbol{A}^{n-1},\cdots,\boldsymbol{A},\boldsymbol{E}$ 从上至下依次左乘这些等式的两边，然后再相加，就有

$$\boldsymbol{O}=\boldsymbol{A}^n+a_1\boldsymbol{A}^{n-1}+\cdots+a_{n-1}\boldsymbol{A}+a_n\boldsymbol{E},$$

即 $f(\boldsymbol{A})=\boldsymbol{O}$.

定义 2.22　设 $\boldsymbol{A}$ 为 n 阶方阵，则称 $\boldsymbol{A}$ 的首项系数为 1 的次数最低的零化多项式为 $\boldsymbol{A}$ 的**最小多项式**，记作 $m_{\boldsymbol{A}}(\lambda)$.

根据定理 2.21 可以知道，方阵 $\boldsymbol{A}$ 的最小多项式必定存在. 下面来讨论 $\boldsymbol{A}$ 的最小多项式的一些性质.

性质 2.3　设 $\boldsymbol{A}$ 为 n 阶方阵，$f(\lambda)$ 为方阵 $\boldsymbol{A}$ 的特征多项式，$m_{\boldsymbol{A}}(\lambda)$ 为 $\boldsymbol{A}$ 的最小多项式，则

(1) $m_{\boldsymbol{A}}(\lambda)$ 能整除 $\boldsymbol{A}$ 的任意一个零化多项式 $\varphi(\lambda)$.

(2) $m_{\boldsymbol{A}}(\lambda)$ 是唯一的.

(3) $m_{\boldsymbol{A}}(\lambda)$ 与 $\boldsymbol{A}$ 的特征多项式 $f(\lambda)$ 具有相同的根.

(4) $m_{\boldsymbol{A}}(\lambda)$ 是 $\boldsymbol{A}$ 的特征矩阵 $\lambda\boldsymbol{E}-\boldsymbol{A}$ 的第 n 个不变因子 $d_n(\lambda)$.

证明　(1) 设 $\varphi(\lambda)$ 是 $\boldsymbol{A}$ 的任意零化多项式，并且 $\varphi(\lambda)=m_{\boldsymbol{A}}(\lambda)q(\lambda)+r(\lambda)$，其中 $\deg r(\lambda)<\deg m_{\boldsymbol{A}}(\lambda)$. 假若 $r(\lambda)\neq0$，由 $\varphi(\boldsymbol{A})=m_{\boldsymbol{A}}(\boldsymbol{A})q(\boldsymbol{A})+r(\boldsymbol{A})$，以及 $\varphi(\boldsymbol{A})=m_{\boldsymbol{A}}(\boldsymbol{A})=\boldsymbol{O}$ 可知 $r(\boldsymbol{A})=\boldsymbol{O}$，即 $r(\lambda)$ 也是 $\boldsymbol{A}$ 的零化多项式，这与 $m_{\boldsymbol{A}}(\lambda)$ 是 $\boldsymbol{A}$ 的最小多项式矛盾，故 $r(\lambda)=$

0,于是 $m_{\boldsymbol{A}}(\lambda)|\varphi(\lambda)$.

(2) 设 $m_1(\lambda)$, $m_2(\lambda)$都是 $\boldsymbol{A}$ 的最小多项式,由(1)的结论知

$$m_1(\lambda) \mid m_2(\lambda),\ m_2(\lambda) \mid m_1(\lambda),$$

又它们都是首项系数为 1 的多项式,故 $m_1(\lambda)=m_2(\lambda)$.

(3) 由(1)的结论知,$m_{\boldsymbol{A}}(\lambda)|f(\lambda)$,即 $f(\lambda)=q(\lambda)m_{\boldsymbol{A}}(\lambda)$,故 $m_{\boldsymbol{A}}(\lambda)$的根必是 $f(\lambda)$的根. 反之,若 λ 是 $f(\lambda)$的根,即 λ 是 $\boldsymbol{A}$ 的特征根,则存在 $\boldsymbol{A}$ 的特征向量 $\boldsymbol{\alpha}$ 使得 $\boldsymbol{A\alpha}=\lambda\boldsymbol{\alpha}$,于是 $m_{\boldsymbol{A}}(\boldsymbol{A})\boldsymbol{\alpha}=m_{\boldsymbol{A}}(\lambda)\boldsymbol{\alpha}$. 而 $m_{\boldsymbol{A}}(\boldsymbol{A})=\boldsymbol{O}$,故 $m_{\boldsymbol{A}}(\lambda)=0$.

(4) 设 $\boldsymbol{J}$ 为 $\boldsymbol{A}$ 的 Jordan 标准形,$\boldsymbol{P}^{-1}\boldsymbol{AP}=\boldsymbol{J}$. 利用 $d_n(\lambda)$的标准分解式容易得到 $d_n(\boldsymbol{A})=\boldsymbol{P}d_n(\boldsymbol{J})\boldsymbol{P}^{-1}=\boldsymbol{O}$. 另一方面,对 $d_n(\lambda)$的任意非平凡因式 $\varphi(\lambda)$,同样也容易验证 $\varphi(\boldsymbol{A})=\boldsymbol{P}\varphi(\boldsymbol{J})\boldsymbol{P}^{-1}\neq\boldsymbol{O}$,从而 $m_{\boldsymbol{A}}(\lambda)=d_n(\lambda)$.

定理 2.22 一个 n 阶方阵 $\boldsymbol{A}$ 相似于对角阵的充要条件是 $\boldsymbol{A}$ 的最小多项式无重根.

证明 由推论 2.5 可知,方阵 $\boldsymbol{A}$ 相似于对角阵的充要条件是 $\boldsymbol{A}$ 的初等因子都是 λ 的一次多项式,而 $\boldsymbol{A}$ 的初等因子都是 λ 的一次多项式当且仅当 A 的第 n 个不变因子无重根,根据性质 2.3 的(4),$\boldsymbol{A}$ 的第 n 个不变因子就是 A 的最小多项式.

例 2.13 求下面矩阵的最小多项式

$$\boldsymbol{A}=\begin{pmatrix} 3 & 1 & 1 \\ -1 & 1 & -1 \\ 1 & 1 & 3 \end{pmatrix}.$$

解 因为

$$\lambda\boldsymbol{E}-\boldsymbol{A}=\begin{pmatrix} \lambda-3 & -1 & -1 \\ 1 & \lambda-1 & 1 \\ -1 & -1 & \lambda-3 \end{pmatrix}\to\begin{pmatrix} 1 & \lambda-1 & 1 \\ \lambda-3 & -1 & -1 \\ -1 & -1 & \lambda-3 \end{pmatrix}$$

$$\to\begin{pmatrix} 1 & 0 & 0 \\ 0 & -\lambda^2+4\lambda-4 & -\lambda+2 \\ 0 & \lambda-2 & \lambda-3 \end{pmatrix},$$

所以 $\boldsymbol{A}$ 的初等因子 $\lambda-2$, $\lambda-2$, $\lambda-3$, A 的最小多项式 $m_{\boldsymbol{A}}(\lambda)=(\lambda-2)(\lambda-3)$.

例 2.14 求下面矩阵的最小多项式

$$\boldsymbol{A}=\begin{pmatrix} 7 & 4 & -1 \\ 4 & 7 & -1 \\ -4 & -4 & 4 \end{pmatrix}.$$

解 本题用另一种方法.

因为 $|\lambda\boldsymbol{E}-\boldsymbol{A}|=(\lambda-3)^2(\lambda-12)$,显然 $\boldsymbol{A}\neq3\boldsymbol{E}$, $12\boldsymbol{E}$,所以只需验算$(\lambda-3)(\lambda-12)$是否为 A 的零化多项式.

$$(\boldsymbol{A}-3\boldsymbol{E})(\boldsymbol{A}-12\boldsymbol{E})=\begin{pmatrix} 4 & 4 & -1 \\ 4 & 4 & -1 \\ -4 & -4 & 1 \end{pmatrix}\begin{pmatrix} -5 & 4 & -1 \\ 4 & -5 & -1 \\ -4 & -4 & -8 \end{pmatrix}=\boldsymbol{O},$$

故 $\mathbf{A}$ 的最小多项式 $m_A(\lambda)=(\lambda-3)(\lambda-12)$.

习　题　2

1. 设 $f(x)$, $g(x)$ 为实数域 $\mathbf{R}$ 上的两个多项式,求出满足等式 $f(x)=q(x)g(x)+r(x)$ 的商 $q(x)$ 和余式 $r(x)$.

   (1) $f(x)=x^4-4x+5$, $g(x)=x^2-x+2$;

   (2) $f(x)=x^3-3x^2-x-1$, $g(x)=3x^2-2x+1$.

2. 求实数域 $\mathbf{R}$ 上的两个多项式 $f(x)$, $g(x)$ 的最大公因式.

   (1) $f(x)=x^4+x^3+2x^2+x+1$, $g(x)=x^3+2x^2+2x+1$;

   (2) $f(x)=x^4-4x^3+1$, $g(x)=x^3-3x^2+1$.

3. 求实数域 $\mathbf{R}$ 上的两个多项式 $f(x)$ 与 $g(x)$ 的最大公因式 $(f(x), g(x))$,以及满足等式 $u(x)f(x)+v(x)g(x)=(f(x), g(x))$ 的多项式 $u(x)$, $v(x)$.

   (1) $f(x)=x^4-x^3-4x^2+4x+1$, $g(x)=x^2-x-1$;

   (2) $f(x)=4x^4-2x^3-16x^2+5x+9$, $g(x)=2x^3-x^2-5x+4$.

4. 设实数域 $\mathbf{R}$ 上的两个不全为零的多项式 $f(x)$ 与 $g(x)$,满足等式 $u(x)f(x)+v(x)g(x)=(f(x), g(x))$,证明 $(u(x), v(x))=1$.

5. 利用初等变换把下列 λ-矩阵化为等价标准形.

   (1) $\begin{pmatrix} \lambda-1 & -\lambda^2 & \lambda^2 \\ \lambda & \lambda & \lambda \\ \lambda^2+1 & \lambda^2 & \lambda^2 \end{pmatrix}$; (2) $\begin{pmatrix} \lambda+1 & \lambda^2+1 & \lambda^2 \\ \lambda-1 & \lambda^2-1 & \lambda \\ 3\lambda-1 & 3\lambda^2-1 & \lambda^2+2\lambda \end{pmatrix}$.

6. 求下列 λ-矩阵的行列式因子、不变因子和初等因子.

   (1) $\begin{pmatrix} \lambda+1 & -2 & 2 \\ 1 & \lambda-2 & 1 \\ -1 & 1 & \lambda-2 \end{pmatrix}$; (2) $\begin{pmatrix} \lambda+1 & -3 & -6 \\ 0 & \lambda-3 & 8 \\ 0 & 2 & \lambda+5 \end{pmatrix}$;

   (3) $\begin{pmatrix} \lambda & 0 & 0 & 0 \\ 0 & \lambda-1 & 0 & 0 \\ 0 & 0 & \lambda & 1 \\ 0 & 0 & 0 & \lambda \end{pmatrix}$; (4) $\begin{pmatrix} \lambda & 5 & 1 & 14 \\ 0 & \lambda+1 & 0 & 4 \\ -1 & -1 & \lambda-2 & -6 \\ 0 & -1 & 0 & \lambda-3 \end{pmatrix}$.

7. 设 6 阶 λ-矩阵 $\mathbf{A}(\lambda)$ 的秩为 5,其初等因子是 $\lambda-1$, $\lambda-1$, $(\lambda-2)^3$, $\lambda+2$, $(\lambda+2)^2$,求 $\mathbf{A}(\lambda)$ 的行列式因子和不变因子,以及 $\mathbf{A}(\lambda)$ 的等价标准形.

8. 设 7 阶 λ-矩阵 $\mathbf{A}(\lambda)$ 的秩为 6,其初等因子是 λ, λ, λ^2, $\lambda-2$, $(\lambda-2)^3$, $(\lambda-2)^3$,求 $\mathbf{A}(\lambda)$ 的行列式因子和不变因子,以及 $\mathbf{A}(\lambda)$ 的等价标准形.

9. 证明:两个等价的 n 阶 λ-矩阵的行列式只相差一个常数因子.

10. 求下列矩阵的 Jordan 标准形及相似变换矩阵.

   (1) $\begin{pmatrix} 1 & -2 & 2 \\ 1 & -2 & 1 \\ -1 & 1 & -2 \end{pmatrix}$; (2) $\begin{pmatrix} 1 & -3 & 3 \\ -2 & -6 & 13 \\ -1 & -4 & 8 \end{pmatrix}$;

(3) $\begin{pmatrix} 4 & -5 & 2 \\ 5 & -7 & 3 \\ 6 & -9 & 4 \end{pmatrix}$； (4) $\begin{pmatrix} 3 & -4 & 0 & 0 \\ 4 & -5 & -2 & 4 \\ 0 & 0 & 3 & -2 \\ 0 & 0 & 2 & -1 \end{pmatrix}$.

11. 证明:矩阵 $\boldsymbol{A}$ 是幂零阵(即存在正整数 k, $\boldsymbol{A}^k=\boldsymbol{O}$)当且仅当 $\boldsymbol{A}$ 的特征值都等于零.
12. 设非零矩阵 $\boldsymbol{A}$ 是幂零阵,证明:$\boldsymbol{A}$ 不相似于对角阵.
13. 求 3 阶幂零阵的全部可能的 Jordan 标准形.
14. 求 3 阶幂等阵(即满足 $\boldsymbol{A}^2=\boldsymbol{A}$ 的矩阵 $\boldsymbol{A}$)的全部可能的 Jordan 标准形.
15. 设 3 阶矩阵 $\boldsymbol{A}$ 满足 $\boldsymbol{A}^2=\boldsymbol{E}$,求 $\boldsymbol{A}$ 的全部可能的 Jordan 标准形.
16. 设 n 阶矩阵 $\boldsymbol{A}$ 满足 $\boldsymbol{A}^2=\boldsymbol{E}$,证明:$\boldsymbol{A}$ 相似于对角阵.
17. 设 n 阶矩阵 $\boldsymbol{A}$ 满足 $\boldsymbol{A}^2-\boldsymbol{A}=6\boldsymbol{E}$,证明:$\boldsymbol{A}$ 相似于对角阵.
18. 求下列矩阵的最小多项式.

(1) $\begin{pmatrix} 3 & 0 & 1 \\ 1 & 2 & 1 \\ -1 & 0 & 1 \end{pmatrix}$； (2) $\begin{pmatrix} 4 & -5 & -6 \\ -2 & 7 & 7 \\ 2 & -5 & -4 \end{pmatrix}$.

19. 分别求单位矩阵和零矩阵的最小多项式.
20. 设分块对角阵

$$\boldsymbol{A}=\begin{pmatrix} \boldsymbol{A}_1 & & & \\ & \boldsymbol{A}_2 & & \\ & & \ddots & \\ & & & \boldsymbol{A}_s \end{pmatrix},$$

其中 $\boldsymbol{A}_i$ 是 n_i 阶方阵,并且其最小多项式是 $m_i(\lambda)$ $(1\leqslant i\leqslant s)$,证明:$\boldsymbol{A}$ 的最小多项式 $m_{\boldsymbol{A}}(\lambda)=[m_1(\lambda), m_2(\lambda), \cdots, m_s(\lambda)]$,即 $\boldsymbol{A}$ 的最小多项式是 $\boldsymbol{A}_1, \boldsymbol{A}_2, \cdots, \boldsymbol{A}_s$ 的最小多项式的最小公倍式.

第3章　线性空间与线性变换

包括数、向量、矩阵、多项式、函数等在内的很多数学对象,加法和数乘都是定义在这些数学对象上最基本的两种运算(统称为线性运算),且定义在这些数学对象上的很多高级运算都保持线性运算,即与线性运算可以交换次序.本章将在一个统一的框架内研究这些具有共同特点的数学对象.需要指出的是,将具备一定共性的不同的数学对象放在一个框架下研究,正是代数学的一个重要思想和特点.

3.1　线性空间

在定义矩阵的加法与数乘运算时,我们发现同一类型的矩阵全体关于这两种运算满足以下8条性质:

(1) 加法交换律:$\boldsymbol{A}+\boldsymbol{B}=\boldsymbol{B}+\boldsymbol{A}$;

(2) 加法结合律:$(\boldsymbol{A}+\boldsymbol{B})+\boldsymbol{C}=\boldsymbol{A}+(\boldsymbol{B}+\boldsymbol{C})$;

(3) 对任何矩阵$\boldsymbol{A}$,有$\boldsymbol{O}+\boldsymbol{A}=\boldsymbol{A}$,这里$\boldsymbol{O}$为零矩阵;

(4) 对任何矩阵$\boldsymbol{A}$, $\boldsymbol{A}+(-\boldsymbol{A})=\boldsymbol{O}$;

(5) 对任何矩阵$\boldsymbol{A}$, $1\boldsymbol{A}=\boldsymbol{A}$;

(6) 对任何数k, l,任何矩阵$\boldsymbol{A}$,有$k(l\boldsymbol{A})=(kl)\boldsymbol{A}$;

(7) 分配律Ⅰ:对任何数k, l,任何矩阵$\boldsymbol{A}$,有$(k+l)\boldsymbol{A}=k\boldsymbol{A}+l\boldsymbol{A}$;

(8) 分配律Ⅱ:对任何数k,任何矩阵$\boldsymbol{A}$, $\boldsymbol{B}$,有$k(\boldsymbol{A}+\boldsymbol{B})=k\boldsymbol{A}+k\boldsymbol{B}$.

回顾诸如向量、多项式、函数等数学对象,我们发现在这些数学对象中,也可以定义加法和数乘运算,且它们关于这两种运算也有类似的上述8条性质.下面我们将这些不同数学对象的共性抽象出来,给出线性空间的概念.

定义3.1　设V为一个非空集合,$\mathbf{F}$是一个数域.对V中任意两个元素$\boldsymbol{v}_1$, $\boldsymbol{v}_2$,存在唯一的V中元素与它们对应,称为$\boldsymbol{v}_1$与$\boldsymbol{v}_2$的**和**,记为$\boldsymbol{v}_1+\boldsymbol{v}_2$,即在$V$上定义了加法运算.对$\mathbf{F}$中任意元素$k$和$V$中任意元素$\boldsymbol{v}$,存在唯一的$V$中元素与它们对应,称为$k$与$\boldsymbol{v}$的**积**,记为$k\boldsymbol{v}$,即在$V$上定义了数乘运算.这两种运算满足以下8条性质:

(1) 加法交换律:对任何$\boldsymbol{v}_1$, $\boldsymbol{v}_2\in V$,有$\boldsymbol{v}_1+\boldsymbol{v}_2=\boldsymbol{v}_2+\boldsymbol{v}_1$;

(2) 加法结合律:对任何$\boldsymbol{v}_1$, $\boldsymbol{v}_2$, $\boldsymbol{v}_3\in V$,有$(\boldsymbol{v}_1+\boldsymbol{v}_2)+\boldsymbol{v}_3=\boldsymbol{v}_1+(\boldsymbol{v}_2+\boldsymbol{v}_3)$;

(3) V中存在一个特殊的元素,记为$\boldsymbol{0}$,称为**零元素**,满足对任何$\boldsymbol{v}\in V$,有$\boldsymbol{0}+\boldsymbol{v}=\boldsymbol{v}$;

(4) 对任何$\boldsymbol{v}\in V$,存在$\boldsymbol{w}\in V$,使得$\boldsymbol{v}+\boldsymbol{w}=\boldsymbol{0}$,记$\boldsymbol{w}$为$-\boldsymbol{v}$,称为$\boldsymbol{v}$的**负元素**;

(5) 对任何$\boldsymbol{v}\in V$, $1\boldsymbol{v}=\boldsymbol{v}$;

(6) 对任何 $k, l \in \mathbf{F}$, 任何 $v \in V$, 有 $k(lv) = (kl)v$;

(7) 分配律Ⅰ:对任何 $k, l \in \mathbf{F}$, 任何 $v \in V$, 有 $(k+l)v = kv + lv$;

(8) 分配律Ⅱ:对任何 $k \in \mathbf{F}$, 任何 $v_1, v_2 \in V$, 有 $k(v_1 + v_2) = kv_1 + kv_2$.

此时称 V 为数域 $\mathbf{F}$ 上的**线性空间**或**向量空间**, V 中元素称为**向量**.

注 在本书中,数域 $\mathbf{F}$ 通常都取为实数域或复数域,相应的线性空间分别称为**实线性空间**或**复线性空间**.

以下是几个线性空间的例子.

例 3.1 全体 $m \times n$ 的实矩阵所成的集合 $\mathbf{R}^{m \times n}$,关于矩阵加法和数乘构成实线性空间,该空间中的零元素是零矩阵. 当 $n=1$ 时,该空间称为**列矩阵空间**,简记为 $\mathbf{R}^m$. 特别,实数域 $\mathbf{R}$ 可以看作 1×1 的实矩阵全体构成的实线性空间.

例 3.2 平面(或空间)中全体向量所成的集合,关于向量的加法和数乘构成实线性空间,该空间中的零元素是零向量.

例 3.3 全体系数在数域 $\mathbf{F}$ 上的多项式所成的集合 $\mathbf{F}[x]$,关于多项式的加法和数乘构成数域 $\mathbf{F}$ 上的线性空间,该空间中的零元素是零多项式.

例 3.4 定义在 $[a, b]$ 上的实值连续函数全体所成的集合 $C([a, b])$,关于函数的加法与数乘构成实线性空间,其零元素为零常值函数.

零元素、负元素、加法、数乘形式上可能完全不同于传统意义上的零、负元素、加法、数乘的定义,比如下面的例子.

例 3.5 在全体正实数所成的集合 $\mathbf{R}^+$ 上,定义加法为 $a \oplus b = ab$,定义数乘为 $k \cdot a = a^k$,可以验证 $\mathbf{R}^+$ 关于加法"$\oplus$"和数乘"$\cdot$"构成实线性空间,该空间中的零元素是 1, a 的负元素为 a^{-1}.

通过上述例子不难发现,线性空间中的元素,在不同的例子中可以是不同的数学对象,从而加法、数乘就是不同对象上的运算. 从这个意义上说,零元素、负元素、加法、数乘只是借用了过去的那些称谓,但它们在线性空间中扮演的角色,的确继承了狭义的零、负元素、加法、数乘的最本质的特点.

需要指出,线性空间与集合是分属不同范畴的两个概念,线性空间包含了四个要素:集合 V、数域 $\mathbf{F}$、加法和数乘. 即使同一个集合,如果数域取得不同,或者加法、数乘的定义方式不同,就是不同的线性空间,比如下面的例子.

例 3.6 在全体复数所成的集合 $\mathbf{C}$ 上,数域 $\mathbf{F}$ 取为复数域,取加法和数乘分别为复数的加法和乘法,则 $\mathbf{C}$ 构成复线性空间. 现将集合仍取为全体复数集 $\mathbf{C}$,数域取为实数域,则容易验证 $\mathbf{C}$ 构成实线性空间. 在本例中虽然集合都是复数集,但由于数域选择不同,这两个线性空间就是不同的线性空间.

由线性空间的 8 条基本性质,还可以推出下述直观上很显然的性质.

定理 3.1 设 V 为域 $\mathbf{F}$ 上的线性空间,则

(1) V 上的零元素是唯一的,对任何 $v \in V$, v 的负元素是唯一的;

(2) 对任何 $v \in V$, $0v = \mathbf{0}$, $(-1)v = -v$;

(3) 消去律成立,即对任何 $v_1, v_2, w \in V$, 若 $v_1 + w = v_2 + w$, 则 $v_1 = v_2$;

(4) 若 $kv = \mathbf{0}$, 则 $k = 0$ 或 $v = \mathbf{0}$.

证明　(1) 设 $\mathbf{0}$ 和 $\mathbf{0}'$ 都是零元素，则 $\mathbf{0} \overset{(3)}{=} \mathbf{0}+\mathbf{0}' \overset{(3)}{=} \mathbf{0}'$（等号上面的“(3)”表示这一步是根据线性空间的第(3)条基本性质，下同），于是零元素唯一.

设 $\boldsymbol{w}$ 与 $\boldsymbol{w}'$ 均为 $\boldsymbol{v}$ 的负元，则 $\boldsymbol{w}' \overset{(3)}{=} (\boldsymbol{w}+\boldsymbol{v})+\boldsymbol{w}' \overset{(2)}{=} \boldsymbol{w}+(\boldsymbol{v}+\boldsymbol{w}')=\boldsymbol{w}$，即 $\boldsymbol{v}$ 的负元唯一。

(2) 因 $0\boldsymbol{v}+\boldsymbol{v} \overset{(5)}{=} 0\boldsymbol{v}+1\boldsymbol{v} \overset{(7)}{=} (0+1)\boldsymbol{v}=1\boldsymbol{v}=\boldsymbol{v}$，从而

$$0\boldsymbol{v} \overset{(3),(4)}{=\!=\!=} 0\boldsymbol{v}+(\boldsymbol{v}+(-\boldsymbol{v})) \overset{(2)}{=} \boldsymbol{v}+(-\boldsymbol{v}) \overset{(4)}{=} \mathbf{0}.$$

又 $\boldsymbol{v}+(-1)\boldsymbol{v}=1\boldsymbol{v}+(-1)\boldsymbol{v}=(1-1)\boldsymbol{v}=0\boldsymbol{v}=\mathbf{0}$，故 $(-1)\boldsymbol{v}=-\boldsymbol{v}$.

(3) $\boldsymbol{v}_1 \overset{(3),(4)}{=\!=\!=} \boldsymbol{v}_1+(\boldsymbol{w}+(-\boldsymbol{w})) \overset{(2)}{=} \boldsymbol{v}_2+\boldsymbol{w}+(-\boldsymbol{w}) \overset{(2)}{=} \boldsymbol{v}_2$.

(4) 若 $k\neq 0$，则 $\mathbf{0}=k^{-1}\mathbf{0}=k^{-1}k\boldsymbol{v} \overset{(6)}{=} (k^{-1}k)\boldsymbol{v}=1\boldsymbol{v} \overset{(5)}{=} \boldsymbol{v}$.

类似于集合有子集合，线性空间也有子空间的概念.

定义 3.2　设 V 是域 $\mathbf{F}$ 上的线性空间，W 是 V 的非空子集合，若 W 关于 V 上的加法和数乘构成线性空间，则 W 称为 V 的**子空间**.

例 3.7　对任何线性空间 V，V 和 $\{\mathbf{0}\}$ 总是 V 的子空间，称为**平凡子空间**.

例 3.8　平面向量全体可以看作空间向量全体的子空间.

例 3.9　定义在区间 $[a, b]$ 上的无穷次连续可微函数全体所成的集合 $C^{\infty}([a, b])$ 可以看作 $C([a, b])$ 的子空间.

例 3.10　将多项式看作定义在区间 $[a, b]$ 上的函数，则 $\mathbf{R}[x]$ 可以看作 $C([a, b])$ 的子空间.

例 3.11　例 3.5 中的 $\mathbf{R}^{+}$ 不能看作 $\mathbf{R}$ 的子空间，因为两个空间上的加法、数乘定义不一致.

在验证子空间时，我们并不需要对子集合逐一验证线性空间的 8 条基本性质，我们有如下定理.

定理 3.2　设 V 是域 $\mathbf{F}$ 上的线性空间，W 是 V 的非空子集合，若 W 关于 V 上的加法和数乘封闭，即对任何 $\boldsymbol{w}, \boldsymbol{w}_1, \boldsymbol{w}_2 \in W$，$k\in\mathbf{F}$，都有 $\boldsymbol{w}_1+\boldsymbol{w}_2$，$k\boldsymbol{w}\in W$，则 W 为 V 的子空间.

证明　若对任何 $\boldsymbol{w}, \boldsymbol{w}_1, \boldsymbol{w}_2 \in W$，$k\in\mathbf{F}$，都有 $\boldsymbol{w}_1+\boldsymbol{w}_2$，$k\boldsymbol{w}\in W$，则 V 上的加法、数乘可看作 W 上的加法、数乘，从而 W 上的加法、数乘满足与 V 上加法、数乘相同的性质，于是 W 可以看作 V 的子空间.

由该定理，容易验证下面的例子.

例 3.12　设 V 为 $\mathbf{F}$ 上的线性空间，$\boldsymbol{v}_1, \cdots, \boldsymbol{v}_m \in V$ 为 m 个给定的向量，则

$$\operatorname{span}\{\boldsymbol{v}_1, \cdots, \boldsymbol{v}_m\}=\{k_1\boldsymbol{v}_1+\cdots+k_m\boldsymbol{v}_m \mid k_1, \cdots, k_m \in \mathbf{F}\}$$

关于 V 的加法、数乘封闭，从而为 V 的子空间，称为由 $\boldsymbol{v}_1, \cdots, \boldsymbol{v}_m$ **生成的子空间**.

3.2　线性空间的维数、基与坐标

通过 3.1 节的例子我们发现，很多不同的数学对象都有线性空间结构. 在诸多线性空间

的例子中,矩阵线性空间无疑是我们最为熟悉的代数对象.本节我们将指出,所有的有限维线性空间本质上都可以看作列矩阵线性空间.

我们首先给出一般线性空间中线性相关的定义.

定义 3.3 设 V 为域 $\mathbf{F}$ 上的线性空间, $\boldsymbol{v}_1, \cdots, \boldsymbol{v}_m$ 为 V 中的 m 个元素,若存在 $\mathbf{F}$ 中不全为零的数 $l_1, \cdots, l_m$, 使得

$$l_1\boldsymbol{v}_1 + l_2\boldsymbol{v}_2 + \cdots + l_m\boldsymbol{v}_m = \mathbf{0},$$

则称 $\boldsymbol{v}_1, \cdots, \boldsymbol{v}_m$ **线性相关**,否则称 $\boldsymbol{v}_1, \cdots, \boldsymbol{v}_m$ **线性无关**.

不难发现,当 V 取为矩阵空间时,这一定义与矩阵空间中线性相关性的定义完全一致.

有了线性相关的定义,我们就可以进一步定义向量组的极大线性无关组与秩.

定义 3.4 设 V 为域 $\mathbf{F}$ 上的线性空间, W 为 V 上的向量组,若 W 中向量 $\boldsymbol{w}_1, \cdots, \boldsymbol{w}_n$ 满足以下两个条件:

(1) $\boldsymbol{w}_1, \cdots, \boldsymbol{w}_n$ 线性无关,

(2) 对任何 $\boldsymbol{w} \in W$, 均有 $\boldsymbol{w}, \boldsymbol{w}_1, \cdots, \boldsymbol{w}_n$ 线性相关,

则 $\boldsymbol{w}_1, \cdots, \boldsymbol{w}_n$ 称为 W 的一个**极大线性无关组**, n 称为向量组 W 的**秩**.特别,若 W 中只含零向量,约定 W 的秩为 0.

该定义的合理性需要被证明,即必须证明极大线性无关组是存在的,且秩不依赖于极大线性无关组的选取.事实上,当 W 为有限个向量构成的向量组时,我们有下述定理.

定理 3.3 W 的极大线性无关组必定存在,且任意极大线性无关组所含向量的个数相同,即秩不依赖于极大线性无关组的选取.

证明 W 为零向量组时,该定理自然成立,故可设 W 为非零向量组,首先证明极大线性无关组的存在性.

任取 W 中的非零向量 $\boldsymbol{w}_1$, 令 $S_1 = \{\boldsymbol{w}_1\}$, 则 S_1 作为向量组是一个线性无关组.若对 W 中任何向量 $\boldsymbol{w}$, 均有 $\boldsymbol{w}, \boldsymbol{w}_1$ 线性相关,则 S_1 即为极大线性无关组,否则,必存在 W 中向量 $\boldsymbol{w}_2$, 使得 $\boldsymbol{w}_1, \boldsymbol{w}_2$ 线性无关,令 $S_2 = \{\boldsymbol{w}_1, \boldsymbol{w}_2\}$.

若 S_2 已为 W 的极大线性无关组,则存在性得证,否则必存在 W 中向量 $\boldsymbol{w}_3$, 使得 $S_3 = \{\boldsymbol{w}_1, \boldsymbol{w}_2, \boldsymbol{w}_3\}$ 为线性无关组.由于 W 中只有有限个元素,因此必定存在有限数 n, 使得依此法构造的 $S_n = \{\boldsymbol{w}_1, \boldsymbol{w}_2, \cdots, \boldsymbol{w}_n\}$ 为 W 的极大线性无关组.

以下用反证法来证明 n 不随极大线性无关组的选取而改变.设 $\boldsymbol{v}_1, \cdots, \boldsymbol{v}_m$ 也是 W 的一个极大线性无关组,且 $m > n$. 因对任何 $\boldsymbol{v}_j$, $\boldsymbol{v}_j, \boldsymbol{w}_1, \cdots, \boldsymbol{w}_n$ 都是线性相关的,于是存在不全为零的数 $k, l_{1j}, \cdots, l_{nj}$, 使得

$$k\boldsymbol{v}_j + l_{1j}\boldsymbol{w}_1 + l_{2j}\boldsymbol{w}_2 + \cdots + l_{nj}\boldsymbol{w}_n = \mathbf{0}.$$

此时易知 $k \neq 0$ (否则 $\boldsymbol{w}_1, \cdots, \boldsymbol{w}_n$ 将线性相关),于是可设 $k = -1$, 即

$$l_{1j}\boldsymbol{w}_1 + l_{2j}\boldsymbol{w}_2 + \cdots + l_{nj}\boldsymbol{w}_n = \boldsymbol{v}_j. \tag{3.1}$$

令 $\boldsymbol{A} = (l_{ij})_{n\times m}$, 考虑矩阵方程 $\boldsymbol{AX} = \mathbf{0}$. 一方面, $\mathrm{rank}\boldsymbol{A} \leqslant n < m$, 因此 $\boldsymbol{AX} = \mathbf{0}$ 存在非零解,设为 $x_1, \cdots, x_m$. 另一方面,由 $\boldsymbol{AX} = \mathbf{0}$ 得到

$$x_1\boldsymbol{v}_1 + x_2\boldsymbol{v}_2 + \cdots + x_m\boldsymbol{v}_m = \Big(\sum_{k=1}^{m} l_{1k}x_k\Big)\boldsymbol{w}_1 + \Big(\sum_{k=1}^{m} l_{2k}x_k\Big)\boldsymbol{w}_2 + \cdots + \Big(\sum_{k=1}^{m} l_{nk}x_k\Big)\boldsymbol{w}_n = \mathbf{0},$$

这与 $\boldsymbol{v}_1, \cdots, \boldsymbol{v}_m$ 线性无关矛盾，于是 $m \leqslant n$.

同理可得 $n \leqslant m$，从而 $m = n$.

向量组的秩有明显的几何意义.

例 3.13　考虑空间向量全体构成的实线性空间 V, $W = \{\boldsymbol{v}_1, \boldsymbol{v}_2, \boldsymbol{v}_3\}$ 为非零向量组，则 W 的秩为 1 当且仅当 $\boldsymbol{v}_1, \boldsymbol{v}_2, \boldsymbol{v}_3$ 共线；W 的秩为 2 当且仅当 $\boldsymbol{v}_1, \boldsymbol{v}_2, \boldsymbol{v}_3$ 共面且不共线；W 的秩为 3 当且仅当 $\boldsymbol{v}_1, \boldsymbol{v}_2, \boldsymbol{v}_3$ 不共面.

当 W 为无限集时，W 就不一定存在有限的极大线性无关组，比如以下的例子.

例 3.14　$\mathbf{R}[x]$ 中的向量组 $\{1, x, x^2, \cdots\}$，其任意有限子集作为向量组都是线性无关的.

在无限向量组上定义极大线性无关组，需要将极大线性无关组只能为有限集的限制去掉，此时证明极大线性无关组的存在性需要用到集合论中偏序的概念和 Zorn 引理，超出了本书的范围，这里不再展开.

定义 3.5　设 V 为域 $\mathbf{F}$ 上的线性空间，若 V 作为向量组，存在有限的极大线性无关组 $\boldsymbol{v}_1, \cdots, \boldsymbol{v}_n$，则称 V 为**有限维线性空间**，n 为 V 的**维数**，记为 $\dim V = n$, $\boldsymbol{v}_1, \cdots, \boldsymbol{v}_n$ 称为 V 的一组**基**. 进一步，对任何 $\boldsymbol{w} \in V$，存在唯一的 $x_1, \cdots, x_n \in \mathbf{F}$，使得

$$\boldsymbol{w} = x_1\boldsymbol{v}_1 + \cdots + x_n\boldsymbol{v}_n, \tag{3.2}$$

列矩阵 $(x_1, \cdots, x_n)^{\mathrm{T}}$ 称为向量 $\boldsymbol{w}$ 在基 $\boldsymbol{v}_1, \cdots, \boldsymbol{v}_n$ 下的**坐标**，记为 $\mathrm{crd}(\boldsymbol{w}: \boldsymbol{v}_1, \cdots, \boldsymbol{v}_n)$.

n 维线性空间在选定一组基后，任意一个向量可以唯一对应为 $\mathbf{F}^n$ 中的一个列矩阵. 反之任意一个 $\mathbf{F}^n$ 中的列矩阵，由式(3.2)也唯一确定了 V 中的一个向量. 因此选定一组基，我们构造了有限维线性空间 V 到列矩阵空间 $\mathbf{F}^n$ 的双向的一一对应. 不仅如此，不难发现这一对应还是保持线性运算的，即对任意 $\boldsymbol{w}_1, \boldsymbol{w}_2 \in V$, $l_1, l_2 \in \mathbf{F}$，有

$$\mathrm{crd}(l_1\boldsymbol{w}_1 + l_2\boldsymbol{w}_2: \boldsymbol{v}_1, \cdots, \boldsymbol{v}_n) = l_1\mathrm{crd}(\boldsymbol{w}_1: \boldsymbol{v}_1, \cdots, \boldsymbol{v}_n) + l_2\mathrm{crd}(\boldsymbol{w}_2: \boldsymbol{v}_1, \cdots, \boldsymbol{v}_n),$$

于是一切 n 维线性空间上的线性运算都可以转化为 $\mathbf{F}^n$ 上的线性运算.

例 3.15　全体 $m \times n$ 的实矩阵构成的实线性空间 $\mathbf{R}^{m\times n}$，可选择 $\boldsymbol{E}_{ij}(1 \leqslant i \leqslant m, 1 \leqslant j \leqslant n)$ 作为该空间的一组基，于是 $\mathbf{R}^{m\times n}$ 是 $m \times n$ 维实线性空间. 当 $m = n = 2$ 时，矩阵

$$\begin{pmatrix} a & b \\ c & d \end{pmatrix}$$

在基 $\boldsymbol{E}_{11}, \boldsymbol{E}_{12}, \boldsymbol{E}_{21}, \boldsymbol{E}_{22}$ 下的坐标为 $(a, b, c, d)^{\mathrm{T}}$.

由这个例子可以看出，若将 2 阶方阵看作线性空间中的元素，其坐标是一个 1×4 的列矩阵，2 阶方阵的一切线性运算都可以转化为列矩阵的线性运算，但是我们知道 2 阶方阵除了线性运算外，还有矩阵乘法、行列式等运算，但在列矩阵空间中，不存在自然的与之相对应的运算，这说明矩阵乘法、行列式等运算并不是线性空间范畴内的运算，$\mathbf{R}^{2\times 2}$ 有比线性空间更丰富的性质，前面提到的很多线性空间都是如此.

需要注意的是，在陈述坐标时，基向量的排列次序是至关重要的，在本例中，如果将基向量的次序排列为 $\boldsymbol{E}_{11}, \boldsymbol{E}_{21}, \boldsymbol{E}_{12}, \boldsymbol{E}_{22}$，那相应的坐标就变为 $(a, c, b, d)^{\mathrm{T}}$ 了.

例 3.16　平面中全体向量构成的实线性空间，任意两个不共线的向量，都可以作为该空间的一组基，于是平面向量空间的维数为 2；空间中全体向量构成的实线性空间，任意三

个不共面的向量,都可以作为该空间的一组基,于是空间向量空间的维数为 3.

例 3.17 全体次数小于 n 的实系数多项式所成的集合 $\mathbf{R}_n[x]$,关于多项式的加法和数乘构成实线性空间,$1, x, \cdots, x^{n-1}$ 为该空间的一组基,于是 $\dim \mathbf{R}_n[x]=n$.

例 3.18 全体正实数所成的集合 $\mathbf{R}^+$,按例 3.5 中定义的加法和数乘构成实线性空间,任何不等于 1 的正实数都可以作为它的一组基,从而 $\dim \mathbf{R}^+=1$.

例 3.19 复数集 $\mathbf{C}$,作为复线性空间,是 1 维的,任何一个非零复数都可作为该线性空间的一组基,然而若将 $\mathbf{C}$ 看作实线性空间,则是 2 维的,此时 $1, \mathrm{i}$ 是实线性无关的(但却是复线性相关的),并且可以作为 $\mathbf{C}$ 的一组基.

在线性空间中选定一组基,其本质就是解析几何中建立坐标系的思想. 回想在初等几何课程中,用纯几何方法研究平面或空间中点线面的关系是非常困难的,但如果在平面或空间建立了坐标系,所有的点和向量就对应了一个坐标,点线面的很多性质就转化为坐标的代数运算,于是很多问题得到了简化,在一般的线性空间中也是同样的道理.

刻画一个线性空间,只需要指出其任何一组基就够了,我们有下述显而易见的定理.

定理 3.4 设 $\boldsymbol{v}_1, \cdots, \boldsymbol{v}_n$ 是线性空间 V 的一组基,则 $V=\operatorname{span}\{\boldsymbol{v}_1, \cdots, \boldsymbol{v}_n\}$.

线性空间基的选取是不唯一的,就像在平面上坐标系的建立方式有无穷多种一样,在不同的基下,同一向量的坐标通常不会相同,不同基下同一向量坐标之间的关系是非常重要的. 设 $\boldsymbol{e}_1, \cdots, \boldsymbol{e}_n$ 和 $\boldsymbol{f}_1, \cdots, \boldsymbol{f}_n$ 都是 V 的基,向量 $\boldsymbol{v}$ 在这两组基下的坐标分别为 $(x_1, \cdots, x_n)^{\mathrm{T}}$ 和 $(y_1, \cdots, y_n)^{\mathrm{T}}$,于是

$$\boldsymbol{v}=x_1\boldsymbol{e}_1+\cdots+x_n\boldsymbol{e}_n=y_1\boldsymbol{f}_1+\cdots+y_n\boldsymbol{f}_n.$$

要建立两组坐标之间的关系,只需将 $\boldsymbol{f}_1, \cdots, \boldsymbol{f}_n$ 用 $\boldsymbol{e}_1, \cdots, \boldsymbol{e}_n$ 线性表示即可.

设

$$\boldsymbol{f}_j=t_{1j}\boldsymbol{e}_1+\cdots+t_{nj}\boldsymbol{e}_n=\sum_{i=1}^{n}t_{ij}\boldsymbol{e}_i \quad (j=1, \cdots, n),$$

即

$$\operatorname{crd}(\boldsymbol{f}_j:\boldsymbol{e}_1, \cdots, \boldsymbol{e}_n)=(t_{1j}, \cdots, t_{nj})^{\mathrm{T}},$$

从而

$$\boldsymbol{v}=\sum_{j=1}^{n}y_j\boldsymbol{f}_j=\sum_{j=1}^{n}y_j\Big(\sum_{i=1}^{N}t_{ij}\boldsymbol{e}_i\Big)=\sum_{j=1}^{n}\sum_{i=1}^{n}t_{ij}y_j\boldsymbol{e}_i=\sum_{i=1}^{n}\Big(\sum_{j=1}^{n}t_{ij}y_j\Big)\boldsymbol{e}_i,$$

由坐标的唯一性得

$$x_i=\sum_{j=1}^{n}t_{ij}y_j.$$

若记矩阵

$$\boldsymbol{T}=(t_{ij})_{n\times n}=(\operatorname{crd}(\boldsymbol{f}_1:\boldsymbol{e}_1, \cdots, \boldsymbol{e}_n), \cdots, \operatorname{crd}(\boldsymbol{f}_n:\boldsymbol{e}_1, \cdots,\boldsymbol{e}_n)), \tag{3.3}$$

则有

$$\operatorname{crd}(\boldsymbol{v}:\boldsymbol{e}_1, \cdots, \boldsymbol{e}_n)=\boldsymbol{T}\operatorname{crd}(\boldsymbol{v}:\boldsymbol{f}_1, \cdots, \boldsymbol{f}_n). \tag{3.4}$$

矩阵 $\boldsymbol{T}$ 称为由基 $\boldsymbol{e}_1, \cdots, \boldsymbol{e}_n$ 到基 $\boldsymbol{f}_1, \cdots, \boldsymbol{f}_n$ 的**过渡矩阵**,式(3.4)称为**坐标变换公式**.

关于过渡矩阵,我们有如下定理,证明从略.

定理 3.5　设 $\boldsymbol{\alpha}_1, \cdots, \boldsymbol{\alpha}_n$, $\boldsymbol{\beta}_1, \cdots, \boldsymbol{\beta}_n$ 和 $\boldsymbol{\gamma}_1, \cdots, \boldsymbol{\gamma}_n$ 分别为线性空间 V 的三组基.

(1) 以 $\boldsymbol{T}_{\alpha\alpha}$ 记由 $\boldsymbol{\alpha}_1, \cdots, \boldsymbol{\alpha}_n$ 到 $\boldsymbol{\alpha}_1, \cdots, \boldsymbol{\alpha}_n$ 的过渡矩阵,则 $\boldsymbol{T}_{\alpha\alpha} = \boldsymbol{E}_n$.

(2) 以 $\boldsymbol{T}_{\alpha\beta}$ 和 $\boldsymbol{T}_{\beta\alpha}$ 分别记由 $\boldsymbol{\alpha}_1, \cdots, \boldsymbol{\alpha}_n$ 到 $\boldsymbol{\beta}_1, \cdots, \boldsymbol{\beta}_n$ 和由 $\boldsymbol{\beta}_1, \cdots, \boldsymbol{\beta}_n$ 到 $\boldsymbol{\alpha}_1, \cdots, \boldsymbol{\alpha}_n$ 的过渡矩阵,则 $\boldsymbol{T}_{\alpha\beta}\boldsymbol{T}_{\beta\alpha} = \boldsymbol{E}_n$.

(3) 以 $\boldsymbol{T}_{\alpha\beta}$, $\boldsymbol{T}_{\beta\gamma}$ 和 $\boldsymbol{T}_{\alpha\gamma}$ 分别记由 $\boldsymbol{\alpha}_1, \cdots, \boldsymbol{\alpha}_n$ 到 $\boldsymbol{\beta}_1, \cdots, \boldsymbol{\beta}_n$, 由 $\boldsymbol{\beta}_1, \cdots, \boldsymbol{\beta}_n$ 到 $\boldsymbol{\gamma}_1, \cdots, \boldsymbol{\gamma}_n$ 以及由 $\boldsymbol{\alpha}_1, \cdots, \boldsymbol{\alpha}_n$ 到 $\boldsymbol{\gamma}_1, \cdots, \boldsymbol{\gamma}_n$ 的过渡矩阵,则 $\boldsymbol{T}_{\alpha\beta}\boldsymbol{T}_{\beta\gamma} = \boldsymbol{T}_{\alpha\gamma}$.

3.3　子空间的运算

关于子空间与全空间基的关系,我们先给出一个很有用的基的扩充定理.

定理 3.6　设 V 为 n 维线性空间, W 为其 k 维子空间 $(k < n)$, 设 $\boldsymbol{w}_1, \cdots, \boldsymbol{w}_k$ 为 W 的一组基,则存在 $\boldsymbol{w}_{k+1}, \cdots, \boldsymbol{w}_n \in V$, 使得 $\boldsymbol{w}_1, \cdots, \boldsymbol{w}_n$ 为 V 的一组基.

证明　取 $\boldsymbol{w}_{k+1} \notin W$, 则 $\boldsymbol{w}_1, \cdots, \boldsymbol{w}_k, \boldsymbol{w}_{k+1}$ 线性无关,若 $W_1 = \mathrm{span}\{\boldsymbol{w}_1, \cdots, \boldsymbol{w}_k, \boldsymbol{w}_{k+1}\} = V$, 则 $\boldsymbol{w}_1, \cdots, \boldsymbol{w}_k, \boldsymbol{w}_{k+1}$ 为 V 的一组基,证明完成.

否则再取 $\boldsymbol{w}_{k+2} \notin W_1$, 则 $\boldsymbol{w}_1, \cdots, \boldsymbol{w}_k, \boldsymbol{w}_{k+1}, \boldsymbol{w}_{k+2}$ 线性无关. 因为 V 是有限维的,因此必定经过有限步后,可得 $\boldsymbol{w}_1, \cdots, \boldsymbol{w}_n$ 为 V 的一组基.

对同一个线性空间 V 的两个子空间 V_1 与 V_2, 有以下两种重要的运算.

定理 3.7　集合 $V_1 \cap V_2$ 和 $V_1 + V_2 = \{\boldsymbol{v}_1 + \boldsymbol{v}_2 : \boldsymbol{v}_1 \in V_1, \boldsymbol{v}_2 \in V_2\}$ 均构成 V 的子空间,分别称为 V_1 与 V_2 的**交空间**和**和空间**.

注　集合 $V_1 \cup V_2$ 通常不构成线性空间,例如在 2 维欧氏空间 $\mathbf{R}^2$ 中, x -坐标轴和 y -坐标轴都是其子空间,但其并集显然不构成线性空间.

和空间和交空间的维数,满足下面的维数公式.

定理 3.8　设 V_1, V_2 是线性空间 V 的有限维子空间,则 $\dim V_1 + \dim V_2 = \dim(V_1 \cap V_2) + \dim(V_1 + V_2)$.

证明　取 $V_1 \cap V_2$ 的基 $\boldsymbol{u}_1, \cdots, \boldsymbol{u}_k$, 将其分别扩充为 V_1 的基 $\boldsymbol{u}_1, \cdots, \boldsymbol{u}_k, \boldsymbol{v}_1, \cdots, \boldsymbol{v}_m$ 和 V_2 的基 $\boldsymbol{u}_1, \cdots, \boldsymbol{u}_k, \boldsymbol{w}_1, \cdots, \boldsymbol{w}_n$, 以下证明 $\boldsymbol{u}_1, \cdots, \boldsymbol{u}_k, \boldsymbol{v}_1, \cdots, \boldsymbol{v}_m, \boldsymbol{w}_1, \cdots, \boldsymbol{w}_n$ 构成 $V_1 + V_2$ 的基,于是定理得证.

任何 $V_1 + V_2$ 中的向量可以写为 $\boldsymbol{u}_1, \cdots, \boldsymbol{u}_k, \boldsymbol{v}_1, \cdots, \boldsymbol{v}_m, \boldsymbol{w}_1, \cdots, \boldsymbol{w}_n$ 的线性组合是显然的,从而只需证明这组向量线性无关即可. 设存在一组数 $x_1, \cdots, x_k, y_1, \cdots, y_m$ 以及 $z_1, \cdots, z_n$, 使得

$$x_1\boldsymbol{u}_1 + \cdots + x_k\boldsymbol{u}_k + y_1\boldsymbol{v}_1 + \cdots + y_m\boldsymbol{v}_m + z_1\boldsymbol{w}_1 + \cdots + z_n\boldsymbol{w}_n = \boldsymbol{0},$$

于是

$$x_1\boldsymbol{u}_1 + \cdots + x_k\boldsymbol{u}_k + y_1\boldsymbol{v}_1 + \cdots + y_m\boldsymbol{v}_m = -(z_1\boldsymbol{w}_1 + \cdots + z_n\boldsymbol{w}_n).$$

注意到上式左端的向量在 V_1 中,右端的向量在 V_2 中,于是左端向量也在 V_2 中,从而

$y_1 = \cdots = y_m = 0$，同理 $z_1 = \cdots = z_n = 0$. 于是

$$x_1\boldsymbol{u}_1 + \cdots + x_k\boldsymbol{u}_k = \boldsymbol{0},$$

从而 $x_1 = \cdots = x_k = 0$，故 $\boldsymbol{u}_1, \cdots, \boldsymbol{u}_k, \boldsymbol{v}_1, \cdots, \boldsymbol{v}_m, \boldsymbol{w}_1, \cdots, \boldsymbol{w}_n$ 线性无关.

对两个子空间的和而言，有一种情形是十分特殊的.

定义 3.6 设 V_1, V_2 是线性空间 V 的子空间，若 $V_1 \cap V_2 = \{\boldsymbol{0}\}$，则 V_1, V_2 的和称为**直和**，其和空间记为 $V_1 \oplus V_2$.

关于直和的判别，有下述定理.

定理 3.9 设 V_1, V_2 是线性空间 V 的子空间，则以下条件等价：

(1) V_1 与 V_2 的和是直和；

(2) 对任何 $\boldsymbol{v} \in V_1 + V_2$，存在唯一分解式 $\boldsymbol{v} = \boldsymbol{v}_1 + \boldsymbol{v}_2$，其中 $\boldsymbol{v}_1 \in V_1, \boldsymbol{v}_2 \in V_2$；

(3) 若 $\boldsymbol{0} = \boldsymbol{v}_1 + \boldsymbol{v}_2$，其中 $\boldsymbol{v}_1 \in V_1, \boldsymbol{v}_2 \in V_2$，则 $\boldsymbol{v}_1 = \boldsymbol{v}_2 = \boldsymbol{0}$；

(4) 对 V_1 的一组基 $\boldsymbol{w}_1, \cdots, \boldsymbol{w}_k$ 和 V_2 的一组基 $\boldsymbol{w}_{k+1}, \cdots, \boldsymbol{w}_n$，$\boldsymbol{w}_1, \cdots, \boldsymbol{w}_n$ 恰好构成 $V_1 + V_2$ 的一组基；

(5) $\dim V_1 + \dim V_2 = \dim(V_1 + V_2)$.

证明 设条件(1)成立，即 $V_1 \cap V_2 = \{\boldsymbol{0}\}$. 此时若有 $\boldsymbol{v} = \boldsymbol{v}_1 + \boldsymbol{v}_2 = \boldsymbol{v}_1' + \boldsymbol{v}_2'$，其中 $\boldsymbol{v}_1, \boldsymbol{v}_1' \in V_1, \boldsymbol{v}_2, \boldsymbol{v}_2' \in V_2$，则 $\boldsymbol{v}_1 - \boldsymbol{v}_1' = \boldsymbol{v}_2' - \boldsymbol{v}_2$. 另一方面 $\boldsymbol{v}_1 - \boldsymbol{v}_1' \in V_1, \boldsymbol{v}_2' - \boldsymbol{v}_2 \in V_2$，从而 $\boldsymbol{v}_1 - \boldsymbol{v}_1' = \boldsymbol{v}_2' - \boldsymbol{v}_2 \in V_1 \cap V_2 = \{\boldsymbol{0}\}$，即 $\boldsymbol{v}_1 = \boldsymbol{v}_1', \boldsymbol{v}_2' = \boldsymbol{v}_2$，从而分解是唯一的，于是条件(1)可推出条件(2).

条件(2)可推出条件(3)显然.

设条件(3)成立. 并设 $\boldsymbol{w}_1, \cdots, \boldsymbol{w}_k$ 和 $\boldsymbol{w}_{k+1}, \cdots, \boldsymbol{w}_n$ 分别为 V_1 与 V_2 的一组基，下面将证明 $\boldsymbol{w}_1, \cdots, \boldsymbol{w}_n$ 线性无关，从而构成 $V_1 + V_2$ 的一组基. 事实上，若

$$l_1\boldsymbol{w}_1 + \cdots + l_k\boldsymbol{w}_k + l_{k+1}\boldsymbol{w}_{k+1} + \cdots + l_n\boldsymbol{w}_n = \boldsymbol{0},$$

则因 $l_1\boldsymbol{w}_1 + \cdots + l_k\boldsymbol{w}_k \in V_1, l_{k+1}\boldsymbol{w}_{k+1} + \cdots + l_n\boldsymbol{w}_n \in V_2$，从而 $l_1\boldsymbol{w}_1 + \cdots + l_k\boldsymbol{w}_k = l_{k+1}\boldsymbol{w}_{k+1} + \cdots + l_n\boldsymbol{w}_n = \boldsymbol{0}$，从而 $l_1 = \cdots = l_k = l_{k+1} = \cdots = l_n = \boldsymbol{0}$，于是 $\boldsymbol{w}_1, \cdots, \boldsymbol{w}_n$ 线性无关. 于是条件(3)可推出条件(4).

根据维数的定义，条件(4)可推出条件 5，根据定理 3.8 条件(5)可推出条件(1).

综上，定理中 5 个条件等价.

同样地，也可以定义多个子空间的和.

定义 3.7 设 $V_1, \cdots, V_m$ 均为 n 维线性空间 V 的子空间，则

$$V_1 + \cdots + V_m = \{\boldsymbol{v}_1 + \cdots + \boldsymbol{v}_m : \boldsymbol{v}_i \in V_i, i = 1, \cdots, m\}$$

构成 V 的子空间，称为 $V_1, \cdots, V_m$ 的**和空间**. 若对任何指标集 $I_1 = \{i_1, \cdots, i_k\}$ 和 $I_2 = \{i_{k+1}, \cdots, i_l\}$，满足 $I_1 \cup I_2 \subset \{1, \cdots, n\}$，都有 $V_{i_1} + \cdots + V_{i_k}$ 与 $V_{i_{k+1}} + \cdots + V_{i_l}$ 的和是直和，则称 $V_1, \cdots, V_m$ 的和为**直和**，并记和空间为 $V_1 \oplus \cdots \oplus V_m$.

对于多个子空间的直和判别，也有类似的结论.

定理 3.10 设 $V_1, \cdots, V_m$ 是线性空间 V 的子空间，则以下陈述等价：

(1) $V_1, \cdots, V_m$ 的和是直和；

(2) 对任何 $\boldsymbol{v} \in V_1 + \cdots + V_m$，存在唯一分解式 $\boldsymbol{v} = \boldsymbol{v}_1 + \cdots + \boldsymbol{v}_m$，其中 $\boldsymbol{v}_i \in V_i, i =$

$1, \cdots, m$;

(3) 若 $\mathbf{0} = \boldsymbol{v}_1 + \cdots + \boldsymbol{v}_m$, 其中 $\boldsymbol{v}_i \in V_i$, $i = 1, \cdots, m$, 则 $\boldsymbol{v}_1 = \cdots = \boldsymbol{v}_m = \mathbf{0}$;

(4) 存在 V_i 的一组基 $\boldsymbol{w}_{k_{i-1}+1}, \cdots, \boldsymbol{w}_{k_i}$, 这里 $i = 1, \cdots, m$, $k_0 = 0$, $k_m = n$, 使得 $\boldsymbol{w}_1, \cdots, \boldsymbol{w}_n$ 恰好构成 $V_1 + \cdots + V_m$ 的一组基;

(5) $\dim V_1 + \cdots + \dim V_m = \dim(V_1 + \cdots + V_m)$.

证明留作习题.

注　对多个子空间来说,即使两两之间的和都是直和,其整体的和也未必是直和.

3.4　线性变换

在熟悉了线性空间这一基本对象后,我们接下来将研究线性空间到其自身的映射. 这一研究思路是很自然的,回想在初等代数课程中,在熟悉了实数这一概念后,我们接下来便研究实数到实数的映射,也就是函数. 从这个意义上说,这一节将研究的就是函数在一般线性空间上的推广.

众所周知,定义在实数集上的函数是多种多样的. 通常的初等代数教科书在引入函数的概念后,首先介绍的是最简单的一种函数——正比例函数,这种函数具有形式 $f(x) = kx$. 如果从线性代数的角度描述这种函数,不难发现函数 f 是正比例函数的充分必要条件是 f 保持自变量的线性运算,即对一切 $x, y, k \in \mathbf{R}$, 满足

$$f(x+y) = f(x) + f(y),\ f(kx) = kf(x).$$

本节将研究的线性空间上的映射,正是具备这种性质的映射.

定义 3.8　设 V 为 $\mathbf{F}$ 上的线性空间, $\mathscr{A}$ 为 V 到 V 的映射,满足以下两个条件:

(1) 对任何 $\boldsymbol{v}, \boldsymbol{w} \in V$, $\mathscr{A}(\boldsymbol{v} + \boldsymbol{w}) = \mathscr{A}\boldsymbol{v} + \mathscr{A}\boldsymbol{w}$;

(2) 对任何 $\boldsymbol{v} \in V$, $k \in \mathbf{F}$, $\mathscr{A}(k\boldsymbol{v}) = k\mathscr{A}\boldsymbol{v}$,

则 $\mathscr{A}$ 称为 V 上的一个**线性变换**.

以下是一些线性变换的例子,这些例子的验证都是容易的.

例 3.20　V 为线性空间,则 V 上的映射

$$\begin{aligned} 0: V &\to V \\ \boldsymbol{\alpha} &\to \mathbf{0} \end{aligned} \quad \text{和} \quad \begin{aligned} \mathrm{id}: V &\to V \\ \boldsymbol{\alpha} &\to \boldsymbol{\alpha} \end{aligned}$$

均为 V 上的线性变换,分别称为**零变换**和**恒同变换**.

例 3.21　设 $\mathbf{A}$ 为 n 阶方阵,对 $\mathbf{R}^n$ 上的列矩阵 $\boldsymbol{v}$, 定义映射 $\mathscr{A}\boldsymbol{v} = \mathbf{A}\boldsymbol{v}$, 则 $\mathscr{A}$ 为 $\mathbf{R}^n$ 上的线性变换.

注　例 3.21 中线性变换的定义与 $\mathbf{R}$ 上的正比例函数形式十分相似,我们将在下节指出,任意的线性变换都可以转化为这一形式,于是线性变换是正比例函数在线性空间的推广,线性变换是线性空间到其自身的最简单的映射.

例 3.22　平面向量全体组成的 2 维线性空间 $\mathbf{R}^2$, $\mathscr{A}$ 定义为将向量逆时针旋转 θ 角, $\mathscr{B}$ 定义为将向量关于 x 轴反射,则 $\mathscr{A}, \mathscr{B}$ 均为 $\mathbf{R}^2$ 上的线性变换.

例 3.23 空间向量全体组成的 3 维线性空间 $\mathbf{R}^3$，$\mathscr{P}$定义为将向量向 xOy 平面投影，则$\mathscr{P}$为 $\mathbf{R}^3$ 上的线性变换.

例 3.24 域 $\mathbf{F}$ 上次数小于 n 的多项式空间 $\mathbf{F}[x]_n$ 上定义映射 $\frac{\mathrm{d}}{\mathrm{d}x}(f(x))=\frac{\mathrm{d}f}{\mathrm{d}x}(x)$，则 $\frac{\mathrm{d}}{\mathrm{d}x}$ 为 $\mathbf{F}[x]_n$ 上线性变换.

例 3.25 $[0,1]$ 上无穷次连续可微函数全体构成的线性空间 $C^{\infty}\big([0,1]\big)$，其上定义映射 $\frac{\mathrm{d}}{\mathrm{d}x}: f(x)\to f'(x)$ 与 $\int_0^x: f(x)\to\int_0^x f(x)\mathrm{d}x$，则 $\frac{\mathrm{d}}{\mathrm{d}x}$ 与 $\int_0^x$ 均为 $C^{\infty}\big([0,1]\big)$ 上的线性变换.

对一个函数而言，值域和零点是很重要的两个概念，对线性变换而言，也有类似的概念.

定义 3.9 设 V 为 $\mathbf{F}$ 上的线性空间，$\mathscr{A}$为 V 上的线性变换. 集合

$$\ker\mathscr{A}=\{\boldsymbol{v}\in V:\mathscr{A}\boldsymbol{v}=\mathbf{0}\}$$

称为线性变换 $\mathscr{A}$的**核空间**，集合

$$\mathrm{Im}\,\mathscr{A}=\{\mathscr{A}\boldsymbol{v}:\boldsymbol{v}\in V\}$$

称为线性变换 $\mathscr{A}$的**像空间**.

关于这两个集合，有下面的定理.

定理 3.11 设 V 为 $\mathbf{F}$ 上的线性空间，$\mathscr{A}$为 V 上的线性变换，则

(1) $\ker\mathscr{A}$和 $\mathrm{Im}\,\mathscr{A}$都是 V 的子空间；

(2) 若 $\boldsymbol{v}_1,\cdots,\boldsymbol{v}_n$ 为 V 的一组基，则 $\mathrm{Im}\,\mathscr{A}=\mathrm{span}\{\mathscr{A}\boldsymbol{v}_1,\cdots,\mathscr{A}\boldsymbol{v}_n\}$；

(3) $\dim\ker\mathscr{A}+\dim\mathrm{Im}\,\mathscr{A}=\dim V$.

证明 (1) 设 $\boldsymbol{u}_1,\boldsymbol{u}_2\in\ker\mathscr{A}$, $l_1,l_2\in\mathbf{F}$，则 $\mathscr{A}\boldsymbol{u}_1=\mathscr{A}\boldsymbol{u}_2=\mathbf{0}$，故

$$\mathscr{A}(l_1\boldsymbol{u}_1+l_2\boldsymbol{u}_2)=l_1\mathscr{A}\boldsymbol{u}_1+l_2\mathscr{A}\boldsymbol{u}_2=\mathbf{0},$$

从而 $l_1\boldsymbol{u}_1+l_2\boldsymbol{u}_2\in\ker\mathscr{A}$，于是 $\ker\mathscr{A}$是 V 的子空间. 设 $\boldsymbol{w}_1,\boldsymbol{w}_2\in\mathrm{Im}\,\mathscr{A}$，则存在 $\boldsymbol{v}_1,\boldsymbol{v}_2\in V$，使得 $\boldsymbol{w}_1=\mathscr{A}\boldsymbol{v}_1$，$\boldsymbol{w}_2=\mathscr{A}\boldsymbol{v}_2$，故

$$l_1\boldsymbol{w}_1+l_2\boldsymbol{w}_2=l_1\mathscr{A}\boldsymbol{v}_1+l_2\mathscr{A}\boldsymbol{v}_2=\mathscr{A}(l_1\boldsymbol{v}_1+l_2\boldsymbol{v}_2),$$

从而 $l_1\boldsymbol{w}_1+l_2\boldsymbol{w}_2\in\mathrm{Im}\,\mathscr{A}$，于是 $\mathrm{Im}\,\mathscr{A}$是 V 的子空间.

(2) $\mathrm{span}\{\mathscr{A}\boldsymbol{v}_1,\cdots,\mathscr{A}\boldsymbol{v}_n\}\subset\mathrm{Im}\,\mathscr{A}$是显然的，从而只需证 $\mathrm{Im}\,\mathscr{A}\subset\mathrm{span}\{\mathscr{A}\boldsymbol{v}_1,\cdots,\mathscr{A}\boldsymbol{v}_n\}$ 就可得到 $\mathrm{Im}\,\mathscr{A}=\mathrm{span}\{\mathscr{A}\boldsymbol{v}_1,\cdots,\mathscr{A}\boldsymbol{v}_n\}$. 事实上，任取 $\boldsymbol{w}\in\mathrm{Im}\,\mathscr{A}$，存在 $\boldsymbol{v}\in V$，使得 $\boldsymbol{w}=\mathscr{A}\boldsymbol{v}$. 因 $\boldsymbol{v}_1,\cdots,\boldsymbol{v}_n$ 为 V 的一组基，于是存在 $l_1,\cdots,l_n\in\mathbf{F}$，使得 $\boldsymbol{v}=l_1\boldsymbol{v}_1+\cdots+l_n\boldsymbol{v}_n$，从而

$$\boldsymbol{w}=\mathscr{A}\boldsymbol{v}=\mathscr{A}(l_1\boldsymbol{v}_1+\cdots+l_n\boldsymbol{v}_n)=l_1\mathscr{A}\boldsymbol{v}_1+\cdots+l_n\mathscr{A}\boldsymbol{v}_n,$$

即 $\boldsymbol{w}\in\mathrm{span}\{\mathscr{A}\boldsymbol{v}_1,\cdots,\mathscr{A}\boldsymbol{v}_n\}$，亦即 $\mathrm{Im}\,\mathscr{A}\subset\mathrm{span}\{\mathscr{A}\boldsymbol{v}_1,\cdots,\mathscr{A}\boldsymbol{v}_n\}$.

(3) 取 $\boldsymbol{u}_1,\cdots,\boldsymbol{u}_k$ 为 $\ker\mathscr{A}$的一组基，并将其扩充为 V 的基 $\boldsymbol{u}_1,\cdots,\boldsymbol{u}_k,\boldsymbol{u}_{k+1},\cdots,\boldsymbol{u}_n$，下面证明 $\mathscr{A}\boldsymbol{u}_{k+1},\cdots,\mathscr{A}\boldsymbol{u}_n$ 构成 $\mathrm{Im}\,\mathscr{A}$的一组基，从而 $\dim\ker\mathscr{A}+\dim\mathrm{Im}\,\mathscr{A}=\dim V$. 因为

$$\mathrm{Im}\,\mathscr{A}=\mathrm{span}\{\mathscr{A}\boldsymbol{u}_1,\cdots,\mathscr{A}\boldsymbol{u}_k,\mathscr{A}\boldsymbol{u}_{k+1},\cdots,\mathscr{A}\boldsymbol{u}_n\}=\mathrm{span}\{\mathscr{A}\boldsymbol{u}_{k+1},\cdots,\mathscr{A}\boldsymbol{u}_n\},$$

故只需证明 $\mathscr{A}\boldsymbol{u}_{k+1},\cdots,\mathscr{A}\boldsymbol{u}_n$ 线性无关. 设存在 $l_{k+1},\cdots,l_n\in\mathbf{F}$, 使得

$$\mathbf{0}=l_{k+1}\mathscr{A}\boldsymbol{u}_{k+1}+\cdots+l_n\mathscr{A}\boldsymbol{u}_n=\mathscr{A}(l_{k+1}\boldsymbol{u}_{k+1}+\cdots+l_n\boldsymbol{u}_n),$$

从而 $l_{k+1}\boldsymbol{u}_{k+1}+\cdots+l_n\boldsymbol{u}_n\in\ker\mathscr{A}$, 于是 $l_{k+1}=\cdots=l_n=0$, 即 $\mathscr{A}\boldsymbol{u}_{k+1},\cdots,\mathscr{A}\boldsymbol{u}_n$ 线性无关.

与 $\mathbf{R}$ 上的函数一样, V 上的线性变换之间也可以定义加法和数乘.

定理 3.12　设 V 为 $\mathbf{F}$ 上的线性空间, $\mathscr{A}$, $\mathscr{B}$ 为 V 上的线性变换, $k\in\mathbf{F}$, 定义 $\mathscr{A}+\mathscr{B}$ 和 $k\mathscr{A}$ 为 V 上的映射,其在向量 $\boldsymbol{v}\in V$ 上的作用为

$$(\mathscr{A}+\mathscr{B})\boldsymbol{v}=\mathscr{A}\boldsymbol{v}+\mathscr{B}\boldsymbol{v},\ (k\mathscr{A})\boldsymbol{v}=k\mathscr{A}\boldsymbol{v},$$

则 $\mathscr{A}+\mathscr{B}$ 和 $k\mathscr{A}$ 也是 V 上的线性变换. 进一步,若记 $\mathrm{End}(V)$ 为 V 上一切线性变换的全体,则 $\mathrm{End}(V)$ 在上述加法、数乘定义下,构成 $\mathbf{F}$ 上的线性空间.

线性变换之间不仅可以定义加法、数乘运算,还可以定义线性变换的复合.

定理 3.13　设 V 为 $\mathbf{F}$ 上的线性空间, $\mathscr{A}$, $\mathscr{B}$ 为 V 上的线性变换,定义 $\mathscr{A}\mathscr{B}$ 为 V 上的映射,其在向量 $\boldsymbol{v}\in V$ 上的作用为

$$(\mathscr{A}\mathscr{B})\boldsymbol{v}=\mathscr{A}(\mathscr{B}\boldsymbol{v}),$$

则 $\mathscr{A}\mathscr{B}$ 也是 V 上的线性变换.

将线性变换的复合形式记为乘法,进一步可以定义线性变换的幂与多项式.

定义 3.10　设 V 为 $\mathbf{F}$ 上的线性空间, $\mathscr{A}$ 为 V 上的线性变换, n 为正整数,定义

$$\mathscr{A}^n=\underbrace{\mathscr{A}\cdots\mathscr{A}}_{n\text{个}}.$$

对任意 $\mathbf{F}[x]$ 中的多项式 $f(x)=a_0+a_1x+\cdots+a_nx^n$, 定义

$$f(\mathscr{A})=a_0\mathrm{id}+a_1\mathscr{A}+\cdots+a_n\mathscr{A}^n.$$

这里 id 为 V 上的恒同变换.

根据定理 3.11 和定理 3.12,线性变换的幂与多项式都是线性变换.

若一个线性变换作为映射是可逆的,可以定义其逆映射,有如下定理.

定理 3.14　可逆线性变换的核空间为 $\{\mathbf{0}\}$, 像空间为全空间,其逆映射也是线性变换.

3.5　线性变换的矩阵

由线性空间一节已知,在线性空间中选定一组基后,线性空间中向量的线性运算就可以转化为坐标的线性运算. 利用这种思想处理线性变换,本节将指出,选定一组基后,任何一个线性变换都可以转化为例 3.21 中的线性变换.

设 V 为 n 维线性空间, $\boldsymbol{v}_1,\cdots,\boldsymbol{v}_n$ 为 V 的一组基, $\mathscr{A}$ 为 V 上的线性变换,任取 V 上的向量 $\boldsymbol{v}$, 考虑 $\boldsymbol{v}$ 和 $\mathscr{A}\boldsymbol{v}$ 的坐标之间的关系. 设

$$\mathrm{crd}(\boldsymbol{v}:\boldsymbol{v}_1,\cdots,\boldsymbol{v}_n)=(x_1,\cdots,x_n)^{\mathrm{T}},$$

即

$$\boldsymbol{v}=x_1\boldsymbol{v}_1+\cdots+x_n\boldsymbol{v}_n,$$

于是

$$\mathscr{A}\boldsymbol{v}=x_1\mathscr{A}\boldsymbol{v}_1+\cdots+x_n\mathscr{A}\boldsymbol{v}_n,$$

从而

$$\operatorname{crd}(\mathscr{A}\boldsymbol{v}:\boldsymbol{v}_1,\cdots,\boldsymbol{v}_n)=x_1\operatorname{crd}(\mathscr{A}\boldsymbol{v}_1:\boldsymbol{v}_1,\cdots,\boldsymbol{v}_n)+\cdots+x_n\operatorname{crd}(\mathscr{A}\boldsymbol{v}_n:\boldsymbol{v}_1,\cdots,\boldsymbol{v}_n).$$

令 $\boldsymbol{A}=(\operatorname{crd}(\mathscr{A}\boldsymbol{v}_1:\boldsymbol{v}_1,\cdots,\boldsymbol{v}_n),\cdots,\operatorname{crd}(\mathscr{A}\boldsymbol{v}_n:\boldsymbol{v}_1,\cdots,\boldsymbol{v}_n))$，则

$$\operatorname{crd}(\mathscr{A}\boldsymbol{v}:\boldsymbol{v}_1,\cdots,\boldsymbol{v}_n)=\boldsymbol{A}\operatorname{crd}(\boldsymbol{v}:\boldsymbol{v}_1,\cdots,\boldsymbol{v}_n). \tag{3.5}$$

公式(3.5)给出了 $\boldsymbol{v}$ 和 $\mathscr{A}\boldsymbol{v}$ 的坐标之间的关系，这一关系与例 3.21 中线性变换的形式完全相同，即对任何线性空间上的线性变换，选定线性空间的一组基之后，向量的像和向量自身坐标之间满足形如式(3.5)的简单关系，我们将式(3.5)中的 $\boldsymbol{A}$ 称为**线性变换 $\mathscr{A}$ 在基 $\boldsymbol{v}_1$，$\cdots$，$\boldsymbol{v}_n$ 下的矩阵**.

下面给出上一节例子中的线性变换在给定基下的矩阵.

例 3.26 V 上的零变换和恒同变换在任何基下的矩阵均为零矩阵和单位矩阵.

例 3.27 选择 $\boldsymbol{e}_1$，$\cdots$，$\boldsymbol{e}_n$ 为 $\mathbf{R}^n$ 的基，$\mathbf{R}^n$ 上线性变换 $\mathscr{A}(\boldsymbol{\alpha})=\boldsymbol{A\alpha}$ 的矩阵恰为 $\boldsymbol{A}$.

例 3.28 选择 $\boldsymbol{e}_1$，$\boldsymbol{e}_2$ 为 $\mathbf{R}^2$ 的基，线性变换 $\mathscr{A}$ 为将向量逆时针旋转 θ 角，$\mathscr{B}$ 为将向量关于 x 轴反射，则 $\mathscr{A}$，$\mathscr{B}$ 在 $\boldsymbol{e}_1$，$\boldsymbol{e}_2$ 下的矩阵分别为

$$\boldsymbol{A}=\begin{pmatrix}\cos\theta & -\sin\theta\\ \sin\theta & \cos\theta\end{pmatrix},\ \boldsymbol{B}=\begin{pmatrix}1 & 0\\ 0 & -1\end{pmatrix}.$$

例 3.29 选取 $\boldsymbol{e}_1$，$\boldsymbol{e}_2$，$\boldsymbol{e}_3$ 为 $\mathbf{R}^3$ 的一组基，$\mathscr{A}$ 为将向量向 xOy 平面的投影，则 $\mathscr{A}$ 在 $\boldsymbol{e}_1$，$\boldsymbol{e}_2$，$\boldsymbol{e}_3$ 的矩阵

$$\boldsymbol{A}=\begin{pmatrix}1 & 0 & 0\\ 0 & 1 & 0\\ 0 & 0 & 0\end{pmatrix}.$$

事实上，任选 xOy 平面上的线性无关的向量 $\boldsymbol{\alpha}_1$，$\boldsymbol{\alpha}_2$，$\mathscr{A}$ 在 $\boldsymbol{\alpha}_1$，$\boldsymbol{\alpha}_2$，$\boldsymbol{e}_3$ 下的矩阵均为上述 $\boldsymbol{A}$.

例 3.30 选取 1，x，$\cdots$，x^{n-1} 为 $\mathbf{F}[x]_n$ 的一组基，其上线性变换 $\dfrac{\mathrm{d}}{\mathrm{d}x}(f(x))=\dfrac{\mathrm{d}f}{\mathrm{d}x}(x)$，则 $\dfrac{\mathrm{d}}{\mathrm{d}x}$ 在这组基下的矩阵为

$$\boldsymbol{A}=\begin{pmatrix}0 & 1 & & & \\ & 0 & 2 & & \\ & & \ddots & \ddots & \\ & & & \ddots & n-1\\ & & & & 0\end{pmatrix}.$$

类似向量的坐标保持向量的线性运算，线性变换的矩阵保持线性变换的加法、数乘和

复合运算,有以下定理.

定理 3.15 设 V 为 $\mathbf{F}$ 上的线性空间, $\mathscr{A}$, $\mathscr{B}$ 为 V 上的线性变换, $k\in\mathbf{F}$, $\boldsymbol{A}$, $\boldsymbol{B}$ 分别为 $\mathscr{A}$, $\mathscr{B}$ 在基 $\boldsymbol{v}_1, \cdots, \boldsymbol{v}_n$ 下的矩阵,则 $\mathscr{A}+\mathscr{B}$, $k\mathscr{A}$ 和 $\mathscr{A}\mathscr{B}$ 在基 $\boldsymbol{v}_1, \cdots, \boldsymbol{v}_n$ 下的矩阵分别为 $\boldsymbol{A}+\boldsymbol{B}$, $k\boldsymbol{A}$ 和 $\boldsymbol{A}\boldsymbol{B}$.

通过这一定理可以看出,将线性变换的复合记成线性变换的"乘法"是合理的.

推论 3.1 若线性空间 V 上的线性变换 $\mathscr{A}$ 是可逆的, $\mathscr{A}$ 在基 $\boldsymbol{v}_1, \cdots, \boldsymbol{v}_n$ 下的矩阵为 $\boldsymbol{A}$,则 $\mathscr{A}$ 的逆变换在基 $\boldsymbol{v}_1, \cdots, \boldsymbol{v}_n$ 下的矩阵为 $\boldsymbol{A}^{-1}$.

与向量在不同基下有不同的坐标一样,线性变换在不同的基下,也有不同的矩阵,不同的矩阵之间也满足一定的关系,我们有以下定理.

定理 3.16 设 $\mathscr{A}$ 是线性空间 V 上的线性变换, $\boldsymbol{v}_1, \cdots, \boldsymbol{v}_n$ 和 $\boldsymbol{w}_1, \cdots, \boldsymbol{w}_n$ 为 V 的两组基, $\boldsymbol{T}$ 为 $\boldsymbol{v}_1, \cdots, \boldsymbol{v}_n$ 到 $\boldsymbol{w}_1, \cdots, \boldsymbol{w}_n$ 的过渡矩阵, $\boldsymbol{A}$ 与 $\widetilde{\boldsymbol{A}}$ 分别为 $\mathscr{A}$ 在 $\boldsymbol{v}_1, \cdots, \boldsymbol{v}_n$ 和 $\boldsymbol{w}_1, \cdots, \boldsymbol{w}_n$ 下的矩阵,则

$$\widetilde{\boldsymbol{A}} = \boldsymbol{T}^{-1}\boldsymbol{A}\boldsymbol{T}, \tag{3.6}$$

即同一线性变换在不同基下的矩阵是相似的.

证明 任取 V 中向量 $\boldsymbol{v}$,由式(3.5),

$$\mathrm{crd}(\mathscr{A}\boldsymbol{v}: \boldsymbol{v}_1, \cdots, \boldsymbol{v}_n) = \boldsymbol{A}\,\mathrm{crd}(\boldsymbol{v}: \boldsymbol{v}_1, \cdots, \boldsymbol{v}_n), \tag{3.7}$$

将坐标变换公式

$$\mathrm{crd}(\mathscr{A}\boldsymbol{v}: \boldsymbol{v}_1, \cdots, \boldsymbol{v}_n) = \boldsymbol{T}\,\mathrm{crd}(\mathscr{A}\boldsymbol{v}: \boldsymbol{w}_1, \cdots, \boldsymbol{w}_n),$$
$$\mathrm{crd}(\boldsymbol{v}: \boldsymbol{v}_1, \cdots, \boldsymbol{v}_n) = \boldsymbol{T}\,\mathrm{crd}(\boldsymbol{v}: \boldsymbol{w}_1, \cdots, \boldsymbol{w}_n),$$

代入式(3.7)有

$$\boldsymbol{T}\,\mathrm{crd}(\mathscr{A}\boldsymbol{v}: \boldsymbol{w}_1, \cdots, \boldsymbol{w}_n) = \boldsymbol{A}\boldsymbol{T}\,\mathrm{crd}(\boldsymbol{v}: \boldsymbol{w}_1, \cdots, \boldsymbol{w}_n),$$

即

$$\mathrm{crd}(\mathscr{A}\boldsymbol{v}: \boldsymbol{w}_1, \cdots, \boldsymbol{w}_n) = \boldsymbol{T}^{-1}\boldsymbol{A}\boldsymbol{T}\,\mathrm{crd}(\boldsymbol{v}: \boldsymbol{w}_1, \cdots, \boldsymbol{w}_n).$$

另一方面,

$$\mathrm{crd}(\mathscr{A}\boldsymbol{v}: \boldsymbol{w}_1, \cdots, \boldsymbol{w}_n) = \widetilde{\boldsymbol{A}}\,\mathrm{crd}(\boldsymbol{v}: \boldsymbol{w}_1, \cdots, \boldsymbol{w}_n),$$

由 $\boldsymbol{v}$ 的任意性,得 $\widetilde{\boldsymbol{A}} = \boldsymbol{T}^{-1}\boldsymbol{A}\boldsymbol{T}$.

3.6 线性变换的特征值、特征向量与不变子空间

对 n 阶方阵,有行列式、迹、特征值、初等因子、不变因子、Jordan 标准形、特征多项式、零化多项式和最小多项式等概念,并且相似的矩阵有相同的行列式、迹、特征值、初等因子、不变因子、Jordan 标准形、特征多项式、零化多项式和最小多项式. 对线性变换也可以引入同样的概念.

定义 3.11 设 $\mathscr{A}$ 为域 $\mathbf{F}$ 上线性空间 V 上的线性变换，$\lambda \in \mathbf{F}$，若存在非零向量 $\boldsymbol{v} \in V$，使得 $\mathscr{A}\boldsymbol{v} = \lambda \boldsymbol{v}$，则称 λ 为线性变换 $\mathscr{A}$ 的**特征值**，非零向量 $\boldsymbol{v}$ 称为 $\mathscr{A}$ 关于特征值 λ 的**特征向量**.

线性变换的特征值与矩阵的特征值有密切的联系.

定理 3.17 设 $\mathscr{A}$ 为域 $\mathbf{F}$ 上线性空间 V 上的线性变换，$\mathbf{A}$ 为 $\mathscr{A}$ 在基 $\boldsymbol{v}_1, \cdots, \boldsymbol{v}_n$ 下的矩阵，则线性变换 $\mathscr{A}$ 的特征值即为矩阵 $\mathbf{A}$ 的特征值，反之亦然.

例 3.31 考虑 $\mathbf{R}^2$ 上的旋转变换，若旋转角度不为 π 的整数倍，则任意非零向量旋转后，都不会与该向量共线(即线性相关)，故这样的旋转变换没有实特征值. 但另一方面，矩阵在复数范围内总是有特征值的，事实上，矩阵

$$\mathbf{A} = \begin{bmatrix} \cos\theta & -\sin\theta \\ \sin\theta & \cos\theta \end{bmatrix}$$

的两个特征值分别为 $\mathrm{e}^{\pm i\theta}$，都不是函数。

已知相似的矩阵有相同的特征值，但特征向量却不相同. 由上述定理可以看出，相似矩阵关于同一个特征值的特征向量，相差了一个过渡矩阵，它们可以看作同一个线性变换的特征向量在不同基下的坐标.

类似地，可以定义线性变换的行列式、迹、初等因子、不变因子、Jordan 标准形、特征多项式、零化多项式和最小多项式的概念，它们与任意一组基下，该线性变换对应矩阵的行列式、迹、初等因子、不变因子、Jordan 标准形、特征多项式、零化多项式和最小多项式完全相同.

对线性空间的线性变换，有一类特殊的子空间.

定义 3.12 设 $\mathscr{A}$ 为线性空间 V 上的线性变换，W 为 V 的子空间，若对任何 $\boldsymbol{w} \in W$，都有 $\mathscr{A}\boldsymbol{w} \in W$，则称 W 为 $\mathscr{A}$ 的**不变子空间**. 此时 $\mathscr{A}$ 也可看作 W 上的线性变换，称为 $\mathscr{A}$ 在 W 上的**限制**.

下面给出几个不变子空间的例子.

例 3.32 对任何线性空间 V 上的线性变换 $\mathscr{A}$，平凡子空间 $\{\mathbf{0}\}$ 和 V 总是 $\mathscr{A}$ 的不变子空间.

例 3.33 设 λ 为线性空间 V 上的线性变换 $\mathscr{A}$ 的特征值，记

$$E_\lambda(\mathscr{A}) = \{\boldsymbol{v} \in V : \mathscr{A}(\boldsymbol{v}) = \lambda\boldsymbol{v}\},$$

则 $E_\lambda(\mathscr{A})$ 构成 V 的子空间，且为 $\mathscr{A}$ 的不变子空间，称为 λ 对应的**特征子空间**.

例 3.34 设 λ 为线性空间 V 上的线性变换 $\mathscr{A}$ 的特征值，定义

$$R_\lambda(\mathscr{A}) = \{\boldsymbol{v} \in V: \text{存在自然数 } k, \text{使得} (\lambda \mathrm{id} - \mathscr{A})^k(\boldsymbol{v}) = \mathbf{0}\},$$

则 $R_\lambda(\mathscr{A})$ 构成 V 的子空间，且为 $\mathscr{A}$ 的不变子空间，称为 λ 对应的**根子空间**.

利用不变子空间，可以简化线性变换的矩阵.

定理 3.18 设 $\mathscr{A}$ 为线性空间 V 上的线性变换，V 有子空间直和分解 $V = W_1 \oplus W_2$，$\boldsymbol{w}_1, \cdots, \boldsymbol{w}_k$ 和 $\boldsymbol{w}_{k+1}, \cdots, \boldsymbol{w}_n$ 分别为子空间 W_1，W_2 的基，若 W_1 为 $\mathscr{A}$ 的不变子空间，则 $\mathscr{A}$ 在 $\boldsymbol{w}_1, \cdots, \boldsymbol{w}_n$ 下的矩阵为形如

$$\begin{pmatrix} \boldsymbol{A}_1 & \boldsymbol{B} \\ \boldsymbol{O} & \boldsymbol{A}_2 \end{pmatrix}$$

的分块上三角矩阵，这里 $\boldsymbol{A}_1$，$\boldsymbol{A}_2$ 分别为 k 阶和 $(n-k)$ 阶方阵. 进一步，若 W_2 也为 $\mathscr{A}$ 的不变子空间，则 $\boldsymbol{B}=\boldsymbol{O}$，即 $\mathscr{A}$ 在 $\boldsymbol{w}_1$，…，$\boldsymbol{w}_n$ 下的矩阵为分块对角阵.

基于上面的定理，再利用归纳法，不难得到下面的推论.

推论 3.2　设 $\mathscr{A}$ 为 n 维线性空间 V 上的线性变换，V 有子空间直和分解 $V=W_1\oplus\cdots\oplus W_m$，则存在 V 的一组基，使得 $\mathscr{A}$ 在这组基下的矩阵为形如 $\operatorname{diag}(\boldsymbol{A}_1, \cdots, \boldsymbol{A}_m)$ 的分块对角阵，这里 $\boldsymbol{A}_i$ 为 $\dim W_i$ 阶方阵 $(i=1, \cdots, m)$. 特别，若 V 有 n 个线性无关的特征向量 $\boldsymbol{v}_1$，…，$\boldsymbol{v}_n$，则 $\mathscr{A}$ 在基 $\boldsymbol{v}_1$，…，$\boldsymbol{v}_n$ 下的矩阵为对角阵，此时称 $\mathscr{A}$ **可对角化**.

对复数域上的线性空间，根据矩阵的 Jordan 标准形定理，总可以找到一组基，使得该线性变换在这组基下的矩阵恰为该线性变换的 Jordan 标准形，但对一般域(例如实数域)上的线性空间，就没有这么好的结果.

特别，对一个可对角化的线性变换，我们可以将其写成投影变换的线性组合.

定理 3.19　设 $\mathscr{A}$ 为线性空间 V 上的线性变换，且 V 可分解为特征子空间的直和

$$V=E_{\lambda_1}(\mathscr{A})\oplus\cdots\oplus E_{\lambda_m}(\mathscr{A}), \tag{3.8}$$

这里 λ_1，…，λ_m 为 $\mathscr{A}$ 的互不相同的特征值，则 $\mathscr{A}$ 有唯一的**谱分解**

$$\mathscr{A}=\sum_{j=1}^{m}\lambda_j\mathscr{P}_j,$$

其中 $\mathscr{P}_j$ 称为**投影变换**，且满足

(1) $\sum_{j=1}^{m}\mathscr{P}_j=\mathrm{id}$;

(2) 对一切 $j\in\{1, \cdots, m\}$，$\mathscr{P}_j^2=\mathscr{P}_j$;

(3) 对一切 $i, j\in\{1, \cdots, m\}$，$i\neq j$，$\mathscr{P}_i\mathscr{P}_j=0$.

证明　由 V 的子空间直和分解，对任何 $\boldsymbol{v}\in V$，存在唯一的分解

$$\boldsymbol{v}=\sum_{j=1}^{m}\boldsymbol{v}_j，其中\ \boldsymbol{v}_j\in E_{\lambda_j}(\mathscr{A}).$$

定义 $\mathscr{P}_j\boldsymbol{v}=\boldsymbol{v}_j$，显然 $\mathscr{P}_j$ 是线性变换，并满足所有定理结论.

谱是相对特征值而言更广泛的概念，在有限维线性空间上，线性变换的谱与特征值是等同的，但在无限维线性空间上，一个线性变换除了特征值以外，还有其他类型的谱. 谱在量子力学、光学等领域有重要的应用，例如光谱，就是某个线性空间上的某个线性变换的谱.

习　题　3

1. 在 $\mathbf{R}^4$ 中取基

$$\boldsymbol{e}_1=(1, 0, 0, 0)^{\mathrm{T}}, \boldsymbol{e}_2=(0, 1, 0, 0)^{\mathrm{T}}, \boldsymbol{e}_3=(0, 0, 1, 0)^{\mathrm{T}}, \boldsymbol{e}_4=(0, 0, 0, 1)^{\mathrm{T}}.$$

(1) 验证 $\boldsymbol{\alpha}_1=(2,1,-1,1)^{\mathrm{T}}$, $\boldsymbol{\alpha}_2=(0,3,1,0)^{\mathrm{T}}$, $\boldsymbol{\alpha}_3=(5,3,2,1)^{\mathrm{T}}$, $\boldsymbol{\alpha}_4=(6,6,1,3)^{\mathrm{T}}$ 也是一组基.

(2) 求由 $\boldsymbol{e}_1$, $\boldsymbol{e}_2$, $\boldsymbol{e}_3$, $\boldsymbol{e}_4$ 到 $\boldsymbol{\alpha}_1$, $\boldsymbol{\alpha}_2$, $\boldsymbol{\alpha}_3$, $\boldsymbol{\alpha}_4$ 的过渡矩阵.

(3) 求向量 $(1,3,-1,2)^{\mathrm{T}}$ 在基 $\boldsymbol{\alpha}_1$, $\boldsymbol{\alpha}_2$, $\boldsymbol{\alpha}_3$, $\boldsymbol{\alpha}_4$ 下的坐标.

2. 在 $\mathbf{R}^{2\times2}$ 中,取

$$\boldsymbol{E}_1=\begin{pmatrix}1&0\\0&0\end{pmatrix},\ \boldsymbol{E}_2=\begin{pmatrix}1&0\\0&1\end{pmatrix},\ \boldsymbol{E}_3=\begin{pmatrix}0&1\\1&0\end{pmatrix},\ \boldsymbol{E}_4=\begin{pmatrix}0&1\\-1&0\end{pmatrix}.$$

(1) 证明: $\boldsymbol{E}_1$, $\boldsymbol{E}_2$, $\boldsymbol{E}_3$, $\boldsymbol{E}_4$ 构成 $\mathbf{R}^{2\times2}$ 的一组基.

(2) 已知 $\mathbf{R}^{2\times2}$ 中元素 $\boldsymbol{A}$ 在基 $\boldsymbol{E}_1$, $\boldsymbol{E}_2$, $\boldsymbol{E}_3$, $\boldsymbol{E}_4$ 下的坐标为 $(1,2,3,4)^{\mathrm{T}}$, 求 $\boldsymbol{A}$.

(3) 求 $\boldsymbol{B}=\begin{pmatrix}1&2\\3&4\end{pmatrix}$ 在基 $\boldsymbol{E}_1$, $\boldsymbol{E}_2$, $\boldsymbol{E}_3$, $\boldsymbol{E}_4$ 下的坐标.

3. 在 $\mathbf{R}^3$ 中,取

$$\boldsymbol{F}_1=\begin{pmatrix}1\\0\\0\end{pmatrix},\ \boldsymbol{F}_2=\begin{pmatrix}1\\1\\0\end{pmatrix},\ \boldsymbol{F}_3=\begin{pmatrix}1\\1\\1\end{pmatrix}.$$

(1) 证明: $\boldsymbol{F}_1$, $\boldsymbol{F}_2$, $\boldsymbol{F}_3$ 构成 $\mathbf{R}^3$ 的一组基.

(2) 已知 $\mathbf{R}^3$ 中元素 $\boldsymbol{A}$ 在基 $\boldsymbol{F}_1$, $\boldsymbol{F}_2$, $\boldsymbol{F}_3$ 下的坐标为 $(1,2,3)^{\mathrm{T}}$, 求 $\boldsymbol{A}$.

(3) 求 $\boldsymbol{B}=(1,2,3)^{\mathrm{T}}$ 在基 $\boldsymbol{F}_1$, $\boldsymbol{F}_2$, $\boldsymbol{F}_3$ 下的坐标.

4. 验证

$$\boldsymbol{\alpha}_1=(1,2,1)^{\mathrm{T}},\ \boldsymbol{\alpha}_2=(2,3,3)^{\mathrm{T}},\ \boldsymbol{\alpha}_3=(3,7,10)^{\mathrm{T}}$$

与

$$\boldsymbol{\beta}_1=(3,1,4)^{\mathrm{T}},\ \boldsymbol{\beta}_2=(5,2,1)^{\mathrm{T}},\ \boldsymbol{\beta}_3=(1,1,-6)^{\mathrm{T}}$$

都可作为 $\mathbf{R}^3$ 的基,并求出 $\boldsymbol{\alpha}_1$, $\boldsymbol{\alpha}_2$, $\boldsymbol{\alpha}_3$ 到 $\boldsymbol{\beta}_1$, $\boldsymbol{\beta}_2$, $\boldsymbol{\beta}_3$ 的过渡矩阵.

5. 证明定理 3.4 和定理 3.5.

6. 设 $\boldsymbol{v}_1$, $\boldsymbol{v}_2$, $\boldsymbol{v}_3$ 为 $\mathbf{R}^3$ 中的非零向量.

(1) 给出 $\mathrm{span}\{\boldsymbol{v}_1\}$ 的几何解释.

(2) 给出 $\mathrm{span}\{\boldsymbol{v}_1,\boldsymbol{v}_2\}$ 的几何解释.

(3) 给出 $\mathrm{span}\{\boldsymbol{v}_1,\boldsymbol{v}_2,\boldsymbol{v}_3\}$ 的几何解释.

(4) 若 $\boldsymbol{v}_1$, $\boldsymbol{v}_2$ 线性无关,则 $\mathrm{span}\{\boldsymbol{v}_1,\boldsymbol{v}_2\}$ 与 $\mathrm{span}\{\boldsymbol{v}_3\}$ 的和空间与交空间的几何解释是什么?

7. 设 V_1, V_2 均为 $\mathbf{R}^n$ 的二维子空间.

(1) 当 $n=3$ 时,给出 $V_1\cap V_2$ 与 V_1+V_2 可能的维数以及各自的几何解释.

(2) 当 $n=4$ 时,给出 $V_1\cap V_2$ 与 V_1+V_2 可能的维数以及各自的几何解释.

8. 证明定理 3.5 和定理 3.7.

9. 设 V_1, V_2, V_3 为线性空间 V 的子空间,且 $V_1\cap V_2\cap V_3=\{\mathbf{0}\}$, 试说明 $V_1+V_2+V_3$ 未必构成直和.

10. 证明定理 3.10.
11. 设 $V_1, V_2, \cdots, V_n$ 为线性空间 V 的子空间，举例说明，即使 $V_1, V_2, \cdots, V_n$ 两两的交空间均为零空间，其和 $V_1+V_2+\cdots+V_n$ 也未必是直和.
12. 设 $\mathbf{R}^{2\times 2}$ 为所有 2 阶实方阵关于矩阵的加法和数乘构成的实线性空间，在 $\mathbf{R}^{2\times 2}$ 上定义变换 $\mathscr{T}$ 如下：对任意 $A \in \mathbf{R}^{2\times 2}$，

$$\mathscr{T}(\boldsymbol{A}) = \begin{pmatrix} 1 & 0 \\ 1 & 1 \end{pmatrix} \boldsymbol{A} \begin{pmatrix} 1 & 0 \\ 3 & 2 \end{pmatrix}.$$

(1) 证明：$\mathscr{T}$ 是 $\mathbf{R}^{2\times 2}$ 上的一个线性变换；

(2) 求 $\mathscr{T}$ 在 $\mathbf{R}^{2\times 2}$ 的基

$$\boldsymbol{E}_{11} = \begin{pmatrix} 1 & 0 \\ 0 & 0 \end{pmatrix},\ \boldsymbol{E}_{12} = \begin{pmatrix} 0 & 1 \\ 0 & 0 \end{pmatrix},\ \boldsymbol{E}_{21} = \begin{pmatrix} 0 & 0 \\ 1 & 0 \end{pmatrix},\ \boldsymbol{E}_{22} = \begin{pmatrix} 0 & 0 \\ 0 & 1 \end{pmatrix}$$

下的矩阵.

13. 函数集合 $V_3 = \{(a_2x^2+a_1x+a_0)\mathrm{e}^x \mid a_0, a_1, a_2 \in \mathbf{R}\}$ 对于函数的线性运算构成 3 维实线性空间. 证明：求导算子 $D: f \to f'$ 为 V_3 上的线性变换，并给出 D 在基 $\boldsymbol{\alpha}_1 = x^2\mathrm{e}^x$, $\boldsymbol{\alpha}_2 = x\mathrm{e}^x$, $\boldsymbol{\alpha}_3 = \mathrm{e}^x$ 下的矩阵.
14. 设 $\mathscr{A}$ 是线性空间 V 上的线性变换，且 $\mathrm{Im}\,\mathscr{A}^2 = \mathrm{Im}\,\mathscr{A}$，则 $\mathscr{A}^2 = \mathscr{A}$ 是否成立？说明理由.
15. 设 $\mathscr{A}$ 是线性空间 V 上的线性变换，且 $V = \ker \mathscr{A} \oplus \mathrm{Im}\,\mathscr{A}$，证明：$\mathrm{Im}\,\mathscr{A}^2 = \mathrm{Im}\,\mathscr{A}$. 举例说明一般情况下 $\ker \mathscr{A}$ 和 $\mathrm{Im}\mathscr{A}$ 不构成直和关系.
16. 定义映射 $\mathscr{T}: \mathbf{R}^{2\times 2} \to \mathbf{R}^{2\times 2}$ 为

$$\mathscr{T}(\boldsymbol{M}) = \begin{pmatrix} 1 & 2 \\ 0 & 0 \end{pmatrix} \boldsymbol{M},\ M \in \mathbf{R}^{2\times 2}.$$

(1) 证明：$\mathscr{T}$ 是 $\mathbf{R}^{2\times 2}$ 上的线性变换.

(2) 求 $\mathscr{T}$ 在基

$$\boldsymbol{E}_1 = \begin{pmatrix} 1 & 0 \\ 0 & 0 \end{pmatrix},\ \boldsymbol{E}_2 = \begin{pmatrix} 1 & 0 \\ 0 & 1 \end{pmatrix},\ \boldsymbol{E}_3 = \begin{pmatrix} 0 & 1 \\ 1 & 0 \end{pmatrix},\ \boldsymbol{E}_4 = \begin{pmatrix} 0 & 1 \\ -1 & 0 \end{pmatrix}$$

下的矩阵.

(3) 已知 $\mathbf{R}^{2\times 2}$ 中元素 $\boldsymbol{A}$ 在基 $\boldsymbol{E}_1, \boldsymbol{E}_2, \boldsymbol{E}_3, \boldsymbol{E}_4$ 下的坐标为 $(1, 2, 3, 4)^{\mathrm{T}}$，求 $\mathscr{T}(\boldsymbol{A})$.

(4) 求 $\ker\mathscr{T}$ 和 $\mathrm{Im}\mathscr{T}$.

(5) 求 $\mathscr{T}$ 的不变因子和最小多项式.

(6) 是否存在一组基，使得 $\mathscr{T}$ 在这组基下的矩阵为对角阵？如存在，求出这组基和相应的对角阵.

17. 记 $\mathrm{sl}(n, \mathbf{R})$ 为数域 $\mathbf{R}$ 上全体迹为 0 的 n 阶方阵构成的集合.

(1) 证明：$\mathrm{sl}(n, \mathbf{R})$ 为线性空间，并求其维数和一组基.

(2) 对方阵 $\boldsymbol{A}, \boldsymbol{B}$，定义 $[\boldsymbol{A}, \boldsymbol{B}] = \boldsymbol{AB} - \boldsymbol{BA}$，证明：对一切 $\boldsymbol{A}, \boldsymbol{B}$，有 $[\boldsymbol{A}, \boldsymbol{B}] \in \mathrm{sl}(n, \mathbf{R})$.

(3) 取定矩阵 $\boldsymbol{A}\in \mathrm{sl}(n,\mathbf{R})$，在 $\mathrm{sl}(n,\mathbf{R})$ 上定义映射 $\mathrm{ad}_{\boldsymbol{A}}$ 为 $\mathrm{ad}_{\boldsymbol{A}}(\boldsymbol{M})=[\boldsymbol{A},\boldsymbol{M}]$，证明：$\mathrm{ad}_{\boldsymbol{A}}$ 是 $\mathrm{sl}(n,\mathbf{R})$ 上的线性变换.

(4) 记 $\mathrm{so}(n,\mathbf{R})$ 为所有反对称实矩阵构成的集合，证明 $\mathrm{so}(n,\mathbf{R})$ 为 $\mathrm{sl}(n,\mathbf{R})$ 的子空间，并求其维数和一组基.

(5) 若 $\boldsymbol{A},\boldsymbol{B}\in \mathrm{so}(n,\mathbf{R})$，证明：$[\boldsymbol{A},\boldsymbol{B}]\in \mathrm{so}(n,\mathbf{R})$.

(6) 取定矩阵 $\boldsymbol{A}\in \mathrm{so}(n,\mathbf{R})$，证明：$\mathrm{ad}_{\boldsymbol{A}}$ 是 $\mathrm{so}(n,\mathbf{R})$ 上的线性变换.

(7) 取 $\boldsymbol{A}=\begin{bmatrix}0 & 1\\ -1 & 0\end{bmatrix}$，分别求 $\mathrm{ad}_{\boldsymbol{A}}$ 作为 $\mathrm{so}(n,\mathbf{R})$ 上的线性变换和作为 $\mathrm{sl}(n,\mathbf{R})$ 上的线性变换的一个矩阵.

18. 复数集 $\mathbf{C}$ 上的映射 $T(\boldsymbol{\alpha})=\overline{\boldsymbol{\alpha}}$ 是否是 $\mathbf{C}$ 作为实线性空间上的线性变换？是否是 $\mathbf{C}$ 作为复线性空间上的线性变换？

19. 证明定理 3.14.

20. 证明定理 3.17.

21. 证明定理 3.18.

22. 设 $\mathscr{P}$ 为线性空间 V 上的线性变换，且满足 $\mathscr{P}^2=\mathscr{P}$，这样的线性变换称为**投影变换**.

(1) 证明：对任何 V 上的投影变换 $\mathscr{P}$，均存在 V 的一组基，使得 $\mathscr{P}$ 在这组基下的矩阵为对角阵. 求出该对交阵.

(2) 证明：对任何 V 上的投影变换 $\mathscr{P}$，有 $V=\ker\mathscr{P}\oplus\mathrm{Im}\,\mathscr{P}$. 试问该命题的逆命题是否成立？

(3) 设 $\mathscr{P}_1$，$\mathscr{P}_2$ 均为 V 上的投影变换，求证：$\mathscr{P}_2\mathscr{P}_1=\mathscr{P}_1$ 的充分必要条件为 $\mathrm{Im}\,\mathscr{P}_1\subset\mathrm{Im}\,\mathscr{P}_2$.

(4) 设 $\mathscr{A}$ 为 V 上的线性变换，且存在 V 的一组基，使得 $\mathscr{A}$ 在该组基下的矩阵为对角阵，求证：$\mathscr{A}$ 可表示为一组投影变换的线性组合，且该组投影变换的像空间的直和恰为 V.

23. 已知 $\mathscr{A}$ 为线性空间 V 上的线性变换，$\boldsymbol{\alpha}\in V$，$k\geqslant 1$ 为正整数，满足 $\mathscr{A}^k\boldsymbol{\alpha}=\mathbf{0}$ 且 $\mathscr{A}^{k-1}\boldsymbol{\alpha}\neq\mathbf{0}$.

(1) 证明：$\boldsymbol{\alpha}$，$\mathscr{A}\boldsymbol{\alpha}$，$\cdots$，$\mathscr{A}^{k-1}\boldsymbol{\alpha}$ 线性无关，$k\leqslant\dim V$.

(2) 证明：$W=\mathrm{span}\{\boldsymbol{\alpha},\mathscr{A}\boldsymbol{\alpha},\cdots,\mathscr{A}^{k-1}\boldsymbol{\alpha}\}$ 为 $\mathscr{A}-\lambda\mathrm{id}$ 的不变自空间，其中 $\lambda\in\mathbf{R}$.

(3) 求 $\mathscr{A}$ 在不变子空间 W 上的限制 $\mathscr{A}|_W$ 在基 $\boldsymbol{\alpha}$，$\mathscr{A}\boldsymbol{\alpha}$，$\cdots$，$\mathscr{A}^{k-1}\boldsymbol{\alpha}$ 下的矩阵.

24. 已知 $\mathscr{A}$ 为线性空间 V 上的线性变换，$\boldsymbol{\alpha}_i\in V$，$k_i\geqslant 1$ 为正整数，其中 $i=1,2,\cdots,s$，满足 $(\mathscr{A}-\lambda_i\mathrm{id})^{k_i}\boldsymbol{\alpha}_i=\mathbf{0}$ 且 $(\mathscr{A}-\lambda_i\mathrm{id})^{k_i-1}\boldsymbol{\alpha}_i\neq 0$，并记

$$W_i=\mathrm{span}\{\boldsymbol{\alpha}_i,(\mathscr{A}-\lambda_i\mathrm{id})\boldsymbol{\alpha}_i,\cdots,(\mathscr{A}-\lambda_i\mathrm{id})^{k_i-1}\boldsymbol{\alpha}_i\}.$$

(1) 证明：若 $\lambda_i\neq\lambda_j$，则 $W_i\cap W_j=\{\mathbf{0}\}$.

(2) 若 $V=W_1\oplus W_2\oplus\cdots\oplus W_s$，求 V 的一组基，使得 $\mathscr{A}$ 在该组基下的矩阵恰为 Jordan 标准形.

25. 设 V 为线性空间，W 为其子空间. 对任何 $\boldsymbol{u}\in V$，定义集合

$$[\boldsymbol{u}]=\{\boldsymbol{v}\in V\mid \boldsymbol{v}-\boldsymbol{u}\in W\}.$$

证明以下命题：

(1) $[\boldsymbol{u}]=[\boldsymbol{0}]$ 当且仅当 $\boldsymbol{u}\in W$；

(2) 若 $\boldsymbol{u}_1, \boldsymbol{u}_2\in V$，则 $[\boldsymbol{u}_1]=[\boldsymbol{u}_2]$ 当且仅当 $\boldsymbol{u}_1-\boldsymbol{u}_2\in W$；

(3) 对任何 $\boldsymbol{u}, \boldsymbol{u}_1, \boldsymbol{u}_2\in V$, $l\in\mathbf{R}$，定义 $[\boldsymbol{u}_1]+[\boldsymbol{u}_2]=[\boldsymbol{u}_1+\boldsymbol{u}_2]$，$[\boldsymbol{u}]=[l\boldsymbol{u}]$，试问如此定义是否合理；

(4) 定义 $V/W=\{[\boldsymbol{u}]\mid u\in V\}$，则 V/W 为线性空间(称为 V 关于 W 的**商空间**)；

(5) 试求出 V/W 的一组基，并以此证明 $\dim V/W=\dim V-\dim W$；

(6) 若 $\mathscr{A}$ 为 V 上的线性变换，对一切 $[\boldsymbol{u}]\in V/W$，定义

$$\bar{\mathscr{A}}([\boldsymbol{v}])=[\mathscr{A}\boldsymbol{v}],$$

证明该定义是合理的，且 $\bar{\mathscr{A}}$ 是 V/W 上的线性变换(称为 $\mathscr{A}$ 在商空间 V/W 上的**诱导**).

第4章 内积空间

在线性空间的范畴中，运算只涉及向量的加法和数乘两种线性运算. 而在很多实际问题中，向量除了线性运算，还有其他的属性，例如向量的长度、两个向量之间的夹角等. 因此需要对线性空间赋予更丰富的内容.

4.1 实内积与欧氏空间

在平面与空间的解析几何中，两个向量之间可以定义内积运算. 以空间向量为例，设 $\boldsymbol{x}=(x_1, x_2, x_3)^{\mathrm{T}}$, $\boldsymbol{y}=(y_1, y_2, y_3)^{\mathrm{T}}$, $\boldsymbol{x}$, $\boldsymbol{y}$ 的内积定义为

$$\boldsymbol{x}\cdot\boldsymbol{y}=x_1y_1+x_2y_2+x_3y_3. \tag{4.1}$$

下面将这种内积推广到一般的实线性空间.

定义 4.1 设 V 为实线性空间，对 V 中任意两个向量 $\boldsymbol{x}$, $\boldsymbol{y}$，定义运算 $(\boldsymbol{x}, \boldsymbol{y})\in\mathbf{R}$，并满足以下条件

(1) 正定性：对任何 $\boldsymbol{x}\in V$, $(\boldsymbol{x}, \boldsymbol{x})\geqslant 0$，等号成立当且仅当 $\boldsymbol{x}=\mathbf{0}$;

(2) 对称性：对任何 $\boldsymbol{x}, \boldsymbol{y}\in V$, $(\boldsymbol{x}, \boldsymbol{y})=(\boldsymbol{y}, \boldsymbol{x})$;

(3) 双线性性：对任何 $\boldsymbol{x}_1, \boldsymbol{x}_2, \boldsymbol{y}\in V$, $l_1, l_2\in\mathbf{R}$, $(l_1\boldsymbol{x}_1+l_2\boldsymbol{x}_2, \boldsymbol{y})=l_1(\boldsymbol{x}_1, \boldsymbol{y})+l_2(\boldsymbol{x}_2, \boldsymbol{y})$.

则 $(\cdot, \cdot)$ 称为 V 上的一个**内积**，V 称为**实内积空间**，有限维的实内积空间也称为**Euclid空间**或**欧氏空间**.

显然，3 维实线性空间上的标准内积(4.1)是满足上述定义的一种内积，这种定义可以推广到一般的 n 维实线性空间上.

例 4.1 在 $\mathbf{R}^n$ 中，对 $\boldsymbol{x}=(x_1, \cdots, x_n)^{\mathrm{T}}$ 与 $\boldsymbol{y}=(y_1, \cdots, y_n)^{\mathrm{T}}$，定义

$$(\boldsymbol{x}, \boldsymbol{y})=\boldsymbol{x}^{\mathrm{T}}\boldsymbol{y}=\sum_{i=1}^{n}x_iy_i.$$

容易验证上述定义满足内积的条件，称为 $\mathbf{R}^n$ 上的**标准内积**，配备标准内积的 $\mathbf{R}^n$ 是欧氏空间. 以后如不额外说明，$\mathbf{R}^n$ 上的内积都默认是标准内积.

例 4.2 设 $\boldsymbol{A}$ 为 n 阶正定矩阵，在对任意 $\boldsymbol{x}, \boldsymbol{y}\in\mathbf{R}^n$ 上定义 $(\boldsymbol{x}, \boldsymbol{y})=\boldsymbol{x}^{\mathrm{T}}\boldsymbol{A}\boldsymbol{y}$，可以验证上述定义满足内积的条件. 在这种内积下，$\mathbf{R}^n$ 也构成欧氏空间. 当 $\boldsymbol{A}$ 不为单位矩阵时，这里的内积与 $\mathbf{R}^n$ 上的标准内积是不同的，这两种内积的关系将在后面讨论.

例 4.3 对实线性空间 $C([a, b])$ 上的任意函数 f, g,定义

$$(f, g)=\int_a^b f(x)g(x)\,dx, \tag{4.2}$$

可以验证上述定义满足内积的条件,于是在上述内积定义下,$C([a, b])$是实内积空间,但该空间是无限维的.

利用内积可以进一步定义向量的"长度"(在一般的内积空间中,习惯上称其为范数).

定义 4.2 设$(\cdot, \cdot)$为实线性空间 V 上的内积,$\sqrt{(\boldsymbol{x}, \boldsymbol{x})}$称为向量 $\boldsymbol{x}$ 的**范数**,记为$\|\boldsymbol{x}\|$.

根据内积的三条性质,可以推出 Cauchy 不等式、范数的基本性质、平行四边形恒等式和极化恒等式.

定理 4.1(Cauchy 不等式) 设$(\cdot, \cdot)$为实线性空间 V 上的内积,则对一切 $\boldsymbol{x}, \boldsymbol{y}\in V$,有

$$|([\boldsymbol{x}, \boldsymbol{y}])| \leqslant \|\boldsymbol{x}\| \cdot \|\boldsymbol{y}\|,$$

等号成立当且仅当 $\boldsymbol{x}, \boldsymbol{y}$ 线性相关.

证明 任取实数 k 与向量 $\boldsymbol{x}, \boldsymbol{y}$,不妨设 $\boldsymbol{y}$ 为非零向量,由内积条件有

$$0 \leqslant (\boldsymbol{x}+k\boldsymbol{y}, \boldsymbol{x}+k\boldsymbol{y})=(\boldsymbol{x}, \boldsymbol{x})+2k(\boldsymbol{x}, \boldsymbol{y})+k^2(\boldsymbol{y}, \boldsymbol{y}).$$

将上式右端看作关于 k 的二次函数,则该函数的判别式非正,即

$$4(\boldsymbol{x}, \boldsymbol{y})^2-4(\boldsymbol{x}, \boldsymbol{x})(\boldsymbol{y}, \boldsymbol{y}) \leqslant 0,$$

从而$|(\boldsymbol{x}, \boldsymbol{y})| \leqslant \|\boldsymbol{x}\| \cdot \|\boldsymbol{y}\|$. 若等号成立,则上述关于 k 的二次函数存在实零点,因此 $\boldsymbol{x}+k\boldsymbol{y}=\boldsymbol{0}$, 即 x, y 线性相关.

定理 4.2(范数的基本性质) 设 V 是实内积空间,$\|\cdot\|$ 为由内积定义的范数,则

(1) 正定性:对任意 $\boldsymbol{x}\in V$, $\|\boldsymbol{x}\| \geqslant 0$,等号成立当且仅当 $\boldsymbol{x}=\boldsymbol{0}$;

(2) 齐次性:对任意 $k\in \mathbf{R}$, $\boldsymbol{x}\in V$, $\|k\boldsymbol{x}\|=|k|\cdot\|\boldsymbol{x}\|$;

(3) 三角不等式:对任意 $\boldsymbol{x}, \boldsymbol{y}\in V$, $\|\boldsymbol{x}\|+\|\boldsymbol{y}\| \geqslant \|\boldsymbol{x}+\boldsymbol{y}\|$,等号成立当且仅当 $\boldsymbol{x}, \boldsymbol{y}$ 线性相关.

证明 性质(1)和(2)都可以直接根据内积性质和范数定义得到,只需证明三角不等式. 事实上,对任意 $\boldsymbol{x}, \boldsymbol{y}\in V$,

$$\begin{aligned}\|\boldsymbol{x}+\boldsymbol{y}\|^2&=(\boldsymbol{x}+\boldsymbol{y}, \boldsymbol{x}+\boldsymbol{y})=\|\boldsymbol{x}\|^2+2(\boldsymbol{x}, \boldsymbol{y})+\|\boldsymbol{y}\|^2\\&\leqslant \|\boldsymbol{x}\|^2+2\|\boldsymbol{x}\|\cdot\|\boldsymbol{y}\|+\|\boldsymbol{y}\|^2,\end{aligned}$$

于是三角不等式成立,上式最后一个不等号利用了内积的 Cauchy 不等式.

定理 4.3 设$(\cdot, \cdot)$为实线性空间 V 上的内积,$\|\cdot\|$ 为由内积定义的范数,则

(1) 平行四边形恒等式:对任意 $\boldsymbol{x}, \boldsymbol{y}\in V$, $2(\|\boldsymbol{x}\|^2+\|\boldsymbol{y}\|^2)=\|\boldsymbol{x}+\boldsymbol{y}\|^2+\|\boldsymbol{x}-\boldsymbol{y}\|^2$.

(2) 极化恒等式:对任意 $\boldsymbol{x}, \boldsymbol{y}\in V$, $4(\boldsymbol{x}, \boldsymbol{y})=\|\boldsymbol{x}+\boldsymbol{y}\|^2-\|\boldsymbol{x}-\boldsymbol{y}\|^2$.

该定理的证明可以直接通过内积与范数的关系得到,留作习题.

注 上述定理在 $\mathbf{R}^2$ 和 $\mathbf{R}^3$ 中,恰为初等几何中的基本定理,于是这些定理可以看作初等几何基本定理在一般实内积空间上的推广. 对不同形式的内积,上述等式或不等式会派生出多种不同的形式,在抽象的代数对象上做微积分,正是泛函分析这一重要数学分支的基本思想和出发点.

根据 Cauchy 不等式,可以定义两个向量之间的夹角.

定义 4.3 实内积空间 V 中任意两个向量 $\boldsymbol{x}$, $\boldsymbol{y}$ 的夹角定义为

$$\arccos \frac{(\boldsymbol{x},\ \boldsymbol{y})}{\|\boldsymbol{x}\| \cdot \|\boldsymbol{y}\|}.$$

特别,当 $(\boldsymbol{x},\ \boldsymbol{y}) = 0$ 时,称向量 $\boldsymbol{x}$ 与 $\boldsymbol{y}$ **正交**.

在 2 维和 3 维欧氏空间中,如此定义的向量夹角,与几何上两个向量的夹角是一致的. 当两个非零向量正交时,显然这两个向量不共线,即线性无关. 一般地,有如下定理.

定理 4.4 设 $\boldsymbol{v}_1$, …, $\boldsymbol{v}_m$ 为实内积空间 V 中的一组两两正交的非零向量,则 $\boldsymbol{v}_1$, …, $\boldsymbol{v}_m$ 必定线性无关.

证明 设 $l_1\boldsymbol{v}_1 + \cdots + l_n\boldsymbol{v}_n = \mathbf{0}$,等式两边与 $\boldsymbol{v}_i$ 做内积,有

$$0 = \sum_{j=1}^{n} l_j(\boldsymbol{v}_i,\ \boldsymbol{v}_j) = l_i(\boldsymbol{v}_i,\ \boldsymbol{v}_i),$$

由 $\boldsymbol{v}_i$ 非零知 $l_i = 0$,由 i 的任意性,定理得证.

4.2 标准正交基、度量矩阵与正交补空间

2 维与 3 维欧氏空间中,在建立坐标系时,通常更愿意选择正交坐标基(即直角坐标系),本节我们将这一想法推广到一般的欧氏空间.

定义 4.4 若两两正交的向量组 $\boldsymbol{e}_1$, …, $\boldsymbol{e}_n$ 为欧氏空间 V 的一组基,则称 $\boldsymbol{e}_1$, …, $\boldsymbol{e}_n$ 为 V 的一组**正交基**. 进一步,若对一切 i, $\|\boldsymbol{e}_i\| = 1$, 则称这一组基为**标准正交基**.

我们有如下重要结论.

定理 4.5 对任何欧氏空间,标准正交基必定存在.

证明 任取欧氏空间的一组基 $\boldsymbol{v}_1$, …, $\boldsymbol{v}_n$,令

$$\begin{aligned}
\boldsymbol{f}_1 &= \boldsymbol{v}_1, \\
\boldsymbol{f}_2 &= \boldsymbol{v}_2 - \frac{(\boldsymbol{v}_2,\ \boldsymbol{f}_1)}{(\boldsymbol{f}_1,\ \boldsymbol{f}_1)}\boldsymbol{f}_1, \\
&\ \vdots \\
\boldsymbol{f}_n &= \boldsymbol{v}_n - \frac{(\boldsymbol{v}_n,\ \boldsymbol{f}_1)}{(\boldsymbol{f}_1,\ \boldsymbol{f}_1)}\boldsymbol{f}_1 - \frac{(\boldsymbol{v}_n,\ \boldsymbol{f}_2)}{(\boldsymbol{f}_2,\ \boldsymbol{f}_2)}\boldsymbol{f}_2 - \cdots - \frac{(\boldsymbol{v}_n,\ \boldsymbol{f}_{n-1})}{(\boldsymbol{f}_{n-1},\ \boldsymbol{f}_{n-1})}\boldsymbol{f}_{n-1}.
\end{aligned} \tag{4.3}$$

直接验证可得,$\boldsymbol{f}_1$, …, $\boldsymbol{f}_n$ 是非零的正交向量组,故 $\boldsymbol{f}_1$, …, $\boldsymbol{f}_n$ 是欧氏空间的一组正交

基. 再令 $\boldsymbol{e}_i=\dfrac{\boldsymbol{f}_i}{\|\boldsymbol{f}_i\|}(i=1,\cdots,n)$, 则 $\boldsymbol{e}_1,\cdots,\boldsymbol{e}_n$ 是欧氏空间的一组标准正交基(长度为1的向量也称为**单位向量**,最后一步称为向量的**单位化**).

该定理证明中,由任何一组基生成正交基的方法(4.3)称为 **Schmidt 正交化法**. 这一方法有明显的几何意义,向量 $\dfrac{(\boldsymbol{v}_i,\boldsymbol{f}_j)}{(\boldsymbol{f}_j,\boldsymbol{f}_j)}\boldsymbol{f}_j$ 恰为 $\boldsymbol{v}_i$ 在 $\boldsymbol{f}_j$ 方向上的正交投影.

选择正交基或标准正交基作为欧氏空间的基是很方便的,例如向量在正交基下的坐标分量可以通过正交投影直接得到.

定理 4.6 设 $\boldsymbol{f}_1,\cdots,\boldsymbol{f}_n$ 是欧氏空间 V 的一组正交基,对任何 $\boldsymbol{v}\in V$,有

$$\operatorname{crd}(\boldsymbol{v}:\boldsymbol{f}_1,\cdots,\boldsymbol{f}_n)=\left(\frac{(\boldsymbol{v},\boldsymbol{f}_1)}{(\boldsymbol{f}_1,\boldsymbol{f}_1)},\cdots,\frac{(\boldsymbol{v},\boldsymbol{f}_n)}{(\boldsymbol{f}_n,\boldsymbol{f}_n)}\right)^{\mathrm{T}},$$

即

$$\boldsymbol{v}=\sum_{i=1}^{n}\frac{(\boldsymbol{v},\boldsymbol{f}_i)}{(\boldsymbol{f}_i,\boldsymbol{f}_i)}\boldsymbol{f}_i.$$

证明 设 $\boldsymbol{v}=x_1\boldsymbol{f}_1+\cdots+x_n\boldsymbol{f}_n$, 等式两边与 $\boldsymbol{f}_i$ 做内积,有

$$(\boldsymbol{v},\boldsymbol{f}_i)=\sum_{j=1}^{n}x_j(\boldsymbol{f}_j,\boldsymbol{f}_i)=x_i(\boldsymbol{f}_i,\boldsymbol{f}_i).$$

得证.

进一步,如果选择欧氏空间的一组标准正交基,则空间上的内积与坐标的关系,恰为标准内积的定义式.

定理 4.7 设 $\boldsymbol{e}_1,\cdots,\boldsymbol{e}_n$ 为欧氏空间 V 的一组标准正交基,向量 $\boldsymbol{x},\boldsymbol{y}\in V$ 在这组基下的坐标分别为 $(x_1,\cdots,x_n)^{\mathrm{T}}$ 和 $(y_1,\cdots,y_n)^{\mathrm{T}}$,则

$$(\boldsymbol{x},\boldsymbol{y})=\sum_{i=1}^{n}x_iy_i.$$

证明 直接计算有

$$(\boldsymbol{x},\boldsymbol{y})=\Big(\sum_{i=1}^{n}x_i\boldsymbol{e}_i,\sum_{j=1}^{n}y_j\boldsymbol{e}_j\Big)=\sum_{i=1}^{n}\sum_{j=1}^{n}x_iy_j(\boldsymbol{e}_i,\boldsymbol{e}_j)=\sum_{i=1}^{n}x_iy_i.$$

由这个定理我们可以得到,所有的欧氏空间上的内积本质上都是 $\mathbf{R}^n$ 上的标准内积. 假如选择的不是标准正交基,那么由下面的定理可以得出,此时内积与坐标的关系必定可写成例 4.2 的形式.

定理 4.8 设 $\boldsymbol{f}_1,\cdots,\boldsymbol{f}_n$ 是欧氏空间 V 的一组基,对任何 $\boldsymbol{x},\boldsymbol{y}\in V$,其坐标 $\boldsymbol{X}=\operatorname{crd}(\boldsymbol{x},\boldsymbol{f}_1,\cdots,\boldsymbol{f}_n)=(x_1,\cdots,x_n)^{\mathrm{T}}$, $\boldsymbol{Y}=\operatorname{crd}(\boldsymbol{y},\boldsymbol{f}_1,\cdots,\boldsymbol{f}_n)=(y_1,\cdots,y_n)^{\mathrm{T}}$, 则

$$(\boldsymbol{x},\boldsymbol{y})=\boldsymbol{X}^{\mathrm{T}}\boldsymbol{G}\boldsymbol{Y},$$

这里 $\boldsymbol{G}=((\boldsymbol{f}_i,\boldsymbol{f}_j))_{1\leqslant i,j\leqslant n}$ 是正定矩阵,称为基 $\boldsymbol{f}_1,\cdots,\boldsymbol{f}_n$ 下的**度量矩阵**.

证明 直接计算有

$$(\boldsymbol{x}, \boldsymbol{y}) = \left(\sum_{i=1}^{n} x_i \boldsymbol{f}_i, \sum_{j=1}^{n} y_j \boldsymbol{f}_j\right) = \sum_{i=1}^{n}\sum_{j=1}^{n} x_i y_j (\boldsymbol{f}_i, \boldsymbol{f}_j) = \boldsymbol{X}^{\mathrm{T}}\boldsymbol{G}\boldsymbol{Y}.$$

$\boldsymbol{G}$ 的正定性可由内积的基本性质立即得到.

同一个内积在不同基下,度量矩阵通常是不同的,它们之间满足合同关系.

定理 4.9 设 $\boldsymbol{v}_1, \cdots, \boldsymbol{v}_n$ 和 $\boldsymbol{w}_1, \cdots, \boldsymbol{w}_n$ 分别是欧氏空间 V 的两组基,这两组基下的度量矩阵分别为 $\boldsymbol{G}$ 和 $\widetilde{\boldsymbol{G}}$,设 $\boldsymbol{T}$ 为由 $\boldsymbol{v}_1, \cdots, \boldsymbol{v}_n$ 到 $\boldsymbol{w}_1, \cdots, \boldsymbol{w}_n$ 的过渡矩阵,则 $\widetilde{\boldsymbol{G}} = \boldsymbol{T}^{\mathrm{T}}\boldsymbol{G}\boldsymbol{T}$.

证明 任取 $\boldsymbol{x}, \boldsymbol{y} \in V$,设

$$\boldsymbol{X} = \mathrm{crd}(\boldsymbol{x} : \boldsymbol{v}_1, \cdots, \boldsymbol{v}_n), \quad \boldsymbol{Y} = \mathrm{crd}(\boldsymbol{y} : \boldsymbol{v}_1, \cdots, \boldsymbol{v}_n);$$

$$\widetilde{\boldsymbol{X}} = \mathrm{crd}(\boldsymbol{x} : \boldsymbol{w}_1, \cdots, \boldsymbol{w}_n), \quad \widetilde{\boldsymbol{Y}} = \mathrm{crd}(\boldsymbol{y} : \boldsymbol{w}_1, \cdots, \boldsymbol{w}_n),$$

则 $\boldsymbol{X} = \boldsymbol{T}\widetilde{\boldsymbol{X}}, \boldsymbol{Y} = \boldsymbol{T}\widetilde{\boldsymbol{Y}}$, 于是

$$(\boldsymbol{x}, \boldsymbol{y}) = \boldsymbol{X}^{\mathrm{T}}\boldsymbol{G}\boldsymbol{Y} = (\boldsymbol{T}\widetilde{\boldsymbol{X}})^{\mathrm{T}}\boldsymbol{G}(\boldsymbol{T}\widetilde{\boldsymbol{Y}}) = \widetilde{\boldsymbol{X}}^{\mathrm{T}}(\boldsymbol{T}^{\mathrm{T}}\boldsymbol{G}\boldsymbol{T})\widetilde{\boldsymbol{Y}}.$$

另一方面 $(\boldsymbol{x}, \boldsymbol{y}) = \widetilde{\boldsymbol{X}}^{\mathrm{T}}\widetilde{\boldsymbol{G}}\widetilde{\boldsymbol{Y}}$, 由 $\boldsymbol{x}, \boldsymbol{y}$ 的任意性得 $\widetilde{\boldsymbol{G}} = \boldsymbol{T}^{\mathrm{T}}\boldsymbol{G}\boldsymbol{T}$.

结合标准正交基的存在性定理 4.5,有如下推论.

推论 4.1 所有正定矩阵都与单位矩阵合同.

对无穷维内积空间,同样可以引进正交基,下面是一个著名的例子.

例 4.4 在 $\mathrm{C}([-\pi, \pi])$ 上按(4.2)定义内积,则 $1, \cos x, \sin x, \cdots, \cos nx, \sin nx, \cdots$ 是一组正交向量,这正是 **Fourier 级数**的代数背景. 根据 Fourier 级数的理论,任何一个定义在 $[-\pi, \pi]$ 上的连续函数 $f(x)$(事实上,还可以进一步放宽为平方可积函数),都可以写为

$$f(x) = a_0 + \sum_{n=1}^{\infty} (a_n \cos nx + b_n \sin nx), \tag{4.4}$$

这里

$$\begin{aligned} a_0 &= \frac{1}{2\pi}\int_{-\pi}^{\pi} f(x)\mathrm{d}x = \frac{(f(x), 1)}{(1, 1)}, \\ a_n &= \frac{1}{\pi}\int_{-\pi}^{\pi} f(x)\cos nx\,\mathrm{d}x = \frac{(f(x), \cos nx)}{(\cos nx, \cos nx)}, \\ b_n &= \frac{1}{\pi}\int_{-\pi}^{\pi} f(x)\sin nx\,\mathrm{d}x = \frac{(f(x), \sin nx)}{(\sin nx, \sin nx)}. \end{aligned} \tag{4.5}$$

根据式(4.4),$1, \cos x, \sin x, \cdots, \cos nx, \sin nx, \cdots$就是 $\mathrm{C}([-\pi, \pi])$ 的一组正交基,无穷维线性空间区别于有限维线性空间的地方在于如何定义向量的无穷级数(注意式(4.4)右端并不能简单地看作逐点的数项级数,熟悉微积分的读者不难发现,当 $f(\pi) \neq f(-\pi)$ 时,右端级数的值与左端函数值并不相等),限于本书的范围,此处不再展开.

一个空间的标准正交基同样不是唯一的,如同 2 维欧氏空间中将任意一个直角坐标系旋转后仍为直角坐标系一样.

通过标准正交基,可以构造欧氏空间的一种重要的子空间直和分解.

定义 4.5 设 W 是欧氏空间 V 的子空间,记 $W^{\perp}$ 为一切与 W 中向量都正交的向量所成

的集合,称为 W 在 V 中的**正交补空间**.

定理 4.10 设 W 是欧氏空间 V 的子空间,则 V 有直和分解 $V=W\oplus W^{\perp}$.

证明 设 $\boldsymbol{w}_1, \cdots, \boldsymbol{w}_k$ 为 W 的标准正交基,将其扩充为 V 的基 $\boldsymbol{w}_1, \cdots, \boldsymbol{w}_k, \boldsymbol{w}_{k+1}, \cdots, \boldsymbol{w}_n$,并设这组基也是标准正交的(否则可通过 Schmidt 正交化法将其正交化),令 $W'=\operatorname{span}\{\boldsymbol{w}_{k+1}, \cdots, \boldsymbol{w}_n\}$,则 $V=W\oplus W'$. 以下证明 $W'=W^{\perp}$.

因对一切 $i\in\{k+1, \cdots, n\}$, $\boldsymbol{w}_i$ 与一切 W 中元素正交,故 $\boldsymbol{w}_i\in W^{\perp}$,从而 $W'\subset W^{\perp}$. 而对一切 $\boldsymbol{w}'\in W^{\perp}$,设 $\boldsymbol{w}'=l_1\boldsymbol{w}_1+\cdots+l_n\boldsymbol{w}_n$,且 $\boldsymbol{w}'$ 与 W 中一切向量都正交,特别,必与 $\boldsymbol{w}_i$ $(1\leqslant i\leqslant k)$ 正交,从而 $0=(\boldsymbol{w}', \boldsymbol{w}_i)=l_i$,故 $\boldsymbol{w}'=l_{k+1}\boldsymbol{w}_{k+1}+\cdots+l_n\boldsymbol{w}_n\in W'$,即 $W^{\perp}\subset W'$.

通过正交补空间,可以得到如下重要结论.

定理 4.11 设 W 是欧氏空间 V 的子空间, $\boldsymbol{v}$ 为 V 中任意取定的向量,则定义在 W 上的函数 $d(\boldsymbol{w})=\|\boldsymbol{w}-\boldsymbol{v}\|$ 可唯一地取到最小值,最小值取到当且仅当 $\boldsymbol{v}-\boldsymbol{w}\in W^{\perp}$.

证明 取 $\boldsymbol{v}$ 在直和分解 $V=W\oplus W^{\perp}$ 下的唯一分解 $\boldsymbol{v}=\boldsymbol{v}_1+\boldsymbol{v}_2$,这里 $\boldsymbol{v}_1\in W$, $\boldsymbol{v}_2\in W^{\perp}$,于是

$$\begin{aligned}\|\boldsymbol{v}-\boldsymbol{w}\|^2&=((\boldsymbol{v}_1-\boldsymbol{w})+\boldsymbol{v}_2, (\boldsymbol{v}_1-\boldsymbol{w})+\boldsymbol{v}_2)\\&=\|\boldsymbol{v}_1-\boldsymbol{w}\|^2+\|\boldsymbol{v}_2\|^2+2(\boldsymbol{v}_1-\boldsymbol{w}, \boldsymbol{v}_2)\\&=\|\boldsymbol{v}_1-\boldsymbol{w}\|^2+\|\boldsymbol{v}_2\|^2\geqslant\|\boldsymbol{v}_2\|^2,\end{aligned}\tag{4.6}$$

等号成立当且仅当 $\boldsymbol{v}_1=\boldsymbol{w}$,即 $\boldsymbol{w}$ 是唯一的, $\boldsymbol{w}=\boldsymbol{v}_1$ 当且仅当 $\boldsymbol{v}-\boldsymbol{w}\in W^{\perp}$.

从几何上看,这个定理就是"点到平面(或直线)的距离垂线段最短"在一般内积空间上的推广. 恒等式(4.6)就是一般欧氏空间中的余弦定理.

4.3 正交变换

本节研究欧氏空间上的一种特殊的线性变换.

定义 4.6 设 $\mathscr{A}$ 为欧氏空间 V 上的线性变换,满足对任何 $\boldsymbol{v}\in V$,有 $\|\mathscr{A}\boldsymbol{v}\|=\|\boldsymbol{v}\|$,则称 $\mathscr{A}$ 为 V 上的**正交变换**.

由定义,正交变换是保持向量范数不变的线性变换. 事实上正交变换不仅保持向量范数不变,还保持向量内积不变,于是也保持向量夹角及空间中任何两点之间的距离不变.

定理 4.12 设 $\mathscr{A}$ 是欧氏空间 V 上的正交变换,则对任何 $\boldsymbol{x}, \boldsymbol{y}\in V$,有 $(\mathscr{A}\boldsymbol{x}, \mathscr{A}\boldsymbol{y})=(\boldsymbol{x}, \boldsymbol{y})$.

证明 由极化恒等式 $4(\boldsymbol{x}, \boldsymbol{y})=\|\boldsymbol{x}+\boldsymbol{y}\|^2-\|\boldsymbol{x}-\boldsymbol{y}\|^2$,有

$$\begin{aligned}(\mathscr{A}\boldsymbol{x}, \mathscr{A}\boldsymbol{y})&=\frac{1}{4}(\|\mathscr{A}\boldsymbol{x}+\mathscr{A}\boldsymbol{y}\|^2-\|\mathscr{A}\boldsymbol{x}-\mathscr{A}\boldsymbol{y}\|^2)\\&=\frac{1}{4}(\|\mathscr{A}(\boldsymbol{x}+\boldsymbol{y})\|^2-\|\mathscr{A}(\boldsymbol{x}-\boldsymbol{y})\|^2)\\&=\frac{1}{4}(\|\boldsymbol{x}+\boldsymbol{y}\|^2-\|\boldsymbol{x}-\boldsymbol{y}\|^2)=(\boldsymbol{x}, \boldsymbol{y}).\end{aligned}$$

推论 4.2 欧氏空间上的线性变换是正交变换,当且仅当它将欧氏空间的标准正交基变为标准正交基,当且仅当它在标准正交基下的矩阵为正交矩阵.

证明 设 $\mathscr{A}$ 是欧氏空间 V 上的正交变换,$\boldsymbol{e}_1, \cdots, \boldsymbol{e}_n$ 是 V 的一组标准正交基,则 $\mathscr{A}\boldsymbol{e}_1, \cdots, \mathscr{A}\boldsymbol{e}_n$ 也是 V 的一组两两正交的单位向量组,于是也是 V 上的标准正交基. 又 $\mathscr{A}$ 在基 $\boldsymbol{e}_1, \cdots, \boldsymbol{e}_n$ 下的矩阵为

$$\mathbf{A} = (\mathrm{crd}(\mathscr{A}\boldsymbol{e}_1 : \boldsymbol{e}_1, \cdots, \boldsymbol{e}_n), \cdots, \mathrm{crd}(\mathscr{A}\boldsymbol{e}_n : \boldsymbol{e}_1, \cdots, \boldsymbol{e}_n)),$$

在标准正交基下,内积与坐标的关系为 $\mathbf{R}^n$ 上的标准内积关系,于是对一切 $1 \leqslant i, j \leqslant n$,

$$\mathrm{crd}(\mathscr{A}\boldsymbol{e}_i : \boldsymbol{e}_1, \cdots, \boldsymbol{e}_n)^{\mathrm{T}}\mathrm{crd}(\mathscr{A}\boldsymbol{e}_j : \boldsymbol{e}_1, \cdots, \boldsymbol{e}_n) = (\boldsymbol{e}_i, \boldsymbol{e}_j) = \delta_{ij},$$

从而 $\mathbf{A}^{\mathrm{T}}\mathbf{A} = \boldsymbol{E}$, 即 $\mathbf{A}$ 为正交矩阵.

反之,若线性变换 $\mathscr{A}$ 在标准正交基下的矩阵为正交矩阵 $\mathbf{A}$,则 $\mathscr{A}$ 将标准正交基变为标准正交基,且对任何向量 $\boldsymbol{x}$,设其坐标为 $\boldsymbol{X}$,有

$$\| \mathscr{A}\boldsymbol{x} \|^2 = (\mathscr{A}\boldsymbol{x}, \mathscr{A}\boldsymbol{x}) = (\boldsymbol{AX})^{\mathrm{T}}(\boldsymbol{AX}) = \boldsymbol{X}^{\mathrm{T}}\boldsymbol{A}^{\mathrm{T}}\boldsymbol{AX} = \boldsymbol{X}^{\mathrm{T}}\boldsymbol{X} = (\boldsymbol{x}, \boldsymbol{x}),$$

从而 $\mathscr{A}$ 为正交变换.

推论 4.3 由标准正交基到标准正交基的过渡矩阵为正交矩阵.

证明 只需注意到由标准正交基到标准正交基的过渡矩阵,与将标准正交基变为标准正交基的线性变换的矩阵等同.

因正交矩阵的行列式必为± 1,于是正交变换的行列式必为± 1.

定义 4.7 行列式为 1 的正交变换(矩阵)称为**第一类正交变换(矩阵)**,行列式为-1的正交变换(矩阵)称为**第二类正交变换(矩阵)**. 全体 n 阶正交矩阵构成的集合记为 $O(n)$,全体第一类 n 阶正交矩阵构成的集合记为 $SO(n)$.

定理 4.13 (第一类)正交变换是可逆的,且其逆变换也是(第一类)正交变换.(第一类)正交变换的复合是(第一类)正交变换.

证明 只需利用(第一类)正交矩阵的逆和乘积都是(第一类)正交矩阵即可.

例 4.5 $\mathbf{R}^2$ 上的旋转与反射变换都是正交变换,其中旋转变换是第一类的,反射变换是第二类的.

$\mathbf{R}^2$ 上的反射可以推广到高维欧氏空间.

定理 4.14 设 $\boldsymbol{n}$ 为 $\mathbf{R}^n$ 中给定的单位向量,则一切与 $\boldsymbol{n}$ 正交的向量构成$(n-1)$维子空间 W(n 维线性空间的$(n-1)$维子空间也称为一个**超平面**),$\boldsymbol{n}$ 称为该超平面 W 的单位法向量,线性变换 $\mathscr{A}\boldsymbol{v} = \boldsymbol{v} - 2(\boldsymbol{v}, \boldsymbol{n})\boldsymbol{n}$ 是一个第二类正交变换,称为关于超平面 W 的**镜面反射**. 进一步,设 $\boldsymbol{n}$ 在某标准正交基下的坐标为 $\mathbf{N}$,则 $\mathscr{A}$ 在该标准正交基下的矩阵为 $\boldsymbol{E} - 2\mathbf{N}\mathbf{N}^{\mathrm{T}}$,这一类矩阵称为 **Householder 矩阵**.

证明 显然 $W = \mathrm{span}\{\boldsymbol{n}\}^{\perp}$,故 $\dim W = n-1$. 对一切 $\boldsymbol{v} \in V$,有

$$\begin{aligned}\| \mathscr{A}\boldsymbol{v} \|^2 &= (\mathscr{A}\boldsymbol{v}, \mathscr{A}\boldsymbol{v}) = (\boldsymbol{v} - 2(\boldsymbol{v}, \boldsymbol{n})\boldsymbol{n}, \boldsymbol{v} - 2(\boldsymbol{v}, \boldsymbol{n})\boldsymbol{n}) \\ &= (\boldsymbol{v}, \boldsymbol{v}) + 4(\boldsymbol{v}, \boldsymbol{n})^2(\boldsymbol{n}, \boldsymbol{n}) - 4(\boldsymbol{v}, \boldsymbol{n})(\boldsymbol{v}, \boldsymbol{n}) = (\boldsymbol{v}, \boldsymbol{v}) \\ &= \| \boldsymbol{v} \|^2,\end{aligned}$$

故 $\mathscr{A}$ 是正交变换. 取 $\mathbf{R}^n$ 的一组标准正交基,设 $\boldsymbol{v}$ 与 $\boldsymbol{n}$ 在这组基下的坐标分别为 $\mathbf{V}$ 与 $\mathbf{N}$,则

$\mathscr{A}v$ 在这组基下的坐标为

$$V-2(\boldsymbol{v},\boldsymbol{n})N=V-2(N^{\mathrm{T}}V)N=V-2N(N^{\mathrm{T}}V)=(E-2NN^{\mathrm{T}})V,$$

即 $\mathscr{A}$ 在这组标准正交基下的矩阵为 $E-2NN^{\mathrm{T}}$.

最后证 $\mathscr{A}$ 是第二类正交变换,即证明 $\mathscr{A}$ 的行列式为 -1. 取 $\boldsymbol{w}_1,\cdots,\boldsymbol{w}_{n-1}$ 为 W 的一组基,于是 $\boldsymbol{w}_1,\cdots,\boldsymbol{w}_{n-1},\boldsymbol{n}$ 是 $\mathbf{R}^n$ 的一组基. 注意到

$$\mathscr{A}\boldsymbol{w}_i=\boldsymbol{w}_i-2(\boldsymbol{w}_i,\boldsymbol{n})\boldsymbol{n}=\boldsymbol{w}_i=1\cdot\boldsymbol{w}_i,\qquad 对一切 1\leqslant i\leqslant n-1,$$

$$\mathscr{A}\boldsymbol{n}=\boldsymbol{n}-2(\boldsymbol{n},\boldsymbol{n})\boldsymbol{n}=-\boldsymbol{n}=(-1)\cdot\boldsymbol{n},$$

从而 $\mathscr{A}$ 在基 $\boldsymbol{w}_1,\cdots,\boldsymbol{w}_{n-1},\boldsymbol{n}$ 下的矩阵为 $\mathrm{diag}(1,\cdots,1,-1)$,于是其行列式为 -1.

上一段证明蕴含了 $\boldsymbol{w}_1,\cdots,\boldsymbol{w}_{n-1},\boldsymbol{n}$ 是 $\mathscr{A}$ 的特征向量,其对应特征值为 $1,\cdots,1,-1$. 对一般的正交矩阵,我们有以下结论.

定理 4.15 一切正交矩阵的特征值必为单位复数 $\mathrm{e}^{\mathrm{i}\theta}$,特别,如存在实特征值,只可能为 ±1.

证明 设 λ 为正交矩阵 A 的特征值,$\boldsymbol{x}$ 为相应的特征向量.

若 $\lambda\in\mathbf{R}$,则可设 $\boldsymbol{x}\in\mathbf{R}^n$,则由正交变换保持向量范数不变,有

$$\|\boldsymbol{x}\|=\|A\boldsymbol{x}\|=\|\lambda\boldsymbol{x}\|=|\lambda|\cdot\|\boldsymbol{x}\|,$$

于是 $|\lambda|=1$,即 $\lambda=\pm1$.

若 $\lambda\in\mathbf{C}$,则 $\bar{\lambda}\bar{\boldsymbol{x}}=\overline{\lambda\boldsymbol{x}}=\overline{A\boldsymbol{x}}=A\bar{\boldsymbol{x}}$,于是 $\bar{\lambda}$ 也是 A 的特征值,相应的特征向量为 $\bar{\boldsymbol{x}}$,此时 $\mathrm{Re}\,\boldsymbol{x}=\dfrac{\boldsymbol{x}+\bar{\boldsymbol{x}}}{2}$, $\mathrm{Im}\,\boldsymbol{x}=\dfrac{\boldsymbol{x}-\bar{\boldsymbol{x}}}{2\mathrm{i}}$ 都是实向量, 于是

$$(A\,\mathrm{Re}\,\boldsymbol{x},A\,\mathrm{Re}\,\boldsymbol{x})=\|\mathrm{Re}\,\boldsymbol{x}\|^2,\quad (A\,\mathrm{Im}\,\boldsymbol{x},A\,\mathrm{Im}\,\boldsymbol{x})=\|\mathrm{Im}\,\boldsymbol{x}\|^2,$$

两式相加得

$$(A\,\mathrm{Re}\,\boldsymbol{x},A\,\mathrm{Re}\,\boldsymbol{x})+(A\,\mathrm{Im}\,\boldsymbol{x},A\,\mathrm{Im}\,\boldsymbol{x})=\|\mathrm{Re}\,\boldsymbol{x}\|^2+\|\mathrm{Im}\,\boldsymbol{x}\|^2=\boldsymbol{x}^{\mathrm{T}}\bar{\boldsymbol{x}}.$$

另一方面

$$\begin{aligned}(A\,\mathrm{Re}\,\boldsymbol{x},A\,\mathrm{Re}\,\boldsymbol{x})&=\frac{1}{4}(\lambda\boldsymbol{x}+\bar{\lambda}\bar{\boldsymbol{x}},\lambda\boldsymbol{x}+\bar{\lambda}\bar{\boldsymbol{x}})\\&=\frac{1}{4}(2|\lambda|\boldsymbol{x}^{\mathrm{T}}\bar{\boldsymbol{x}}+\lambda^2\boldsymbol{x}^{\mathrm{T}}\boldsymbol{x}+\bar{\lambda}^2\bar{\boldsymbol{x}}^{\mathrm{T}}\bar{\boldsymbol{x}}),\end{aligned}$$

$$\begin{aligned}(A\,\mathrm{Im}\,\boldsymbol{x},A\,\mathrm{Im}\,\boldsymbol{x})&=\frac{1}{4}(\mathrm{i}(\lambda\boldsymbol{x}-\bar{\lambda}\bar{\boldsymbol{x}}),\mathrm{i}(\lambda\boldsymbol{x}-\bar{\lambda}\bar{\boldsymbol{x}}))\\&=\frac{1}{4}(2|\lambda|\boldsymbol{x}^{\mathrm{T}}\bar{\boldsymbol{x}}-\lambda^2\boldsymbol{x}^{\mathrm{T}}\boldsymbol{x}-\bar{\lambda}^2\bar{\boldsymbol{x}}^{\mathrm{T}}\bar{\boldsymbol{x}}),\end{aligned}$$

两式相加得

$$(A\,\mathrm{Re}\,\boldsymbol{x},A\,\mathrm{Re}\,\boldsymbol{x})+(A\,\mathrm{Im}\,\boldsymbol{x},A\,\mathrm{Im}\,\boldsymbol{x})=|\lambda|^2\boldsymbol{x}^{\mathrm{T}}\bar{\boldsymbol{x}}.$$

比较两个和式得到 λ 为单位复数 $\mathrm{e}^{\mathrm{i}\theta}$.

在应用中,$\mathbf{R}^2$ 和 $\mathbf{R}^3$ 上的正交变换是最常见的,下面给出这两个空间上正交变换的矩阵

标准型.

定理 4.16 对 $\mathbf{R}^2$ 上的正交变换,必定存在一组标准正交基,使得该正交变换在这组基下的矩阵为

$$P_1=\begin{pmatrix}\cos\theta & -\sin\theta\\ \sin\theta & \cos\theta\end{pmatrix} \quad 或 \quad P_2=\begin{pmatrix}1 & 0\\ 0 & -1\end{pmatrix}.$$

证明 设 $\mathscr{A}$ 为 $\mathbf{R}^2$ 上的正交变换,按其行列式,分两种情况讨论.

(1) $\mathscr{A}$ 的行列式为 -1,即其特征值的乘积为 -1,从而其必有两个实特征值(否则 2 阶实方阵的两个复特征值必互为共轭,其乘积为正数). 不妨设 $\lambda_1=1$, $\lambda_2=-1$ 为这两个实特征值,$\boldsymbol{e}_1$, $\boldsymbol{e}_2$ 为相应的单位特征向量,于是 $\mathscr{A}$ 在基 $\boldsymbol{e}_1$, $\boldsymbol{e}_2$ 下的矩阵为 $\boldsymbol{P}_2$. 再由正交变换保持内积不变,得

$$(\boldsymbol{e}_1,\boldsymbol{e}_2)=(\mathscr{A}\boldsymbol{e}_1,\mathscr{A}\boldsymbol{e}_2)=(\boldsymbol{e}_1,-\boldsymbol{e}_2)=-(\boldsymbol{e}_1,\boldsymbol{e}_2),$$

故 $(\boldsymbol{e}_1,\boldsymbol{e}_2)=0$,即 $\boldsymbol{e}_1$, $\boldsymbol{e}_2$ 是标准正交基.

(2) $\mathscr{A}$ 的行列式为 1. 任一组标准正交基 $\boldsymbol{e}_1$, $\boldsymbol{e}_2$,设 $\mathscr{A}$ 在这组基下的矩阵为

$$\boldsymbol{A}=\begin{pmatrix}a & b\\ c & d\end{pmatrix}.$$

因 $\boldsymbol{A}$ 须为正交矩阵,故 $a^2+c^2=b^2+d^2=1$, $ab+cd=0$,于是可设 $a=\cos\theta_1$, $c=\sin\theta_1$, $b=\cos\theta_2$, $d=\sin\theta_2$,从而

$$0=\cos\theta_1\cos\theta_2+\sin\theta_1\sin\theta_2=\cos(\theta_1-\theta_2),$$

故可令 $\theta_1=\theta_2+\dfrac{\pi}{2}$,代入 $\boldsymbol{A}$ 即得 $\boldsymbol{A}=\boldsymbol{P}_1$.

定理 4.17 对 $\mathbf{R}^3$ 上的正交变换,必定存在一组标准正交基,使得该正交变换在这组基下的矩阵为

$$Q_1=\begin{pmatrix}1 & & \\ & \cos\theta & -\sin\theta\\ & \sin\theta & \cos\theta\end{pmatrix} \quad 或 \quad Q_2=\begin{pmatrix}-1 & & \\ & \cos\theta & -\sin\theta\\ & \sin\theta & \cos\theta\end{pmatrix}.$$

证明 因三阶实矩阵的特征多项式为 3 次多项式,故由连续函数的介值定理知其必有一个实零点,即 $\mathbf{R}^3$ 上线性变换至少有一个实特征值,由定理 4.15 知其为 ±1. 设 $\mathscr{A}$ 为 $\mathbf{R}^3$ 上的正交变换,设 $\boldsymbol{e}_1$ 为实特征值 λ_1 对应的单位特征向量. 令 $W=\mathrm{span}\{\boldsymbol{e}_1\}^{\perp}$,任取 $\boldsymbol{w}\in W$,由

$$0=(\boldsymbol{e}_1,\boldsymbol{w})=(\mathscr{A}\boldsymbol{e}_1,\mathscr{A}\boldsymbol{w})=(\pm\boldsymbol{e}_1,\mathscr{A}\boldsymbol{w}),$$

故 $\mathscr{A}\boldsymbol{w}\in W$,即 W 是 $\mathscr{A}$ 的不变子空间,故 $\mathscr{A}$ 限制在 W 上可看作 W 上的正交变换. 任取 W 的一组基 $\boldsymbol{w}_1$, $\boldsymbol{w}_2$,则 $\mathscr{A}$ 在基 $\boldsymbol{e}_1$, $\boldsymbol{w}_1$, $\boldsymbol{w}_2$ 下的矩阵为

$$\boldsymbol{A}=\begin{pmatrix}\lambda_1 & \\ & \boldsymbol{A}_1\end{pmatrix}.$$

以下分 4 种情况讨论.

(1) $\mathscr{A}$的行列式为 1 且 $\lambda_1=1$，则 $\boldsymbol{A}_1$ 的行列式为 1，即 $\mathscr{A}$限制在 W 上的行列式为 1，从而根据定理 4.16 知，将 $\boldsymbol{w}_1$, $\boldsymbol{w}_2$ 取为 W 的标准正交基 $\boldsymbol{e}_2$, $\boldsymbol{e}_3$，则 $\boldsymbol{A}_1=\boldsymbol{P}_1$，于是 $\mathscr{A}$在标准正交基 $\boldsymbol{e}_1$, $\boldsymbol{e}_2$, $\boldsymbol{e}_3$ 下的矩阵为 $\boldsymbol{Q}_1$.

(2) $\mathscr{A}$的行列式为 -1 且 $\lambda_1=-1$，则 $\boldsymbol{A}_1$ 的行列式为 1，即 $\mathscr{A}$限制在 W 上的行列式为 1，从而根据定理 4.16 知，将 $\boldsymbol{w}_1$, $\boldsymbol{w}_2$ 取为 W 的标准正交基 $\boldsymbol{e}_2$, $\boldsymbol{e}_3$，则 $\boldsymbol{A}_1=\boldsymbol{P}_1$，于是 $\mathscr{A}$在标准正交基 $\boldsymbol{e}_1$, $\boldsymbol{e}_2$, $\boldsymbol{e}_3$ 下的矩阵为 $\boldsymbol{Q}_2$.

(3) $\mathscr{A}$的行列式为 1 且 $\lambda_1=-1$，此时 $\boldsymbol{A}_1$ 的行列式为 -1，即 $\mathscr{A}$限制在 W 上的行列式为 -1，从而根据定理 4.16 知，将 $\boldsymbol{w}_1$, $\boldsymbol{w}_2$ 取为 W 的标准正交基 $\boldsymbol{e}_2$, $\boldsymbol{e}_3$，则 $\boldsymbol{A}_1=\boldsymbol{P}_2$，于是 $\mathscr{A}$在基 $\boldsymbol{e}_2$, $\boldsymbol{e}_1$, $\boldsymbol{e}_3$ 下的矩阵为 $\boldsymbol{Q}_1$，此时 $\theta=\pi$.

(4) $\mathscr{A}$的行列式为 -1 且 $\lambda_1=1$，此时 A_1 的行列式为 -1，即 $\mathscr{A}$限制在 W 上的行列式为 -1，从而根据定理 4.16 知，将 $\boldsymbol{w}_1$, $\boldsymbol{w}_2$ 取为 W 的标准正交基 $\boldsymbol{e}_2$, $\boldsymbol{e}_3$，则 $\boldsymbol{A}_1=\boldsymbol{P}_2$，于是 $\mathscr{A}$在基 $\boldsymbol{e}_3$, $\boldsymbol{e}_1$, $\boldsymbol{e}_2$ 下的矩阵为 $\boldsymbol{Q}_2$，此时 $\theta=\pi$.

上述 $\boldsymbol{P}_1$, $\boldsymbol{P}_2$, $\boldsymbol{Q}_1$, $\boldsymbol{Q}_2$ 分别称为 2 阶与 3 阶正交矩阵的相似标准型. 利用 2 阶和 3 阶正交矩阵的相似标准型，结合归纳法，可以给出 n 阶正交矩阵的相似标准型，证明略去.

定理 4.18 对 $\mathbf{R}^n$ 上的正交变换，必定存在一组标准正交基，使得该正交变换在这组基下的矩阵为

$$\operatorname{diag}(\boldsymbol{R}_1, \cdots, \boldsymbol{R}_k, \lambda_1, \cdots, \lambda_{n-2k}), \tag{4.8}$$

这里 $0 \leqslant k \leqslant n$ 为确定的整数，$\lambda_j=\pm 1\ (1 \leqslant j \leqslant n-2k)$，

$$\boldsymbol{R}_i=\begin{pmatrix}\cos\theta_i & -\sin\theta_i\\ \sin\theta_i & \cos\theta_i\end{pmatrix}\quad(1 \leqslant i \leqslant k).$$

推论 4.4 任何 n 阶正交矩阵必定相似且合同于式(4.8).

借助上面的定理，立即得到在物理、化学、工程中都有广泛应用的正交矩阵的 Euler 角表示，证明留作习题.

定理 4.19(Euler 角) 任何一个第一类正交矩阵 $\boldsymbol{A}$，一定可以分解为如下形式

$$\boldsymbol{A}=\begin{pmatrix}\cos\alpha & -\sin\alpha & \\ \sin\alpha & \cos\alpha & \\ & & 1\end{pmatrix}\begin{pmatrix}1 & & \\ & \cos\beta & -\sin\beta\\ & \sin\beta & \cos\beta\end{pmatrix}\begin{pmatrix}\cos\gamma & -\sin\gamma & \\ \sin\gamma & \cos\gamma & \\ & & 1\end{pmatrix}, \tag{4.7}$$

这里 α, β, γ 为实数(图 4-1)，称为正交矩阵 $\boldsymbol{A}$ 的 **Euler 角**.

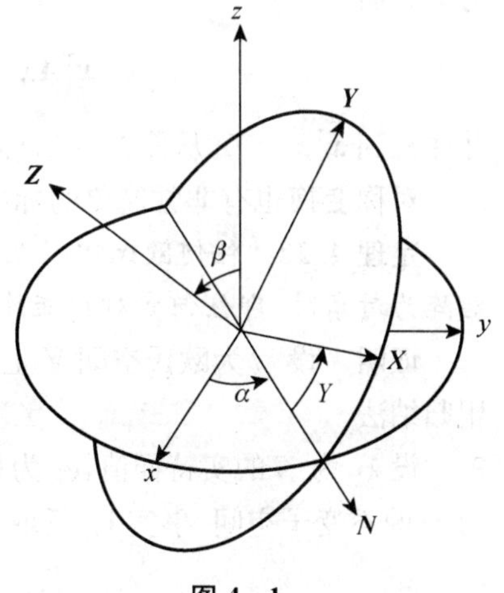

图 4-1

4.4 对称变换

本节研究欧氏空间上另一种特殊的线性变换.

定义 4.8 设 $\mathscr{A}$ 为欧氏空间 V 上的线性变换,满足对任何 $\boldsymbol{x}, \boldsymbol{y} \in V$,有 $(\mathscr{A}\boldsymbol{x}, \boldsymbol{y}) = (\boldsymbol{x}, \mathscr{A}\boldsymbol{y})$,则 $\mathscr{A}$ 称为**对称变换**.

类似正交变换,有下面的定理.

定理 4.20 欧氏空间上的线性变换是对称变换,当且仅当它在标准正交基下的矩阵为实对称矩阵.

证明 设 $\mathscr{A}$ 为欧氏空间 V 上的对称变换,$\boldsymbol{e}_1, \cdots, \boldsymbol{e}_n$ 为 V 的一组标准正交基,$\boldsymbol{A}$ 为 $\mathscr{A}$ 在这组基下的矩阵. 因

$$\operatorname{ent}_{ij}\boldsymbol{A} = (\mathscr{A}\boldsymbol{e}_j, \boldsymbol{e}_i) = (\boldsymbol{e}_j, \mathscr{A}\boldsymbol{e}_i) = (\mathscr{A}\boldsymbol{e}_i, \boldsymbol{e}_j) = \operatorname{ent}_{ji}\boldsymbol{A},$$

故 $\boldsymbol{A}$ 为对称矩阵.

反之,设 $\boldsymbol{A}$ 为 $\mathscr{A}$ 在标准正交基 $\boldsymbol{e}_1, \cdots, \boldsymbol{e}_n$ 下的矩阵. 任取 $\boldsymbol{x}, \boldsymbol{y} \in V$,以 $\boldsymbol{X}, \boldsymbol{Y}$ 记它们在基 $\boldsymbol{e}_1, \cdots, \boldsymbol{e}_n$ 下的坐标,则由 $\boldsymbol{A}$ 是对称的,有

$$(\mathscr{A}\boldsymbol{x}, \boldsymbol{y}) = (\boldsymbol{A}\boldsymbol{X})^{\mathrm{T}}\boldsymbol{Y} = \boldsymbol{X}^{\mathrm{T}}\boldsymbol{A}^{\mathrm{T}}\boldsymbol{Y} = \boldsymbol{X}^{\mathrm{T}}(\boldsymbol{A}\boldsymbol{Y}) = (\boldsymbol{x}, \mathscr{A}\boldsymbol{y}),$$

从而 $\mathscr{A}$ 是对称变换.

类似正交变换,对称变换的特征值也有特殊的性质.

定理 4.21 欧氏空间上的一切对称变换,特征值都是实数,即实对称矩阵的特征值都是实数.

证明 设 λ 为实对称矩阵 $\boldsymbol{A}$ 的特征值,$\boldsymbol{x}$ 为相应的特征向量,则 $\bar{\lambda}$ 也是 $\boldsymbol{A}$ 的特征值,相应的特征向量为 $\bar{\boldsymbol{x}}$. 考察 $\boldsymbol{x}^{\mathrm{T}}\boldsymbol{A}\bar{\boldsymbol{x}}$,一方面

$$\boldsymbol{x}^{\mathrm{T}}\boldsymbol{A}\bar{\boldsymbol{x}} = \boldsymbol{x}^{\mathrm{T}}(\boldsymbol{A}\bar{\boldsymbol{x}}) = \bar{\lambda}\boldsymbol{x}^{\mathrm{T}}\bar{\boldsymbol{x}},$$

另一方面

$$\boldsymbol{x}^{\mathrm{T}}\boldsymbol{A}\bar{\boldsymbol{x}} = \boldsymbol{x}^{\mathrm{T}}\boldsymbol{A}^{\mathrm{T}}\bar{\boldsymbol{x}} = (\boldsymbol{A}\boldsymbol{x})^{\mathrm{T}}\bar{\boldsymbol{x}} = \lambda\boldsymbol{x}^{\mathrm{T}}\bar{\boldsymbol{x}},$$

并注意到 $\boldsymbol{x}^{\mathrm{T}}\bar{\boldsymbol{x}} > 0$,从而 $\bar{\lambda} = \lambda$,即 λ 为实数.

对称变换也有非常简单的标准型.

定理 4.22 任何欧氏空间上的对称变换,都存在一组标准正交基,使其在这组基下的矩阵为对角阵,即任何实对称矩阵必相似且合同于对角阵.

证明 设 $\mathscr{A}$ 为欧氏空间 V 上的对称变换,当 $\dim V = 1$,结论是显然的. 以下对 $\dim V$ 用归纳法.

设 λ_1 为 $\mathscr{A}$ 的实特征值,$\boldsymbol{e}_1$ 为相应的单位特征向量,考虑 $W = \operatorname{span}\{\boldsymbol{e}_1\}^{\perp}$,以下证明其为 $\mathscr{A}$ 的不变子空间. 事实上,任取 $\boldsymbol{w} \in W$,因

$$0 = (\boldsymbol{w}, \lambda_1\boldsymbol{e}_1) = (\boldsymbol{w}, \mathscr{A}\boldsymbol{e}_1) = (\mathscr{A}\boldsymbol{w}, \boldsymbol{e}_1),$$

故 $\mathscr{A}w\in W$. 于是 $\mathscr{A}$ 可限制到 W 上,且在 W 上也是对称的,故由归纳假设,存在 W 的标准正交基 $\boldsymbol{e}_2, \cdots, \boldsymbol{e}_n$,使得 $\mathscr{A}$ 限制在 W 上的矩阵为对角阵,从而 $\mathscr{A}$ 在 $\boldsymbol{e}_1, \cdots, \boldsymbol{e}_n$ 下的矩阵为对角阵.

推论 4.5 欧氏空间上对称变换从属于不同特征值的特征向量必定正交.

证明 设 λ_1, λ_2 为 V 上对称变换 $\mathscr{A}$ 的两个不同的特征值,$\boldsymbol{e}_1, \boldsymbol{e}_2$ 为相应的特征向量,则

$$\begin{aligned}\lambda_1(\boldsymbol{e}_1, \boldsymbol{e}_2) &= (\lambda_1\boldsymbol{e}_1, \boldsymbol{e}_2) = (\mathscr{A}\boldsymbol{e}_1, \boldsymbol{e}_2) = (\boldsymbol{e}_1, \mathscr{A}\boldsymbol{e}_2)\\ &= (\boldsymbol{e}_1, \lambda_2\boldsymbol{e}_2) = \lambda_2(\boldsymbol{e}_1, \boldsymbol{e}_2),\end{aligned}$$

从而 $(\boldsymbol{e}_1, \boldsymbol{e}_2)=0$.

对称矩阵 Jordan 标准型的一个直接应用是化简二次型.

例 4.6 考虑 n 元实函数

$$f(x_1, \cdots, x_n) = \sum_{i, j=1}^{n} a_{ij}x_ix_j,$$

不失一般性,设 $a_{ij} = a_{ji}$. 当该函数只含有完全平方项时,即对一切 $i\neq j$,系数 $a_{ij} = 0$ 时,该函数的分析性质(比如函数图像如何,函数临界值的性质如何等)是容易得出的. 对一般情形,我们希望能将其化为只含有完全平方项的二次型. 容易想到的方法是配方,但这种方法对画函数图像没有多大帮助,因为配方换元后,对应的坐标变换不一定是正交变换,于是换元后的函数图像与原函数的图像形状不一定相同,因此我们希望寻求一个正交坐标变换将其化为只有完全平方项的二次型.

为此,令 $\boldsymbol{A} = (a_{ij})$ 为实对称矩阵,$\boldsymbol{X} = (x_1, \cdots, x_n)^{\mathrm{T}}$,则 $f(x_1, \cdots, x_n) = \boldsymbol{X}^{\mathrm{T}}\boldsymbol{A}\boldsymbol{X}$. 根据定理 4.22,存在正交矩阵 $\boldsymbol{P}$,使得 $\boldsymbol{A} = \boldsymbol{P}^{\mathrm{T}}\boldsymbol{\Lambda}\boldsymbol{P}$,这里 $\boldsymbol{\Lambda} = \mathrm{diag}(\lambda_1, \cdots, \lambda_n)$ 为实对角阵,于是若令 $\boldsymbol{Y} = (y_1, \cdots, y_n)^{\mathrm{T}} = \boldsymbol{P}\boldsymbol{X}$,则

$$f(x_1, \cdots, x_n) = \boldsymbol{Y}^{\mathrm{T}}\boldsymbol{\Lambda}\boldsymbol{Y} = \lambda_1 y_1^2 + \cdots + \lambda_n y_n^2,$$

且该坐标变换是正交的,即是等距的.

4.5 复内积与酉空间

在复线性空间上,同样可以定义内积,这在其他学科也有很多应用.

定义 4.9 设 V 为复线性空间,对 V 中任意两个向量 $\boldsymbol{x}, \boldsymbol{y}$,定义运算 $(\boldsymbol{x}, \boldsymbol{y})\in\mathbf{C}$,并满足以下条件:

(1) 正定性:对任何 $\boldsymbol{x}\in V$, $(\boldsymbol{x}, \boldsymbol{x})\geqslant 0$,等号成立当且仅当 $\boldsymbol{x} = \boldsymbol{0}$.

(2) 共轭对称性:对任何 $\boldsymbol{x}, \boldsymbol{y}\in V$, $(\boldsymbol{x}, \boldsymbol{y}) = \overline{(\boldsymbol{y}, \boldsymbol{x})}$.

(3) 共轭双线性性:对任何 $\boldsymbol{x}_1, \boldsymbol{x}_2, \boldsymbol{y}\in V$, $l_1, l_2\in\mathbf{C}$, $(l_1\boldsymbol{x}_1+l_2\boldsymbol{x}_2, \boldsymbol{y})=l_1(\boldsymbol{x}_1, \boldsymbol{y})+l_2(\boldsymbol{x}_2, \boldsymbol{y})$.

则 $(\cdot, \cdot)$ 称为 V 上的一个**内积**,V 称为**复内积空间**,有限维的复内积空间也称为**酉空间**.

例 4.7 在$\mathbf{C}^n$中，对$\boldsymbol{x}=(x_1, \cdots, x_n)^{\mathrm{T}}$与$\boldsymbol{y}=(y_1, \cdots, y_n)^{\mathrm{T}}$，定义

$$(\boldsymbol{x}, \boldsymbol{y})=\boldsymbol{x}^{\mathrm{T}}\bar{\boldsymbol{y}}=\sum_{i=1}^{n} x_i\bar{y}_i,$$

容易验证上述定义满足内积的条件，称其为$\mathbf{C}^n$上的**标准酉内积**，配备标准内积的$\mathbf{C}^n$是酉空间.

注 内积定义中，对第二个向量的坐标分量加复共轭是必要的，因为在复数域上，完全平方式并不是正定的，只有模平方才是正定的.

例 4.8 对复线性空间$\mathrm{C}[a, b]$上的任意复值函数f, g，定义

$$(f, g)=\int_{\Omega} f(x)\,\overline{g(x)}\mathrm{d}x, \tag{4.9}$$

可以验证上述定义满足内积的条件，于是在上述内积定义下，$\mathrm{C}(\Omega)$是复内积空间，该空间是无限维的.

通过复内积，同样可以定义向量的范数.

定义 4.10 设$(\cdot, \cdot)$为复线性空间V上的内积，$\sqrt{(\boldsymbol{x}, \boldsymbol{x})}$称为由内积定义的向量$\boldsymbol{x}$的**范数**，记为$\|\boldsymbol{x}\|$.

复内积空间上的Cauchy不等式、范数基本性质与实内积空间上相应结论是相同的，但极化恒等式要做修正.

定理 4.23 (Cauchy 不等式) 设$(\cdot, \cdot)$为实线性空间V上的内积，则对一切$\boldsymbol{x}, \boldsymbol{y}\in V$，

$$|(\boldsymbol{x}, \boldsymbol{y})|\leqslant\|\boldsymbol{x}\|\|\boldsymbol{y}\|,$$

等号成立当且仅当$\boldsymbol{x}, \boldsymbol{y}$线性相关.

由Cauchy不等式，可以定义两个非零复向量的夹角为$\arccos\dfrac{|(\boldsymbol{x}, \boldsymbol{y})|}{\|\boldsymbol{x}\|\|\boldsymbol{y}\|}$，与两个非零实向量的夹角不同，复向量的夹角落在区间$\left[0, \dfrac{\pi}{2}\right]$上.

定理 4.24 (范数的基本性质) 设V是复内积空间，$\|\cdot\|$为由内积定义的范数，则

(1) 正定性：对任意$\boldsymbol{x}\in V$，$\|\boldsymbol{x}\|\geqslant 0$，等号成立当且仅当$\boldsymbol{x}=\mathbf{0}$.

(2) 齐次性：对任意$k\in\mathbf{C}$，$\boldsymbol{x}\in V$，$\|k\boldsymbol{x}\|=|k|\|\boldsymbol{x}\|$.

(3) 三角不等式：对任意$\boldsymbol{x}, \boldsymbol{y}\in V$，$\|\boldsymbol{x}\|+\|\boldsymbol{y}\|\geqslant\|\boldsymbol{x}+\boldsymbol{y}\|$.

定理 4.25(极化恒等式) 设$(\cdot, \cdot)$为复线性空间V上的内积，$\|\cdot\|$为由内积定义的范数，则对任意$\boldsymbol{x}, \boldsymbol{y}\in V$，有

$$4(\boldsymbol{x}, \boldsymbol{y})=\|\boldsymbol{x}+\boldsymbol{y}\|^2-\|\boldsymbol{x}-\boldsymbol{y}\|^2+\|\boldsymbol{x}+\mathrm{i}\boldsymbol{y}\|^2-\|\boldsymbol{x}-\mathrm{i}\boldsymbol{y}\|^2.$$

欧氏空间中的大部分结论，在酉空间都有平行的推广，且大部分证明都是类似的，下面仅仅列出这些定理.

定理 4.26 酉空间上必定存在标准正交基，在标准正交基下，酉内积的定义为$\mathbf{C}^n$上的标准酉内积.

定理 4.27 n阶复方阵$\boldsymbol{H}$称为**Hermite矩阵**,如果$\boldsymbol{H}^{\mathrm{T}}=\overline{\boldsymbol{H}}$. 若$n$阶Hermite矩阵$\boldsymbol{H}$满足对一切非零的$\boldsymbol{z}\in\mathbf{C}^n$,有$\boldsymbol{z}^{\mathrm{T}}\boldsymbol{H}\overline{\boldsymbol{z}}>0$, 则称$\boldsymbol{H}$为正定的. 任何一组基$z_1, z_2, \cdots, z_n$下,酉空间上的度量矩阵$((z_i, z_j))_{1\leqslant i, j\leqslant n}$必为正定Hermite矩阵.

定理 4.28 n阶复方阵$\boldsymbol{U}$称为**酉矩阵**,如果$\boldsymbol{U}^{\mathrm{T}}\overline{\boldsymbol{U}}=\boldsymbol{E}$. 酉空间上,标准正交基到标准正交基的过渡矩阵必为酉矩阵.

定理 4.29 酉矩阵的乘积为酉矩阵,酉矩阵的逆矩阵为酉矩阵,酉矩阵的特征值必为单位复数$\mathrm{e}^{\mathrm{i}\theta}(\theta\in\mathbf{R})$.

定理 4.30 任何一个Hermite矩阵$\boldsymbol{H}$必定酉相似于实对角阵,即存在酉矩阵$\boldsymbol{U}$,使得$\boldsymbol{U}^{\mathrm{T}}\boldsymbol{H}\overline{\boldsymbol{U}}$为实对角阵.

定理 4.31 设W为酉空间V的子空间,定义

$$W^{\perp}=\{\boldsymbol{v}\in V \mid 对一切\boldsymbol{w}\in W,有(\boldsymbol{v}, \boldsymbol{w})=0\},$$

称为W的**正交补空间**,则$V=W\oplus W^{\perp}$.

定理 4.32 设$\mathscr{A}$为酉空间V上的线性变换,且满足对一切$\boldsymbol{v}\in V$,有$\|\mathscr{A}\boldsymbol{v}\|=\|\boldsymbol{v}\|$,则$\mathscr{A}$称为**酉变换**. 酉变换保持向量的夹角和范数;酉变换将酉空间上的一组标准正交基,变为标准正交基;酉变换在标准正交基下的矩阵为酉矩阵.

定理 4.33 设$\mathscr{A}$为酉空间V上的线性变换,且满足对一切$\boldsymbol{x}, \boldsymbol{y}\in V$,有$(\mathscr{A}\boldsymbol{x}, \boldsymbol{y})=(\boldsymbol{x}, \mathscr{A}\boldsymbol{y})$,则$\mathscr{A}$称为**Hermite变换**. Hermite变换在标准正交基下的矩阵为Hermite矩阵.

习 题 4

1. 设$\boldsymbol{\alpha}, \boldsymbol{\beta}\in\mathbf{R}^n$,证明平行四边形恒等式:
   $\|\boldsymbol{\alpha}+\boldsymbol{\beta}\|^2+\|\boldsymbol{\alpha}-\boldsymbol{\beta}\|^2=2(\|\boldsymbol{\alpha}\|^2+\|\boldsymbol{\beta}\|^2)$.
2. 求$\mathbf{R}^3$上的一组标准正交基$\boldsymbol{\alpha}_1, \boldsymbol{\alpha}_2, \boldsymbol{\alpha}_3$,其中$\boldsymbol{\alpha}_1$与向量$(1, 1, 1)^{\mathrm{T}}$线性相关.
3. 已知$\mathbf{R}^3$中的向量$\boldsymbol{\alpha}=(1, 2, -1)^{\mathrm{T}}, \boldsymbol{\beta}=(1, 1, 0)^{\mathrm{T}}$,求一个与$\boldsymbol{\alpha}, \boldsymbol{\beta}$都正交的单位向量.
4. 设A, B, C, D为实数.
   (1) 从几何的观点解释$\mathbf{R}^2$中的直线方程为$Ax+By=C$,其中A, B不全为零.
   (2) 从几何的观点解释$\mathbf{R}^3$中的平面方程为$Ax+By+Cz=D$,其中A, B, C不全为零.
   (3) 从几何的观点解释二元、三元线性方程组解的结构定理.
5. 在$[-\pi, \pi]$上全体连续函数构成的线性空间$\mathrm{C}([-\pi, \pi])$上定义内积为

$$(f, g)=\int_{-\pi}^{\pi} f(x)g(x)\mathrm{d}x.$$

   证明:$1, \cos x, \sin x, \cdots, \cos mx, \sin mx, \cdots$为该内积空间上的一个正交组.
6. 在一元多项式函数构成的线性空间$\mathbf{R}[x]$上定义内积为

$$(f, g) = \int_{-1}^{1} f(x)g(x)\mathrm{d}x.$$

试求 1, x, x^2, x^3 的 Schmidt 正交化.

7. 设 $\boldsymbol{A}$, $\boldsymbol{B} \in O(n)$(即为 n 阶正交矩阵).
   (1) 当 $n=2$ 时, 证明 $\boldsymbol{AB}=\boldsymbol{BA}$, 并解释其几何意义.
   (2) 当 $n=3$ 时, 是否有 $\boldsymbol{AB}=\boldsymbol{BA}$?
8. 证明 Euler 角定理 4.19.
9. 设 $\boldsymbol{\alpha}$ 为非零实向量, $\boldsymbol{A}=\boldsymbol{\alpha}\boldsymbol{\alpha}^{\mathrm{T}}$, 证明: $\boldsymbol{A}$ 为实对称矩阵. 并求 $\boldsymbol{A}$ 的正交对角化.
10. 证明:实反对称矩阵的特征值为纯虚数.
11. 设 V 为 Euclid 空间, $\mathscr{A}$ 为 V 上的对称变换, 若对一切非零向量 $\boldsymbol{v} \in V$, 均有 $(\mathscr{A}\boldsymbol{v}, \boldsymbol{v}) > 0$, 这样的对称变换称为**正定**的. 求证: 正定的对称变换在标准正交基下的矩阵为正定矩阵.
12. 设 V 为 Euclid 空间, $\mathscr{P}$ 为 V 上的线性变换, 且对任何 $\boldsymbol{v} \in V$, 均有 $\boldsymbol{v} - \mathscr{P}\boldsymbol{v} \in (\mathrm{Im}\,\mathscr{P})^{\perp}$, 这样的线性变换 $\mathscr{P}$ 称为欧氏空间 V 上的**投影变换**.
   (1) 证明: 对任何 V 上的投影变换 $\mathscr{P}$, 有 $\ker \mathscr{P} = (\mathrm{Im}\,\mathscr{P})^{\perp}$. 该命题的逆命题是否成立?
   (2) 证明: $\mathscr{P}$ 为 V 上的投影变换的充分必要条件是 $\mathscr{P}^2 = \mathscr{P}$, 且对一切 $\boldsymbol{v}$, $\boldsymbol{w} \in V$ 有 $\langle \mathscr{P}\boldsymbol{v}, \boldsymbol{w} \rangle = \langle \boldsymbol{v}, \mathscr{P}\boldsymbol{w} \rangle$(即 $\mathscr{P}$ 是自伴的投影变换).
   (3) 设 $\mathscr{P}_1$, $\mathscr{P}_2$ 均为 V 上的投影变换, 求证: $\mathscr{P}_1 + \mathscr{P}_2$ 为投影变换当且仅当 $\mathscr{P}_1\mathscr{P}_2 = 0$, 当且仅当 $\mathrm{Im}\,\mathscr{P}_1 \perp \mathrm{Im}\,\mathscr{P}_2$.
   (4) 设 $\mathscr{P}_1$, $\mathscr{P}_2$ 均为 V 上的投影变换, 求证: $\mathscr{P}_1 - \mathscr{P}_2$ 为投影变换当且仅当 $\mathrm{Im}\,\mathscr{P}_1 \supset \mathrm{Im}\,\mathscr{P}_2$.
   (5) 设 $\mathscr{P}_1$, $\mathscr{P}_2$ 均为 V 上的投影变换, 求证: $\mathscr{P}_1\mathscr{P}_2$ 为投影变换当且仅当 $\mathscr{P}_1\mathscr{P}_2 = \mathscr{P}_2\mathscr{P}_1$, 且此时有 $\mathrm{Im}\,\mathscr{P}_1\mathscr{P}_2 = \mathrm{Im}\,\mathscr{P}_1 \cap \mathrm{Im}\,\mathscr{P}_2$.
   (6) 设 $\mathscr{A}$ 为 V 上的自伴变换, 证明: $\mathscr{A}$ 可表示为一组投影变换的线性组合, 且该组投影变换的像空间的直和恰为 V.
13. 证明: 对给定 Euclid 空间 V 上的线性变换 $\mathscr{A}$, 存在唯一的线性变换 $\mathscr{A}^*$, 满足对一切 $\boldsymbol{x}$, $\boldsymbol{y} \in V$, 有 $(\mathscr{A}\boldsymbol{x}, \boldsymbol{y}) = (\boldsymbol{x}, \mathscr{A}^*\boldsymbol{y})$, 并且在标准正交基下, $\mathscr{A}$ 与 $\mathscr{A}^*$ 对应的矩阵互为转置. $\mathscr{A}^*$ 称为 $\mathscr{A}$ 的**共轭变换**.
14. 若 n 阶实方阵 $\boldsymbol{A}$ 满足 $\boldsymbol{A}\boldsymbol{A}^{\mathrm{T}} = \boldsymbol{A}^{\mathrm{T}}\boldsymbol{A}$, 则 $\boldsymbol{A}$ 称为**正规矩阵**, 若 Euclid 空间上的线性变换 $\mathscr{A}$, 与其共轭变换 $\mathscr{A}^*$ 可交换, 即 $\mathscr{A}\mathscr{A}^* = \mathscr{A}^*\mathscr{A}$, 则该变换称为**正规变换**.
   (1) 证明: 正规变换在任何一组标准正交基下的矩阵都是正规矩阵.
   (2) 证明: 正交变换和对称变换都是正规变换.
   (3) 试给出一个既不是对称变换, 也不是正交变换的正规变换.
   (4) 证明: 若 W 是正规变换 $\mathscr{A}$ 的不变子空间, 则 $W^{\perp}$ 也是 $\mathscr{A}$ 的不变子空间.
15. 设 $\boldsymbol{A}$ 为 $m \times n$ 的非零矩阵, 证明:
   (1) 若 $\boldsymbol{A}$ 为实矩阵, 则存在正交矩阵 $\boldsymbol{U}$, $\boldsymbol{V}$, 使得 $\boldsymbol{A} = \boldsymbol{UDV}$, 这里

$$D=\begin{pmatrix}\begin{pmatrix}\lambda_1 & & \\ & \ddots & \\ & & \lambda_r\end{pmatrix} & O \\ O & O\end{pmatrix},$$

其中 $\lambda_1>\lambda_2>\cdots>\lambda_r>0$ 称为 A 的奇异值，$r=\operatorname{rank} A$；

(2) 若 A 为复矩阵，则存在酉矩阵 U，V，使得 $A=UDV$，这里 D 同(1)中定义.

16. 设 A 为 n 阶实对称矩阵，$b\in\mathbf{R}^n$，$c\in\mathbf{R}$，$X=(x_1,\cdots,x_n)^{\mathrm{T}}$，$Y=(X^{\mathrm{T}},1)^{\mathrm{T}}$，记

$$f(X)=Y^{\mathrm{T}}\begin{pmatrix}A & b\\ b^{\mathrm{T}} & c\end{pmatrix}Y,$$

考虑方程 $f(X)=0$.

(1) 当 $n=2$ 时，方程 $f(X)=0$ 称为一个二次曲线，试给出所有可能的二次曲线.

(2) 当 $n=3$ 时，方程 $f(X)=0$ 称为一个二次曲面，试给出所有可能的二次曲面.

17. 证明复内积空间和酉空间一节的所有定理.

第5章 矩阵分析

前面几章讨论的主要是矩阵的代数性质，本章将引入矩阵序列的极限、矩阵微积分、矩阵幂级数及矩阵函数等概念.

5.1 矩阵的极限

定义 5.1 任给 $m\times n$ 矩阵序列$\{\boldsymbol{A}_l\}$，其中

$$\boldsymbol{A}_l=\begin{pmatrix} a_{11}^{(l)} & a_{12}^{(l)} & \cdots & a_{1n}^{(l)} \\ a_{21}^{(l)} & a_{22}^{(l)} & \cdots & a_{2n}^{(l)} \\ \vdots & \vdots & & \vdots \\ a_{m1}^{(l)} & a_{m2}^{(l)} & \cdots & a_{mn}^{(l)} \end{pmatrix},$$

如果当 $l\to\infty$ 时，$m\times n$ 个序列 $\{a_{ij}^{(l)}\}$ 都收敛，且分别收敛于 $a_{ij}\,(1\leqslant i\leqslant m;\ 1\leqslant j\leqslant n)$，则称矩阵序列 $\{\boldsymbol{A}_l\}$ 收敛于矩阵

$$\boldsymbol{A}=\begin{pmatrix} a_{11} & a_{12} & \cdots & a_{1n} \\ a_{21} & a_{22} & \cdots & a_{2n} \\ \vdots & \vdots & & \vdots \\ a_{m1} & a_{m2} & \cdots & a_{mn} \end{pmatrix},$$

并称 $\boldsymbol{A}$ 是序列 $\{\boldsymbol{A}_l\}$ 在 $l\to\infty$ 时的**极限**，记作

$$\lim_{L\to\infty}\boldsymbol{A}_l=\boldsymbol{A}.$$

例 5.1 已知

$$\boldsymbol{A}_l=\begin{pmatrix} \dfrac{1}{l} & \dfrac{2l^2-1}{3l^2+4} \\ \left(1+\dfrac{1}{l}\right)^l & \cos\dfrac{1}{l^3} \end{pmatrix},$$

求 $\{\boldsymbol{A}_l\}$ 在 $l\to\infty$ 时的极限.

解 令

$$\boldsymbol{A}=\lim_{l\to\infty}\boldsymbol{A}_l,$$

则

$$A=\begin{pmatrix}\lim\limits_{l\to\infty}\frac{1}{l} & \lim\limits_{l\to\infty}\frac{2l^2-1}{3l^2+4}\\ \lim\limits_{l\to\infty}\left(1+\frac{1}{l}\right)^l & \lim\limits_{l\to\infty}\cos\frac{1}{l^3}\end{pmatrix}=\begin{pmatrix}0 & \frac{2}{3}\\ \mathrm{e} & 1\end{pmatrix}.$$

定理 5.1　已知 $\boldsymbol{A}_l, \boldsymbol{B}_l, \boldsymbol{A}, \boldsymbol{B}\in\mathbf{C}^{n\times n}$，$a_l, b_l, a, b\in\mathbf{C}$，$\lim\limits_{l\to\infty}\boldsymbol{A}_l=\boldsymbol{A}$，$\lim\limits_{l\to\infty}\boldsymbol{B}_l=\boldsymbol{B}$，$\lim\limits_{l\to\infty}a_l=a$，$\lim\limits_{l\to\infty}b_l=b$，则

(1) $\lim\limits_{l\to\infty}(a_l\boldsymbol{A}_l+b_l\boldsymbol{B}_l)=a\boldsymbol{A}+b\boldsymbol{B}$；

(2) $\lim\limits_{l\to\infty}(\boldsymbol{A}_l\boldsymbol{B}_l)=\boldsymbol{AB}$.

证明　(1) 令矩阵 $\boldsymbol{C}_l=a_l\boldsymbol{A}_l+b_l\boldsymbol{B}_l$，则 $\boldsymbol{C}_l$ 的第 i 行第 j 列元素为

$$c_{ij}^{(l)}=a_la_{ij}^{(l)}+b_lb_{ij}^{(l)},$$

于是

$$\lim_{l\to\infty}c_{ij}^{(l)}=\lim_{l\to\infty}a_l\lim_{l\to\infty}a_{ij}^{(l)}+\lim_{l\to\infty}b_l\lim_{l\to\infty}b_{ij}^{(l)}=aa_{ij}+bb_{ij},$$

因此

$$\lim_{l\to\infty}\boldsymbol{C}_l=a\boldsymbol{A}+b\boldsymbol{B}.$$

(2) 令矩阵 $\boldsymbol{C}_l=\boldsymbol{A}_l\boldsymbol{B}_l$，则 $\boldsymbol{C}_l$ 的第 i 行第 j 列元素为

$$c_{ij}^{(l)}=\sum_{k=1}^{n}a_{ik}^{(l)}b_{kj}^{(l)},$$

于是

$$\lim_{l\to\infty}c_{ij}^{(l)}=\sum_{k=1}^{n}\lim_{l\to\infty}a_{ik}^{(l)}\lim_{l\to\infty}b_{kj}^{(l)},$$

从而

$$\lim_{l\to\infty}\boldsymbol{C}_l=\boldsymbol{AB}.$$

推论 5.1　已知 $\boldsymbol{P}, \boldsymbol{Q}, \boldsymbol{A}_l, \boldsymbol{A}\in\mathbf{C}^{n\times n}$，$\lim\limits_{l\to\infty}\boldsymbol{A}_l=\boldsymbol{A}$，则

$$\lim_{l\to\infty}\boldsymbol{PA}_l\boldsymbol{Q}=\boldsymbol{PAQ}.$$

5.2　函数矩阵的微分与积分

现在考虑其矩阵元素是实变量 t 的函数的 $m\times n$ 阶矩阵

$$\boldsymbol{A}(t)=\begin{pmatrix} a_{11}(t) & a_{12}(t) & \cdots & a_{1n}(t) \\ a_{21}(t) & a_{22}(t) & \cdots & a_{2n}(t) \\ \vdots & \vdots & & \vdots \\ a_{m1}(t) & a_{m2}(t) & \cdots & a_{mn}(t) \end{pmatrix},$$

其所有元素 $a_{ij}(t)$ 定义在区间 $[a, b]$ 上,函数矩阵 $\boldsymbol{A}(t)$ 在 $[a, b]$ 上有界、有极限、连续、可微、可积等概念,可用其 $m\times n$ 个元素 $a_{ij}(t)$ 同时在 $[a, b]$ 上有界、有极限、连续、可微、可积来定义. 例如

$$\frac{\mathrm{d}}{\mathrm{d}t}\boldsymbol{A}(t)=\left[\frac{\mathrm{d}}{\mathrm{d}t}a_{ij}(t)\right]_{m\times n};$$

$$\int \boldsymbol{A}(t)\mathrm{d}t=\left[\int a_{ij}(t)\mathrm{d}t\right]_{m\times n};$$

$$\int_a^b \boldsymbol{A}(t)\mathrm{d}t=\left[\int_a^b a_{ij}(t)\mathrm{d}t\right]_{m\times n}.$$

例 5.2 已知

$$\boldsymbol{A}(t)=\begin{pmatrix} \sin t & 2t^3 \\ 2\sqrt{t} & \mathrm{e}^{2t} \end{pmatrix},$$

求 $\frac{\mathrm{d}}{\mathrm{d}t}\boldsymbol{A}(t)$.

解

$$\frac{\mathrm{d}}{\mathrm{d}t}\boldsymbol{A}(t)=\begin{pmatrix} \frac{\mathrm{d}}{\mathrm{d}t}(\sin t) & \frac{\mathrm{d}}{\mathrm{d}t}(2t^3) \\ \frac{\mathrm{d}}{\mathrm{d}t}(2\sqrt{t}) & \frac{\mathrm{d}}{\mathrm{d}t}(\mathrm{e}^{2t}) \end{pmatrix}=\begin{pmatrix} \cos t & 6t^2 \\ \frac{1}{\sqrt{t}} & 2\mathrm{e}^{2t} \end{pmatrix}.$$

定理 5.2 (1) 若 $\boldsymbol{A}(t)$, $\boldsymbol{B}(t)$ 为同阶可微矩阵,则

$$\frac{\mathrm{d}}{\mathrm{d}t}(\boldsymbol{A}(t)+\boldsymbol{B}(t))=\frac{\mathrm{d}}{\mathrm{d}t}\boldsymbol{A}(t)+\frac{\mathrm{d}}{\mathrm{d}t}\boldsymbol{B}(t);$$

(2) 若 $\boldsymbol{A}(t)$, $\boldsymbol{B}(t)$ 分别为 $m\times n$, $n\times l$ 阶可微矩阵,

$$\frac{\mathrm{d}}{\mathrm{d}t}(\boldsymbol{A}(t)\boldsymbol{B}(t))=\left(\frac{\mathrm{d}}{\mathrm{d}t}\boldsymbol{A}(t)\right)\boldsymbol{B}(t)+\boldsymbol{A}(t)\left(\frac{\mathrm{d}}{\mathrm{d}t}\boldsymbol{B}(t)\right);$$

(3) 若 $\boldsymbol{A}(t)$ 与 $\boldsymbol{A}^{-1}(t)$ 皆可微,则

$$\frac{\mathrm{d}}{\mathrm{d}t}(\boldsymbol{A}^{-1}(t))=-\boldsymbol{A}^{-1}(t)\left(\frac{\mathrm{d}}{\mathrm{d}t}\boldsymbol{A}(t)\right)\boldsymbol{A}^{-1}(t).$$

证明 (1), (2)的证明显然,下面证明(3).

$$\boldsymbol{A}(t)\boldsymbol{A}^{-1}(t)=\boldsymbol{E},$$

两端对 t 求导得

$$\left(\frac{\mathrm{d}}{\mathrm{d}t}\boldsymbol{A}(t)\right)\boldsymbol{A}^{-1}(t)+\boldsymbol{A}(t)\frac{\mathrm{d}}{\mathrm{d}t}\boldsymbol{A}^{-1}(t)=\boldsymbol{O},$$

从而

$$\frac{\mathrm{d}}{\mathrm{d}t}\boldsymbol{A}^{-1}(t)=-\boldsymbol{A}^{-1}(t)\left(\frac{\mathrm{d}}{\mathrm{d}t}\boldsymbol{A}(t)\right)\boldsymbol{A}^{-1}(t).$$

5.3 矩阵的幂级数

定义 5.2 设 $\boldsymbol{A}_l=(a_{ij}^l)\in\mathbf{C}^{n\times n}$，称 $\sum_{l=0}^{\infty}\boldsymbol{A}_l$ 为**方阵级数**. 令

$$\boldsymbol{S}_N=\sum_{l=0}^{N}\boldsymbol{A}_l,$$

若方阵序列 $\{\boldsymbol{S}_N\}$ 收敛，且

$$\lim_{N\to\infty}\boldsymbol{S}_N=\boldsymbol{S},$$

则称方阵级数 $\sum_{l=0}^{\infty}\boldsymbol{A}_l$ 是**收敛的**，级数和为 $\boldsymbol{S}$，记作

$$\boldsymbol{S}=\sum_{l=0}^{\infty}\boldsymbol{A}_l.$$

不收敛的方阵级数 $\sum_{l=0}^{\infty}\boldsymbol{A}_l$ 称为是**发散的**.

显然，$\sum_{l=0}^{\infty}\boldsymbol{A}_l$ 收敛的充分必要条件是对应的 n^2 个数值级数

$$\sum_{l=0}^{\infty}a_{ij}^l\ (i,\ j=1,\ 2,\ \cdots,\ n)$$

都收敛.

定义 5.3 设 $\boldsymbol{A}$ 为 n 阶方阵，定义 $\boldsymbol{A}^0=\boldsymbol{E}$.

引理 5.1 设 r 阶方阵 $\boldsymbol{H}$ 为

$$\boldsymbol{H}=\begin{pmatrix}0 & 1 & & \boldsymbol{O}\\ & \ddots & \ddots & \\ & & \ddots & 1\\ \boldsymbol{O} & & & 0\end{pmatrix},$$

则当 $l \geqslant r$ 时，$\boldsymbol{H}^l = \boldsymbol{O}$；当 $l < r$ 时，

$$\boldsymbol{H}^l = \begin{pmatrix} \overbrace{0 \cdots 0}^{l} & 1 & & & \boldsymbol{O} \\ \ddots & \ddots & \ddots & & \\ & \ddots & \ddots & \ddots & \\ & & \ddots & \ddots & 1 \\ & & & \ddots & 0 \\ & & & \ddots & \vdots \\ \boldsymbol{O} & & & & 0 \end{pmatrix}.$$

证明 当 $l \geqslant r$ 时，用数学归纳法证明. 当 $l = 1$ 时，结论显然成立. 设当 $l = k-1$ 时有

$$\boldsymbol{H}^{k-1} = \begin{pmatrix} \overbrace{0 \cdots 0}^{k-1} & 1 & & \boldsymbol{O} \\ \ddots & \ddots & \ddots & \\ & \ddots & \ddots & 1 \\ & & \ddots & 0 \\ & & \ddots & \vdots \\ \boldsymbol{O} & & & 0 \end{pmatrix}.$$

则

$$\boldsymbol{H}_z^k = \boldsymbol{H}^{k-1}\boldsymbol{H} = \begin{pmatrix} \overbrace{0 \cdots 0}^{k-1} & 1 & & \boldsymbol{O} \\ \ddots & \ddots & & \\ & \ddots & \ddots & 1 \\ & & \ddots & 0 \\ & & \ddots & \\ \boldsymbol{O} & & & 0 \end{pmatrix} \begin{pmatrix} 0 & 1 & & \boldsymbol{O} \\ \ddots & \ddots & \ddots & \\ & \ddots & \ddots & \\ & & \ddots & 1 \\ \boldsymbol{O} & & & 0 \end{pmatrix}$$

$$= \begin{pmatrix} \overbrace{0 \cdots 0}^{k} & 1 & \ddots & \boldsymbol{O} \\ \ddots & \ddots & \ddots & \\ & \ddots & \ddots & 1 \\ & & \ddots & 0 \\ & & \ddots & \vdots \\ \boldsymbol{O} & & & 0 \end{pmatrix}$$

故 $l < r$ 时结论成立. 显然

$$
\boldsymbol{H}^{r-1}=\begin{pmatrix} \overbrace{0\cdots0}^{r-1} & & 1 \\ & \ddots & 0 \\ & & \ddots & \vdots \\ \boldsymbol{O} & & 0 \end{pmatrix},
$$

于是

$$
\boldsymbol{H}^{r}=\boldsymbol{H}^{r-1}\cdot\boldsymbol{H}=\begin{pmatrix} \overbrace{0\cdots0}^{r-1} & & & 1 \\ \ddots & \ddots & & \\ & \ddots & \ddots & 0 \\ & & \ddots & \vdots \\ \boldsymbol{O} & & & 0 \end{pmatrix}\begin{pmatrix} 0 & 1 & & \boldsymbol{O} \\ & \ddots & \ddots & \\ & & \ddots & \ddots \\ & & & 1 \\ \boldsymbol{O} & & & 0 \end{pmatrix}=\boldsymbol{O},
$$

故当 $l\geqslant r$ 时有 $\boldsymbol{H}^{l}=\boldsymbol{O}$.

由该引理可知，

$$
\sum_{l=0}^{\infty}a_{l}\boldsymbol{H}^{l}=\begin{pmatrix} a_0 & a_1 & \cdots & a_{r-1} \\ & \ddots & \ddots & \vdots \\ & & \ddots & \ddots \\ & & \ddots & a_1 \\ \boldsymbol{O} & & & a_0 \end{pmatrix}
$$

引理 5.2 若 $f(z)=\sum\limits_{l=0}^{\infty}a_{l}z^{l}$，则

$$
\frac{1}{s!}f^{(s)}(z)\mid_{z=\lambda}=\sum_{l=s}^{\infty}\mathrm{C}_{l}^{s}a_{l}\lambda^{l-s}.
$$

证明 因为

$$
\mathrm{C}_{l}^{s}a_{l}\lambda^{l-s}=\frac{l!}{s!\,(l-s)!}a_{l}\lambda^{l-s}=\frac{1}{s!}a_{l}\frac{\mathrm{d}^{s}}{\mathrm{d}z^{s}}z^{l}\mid_{z=\lambda},
$$

所以

$$
\sum_{l=s}^{\infty}\mathrm{C}_{l}^{s}a_{l}\lambda^{l-s}=\frac{1}{s!}\sum_{l=s}^{\infty}a_{l}\frac{\mathrm{d}^{s}}{\mathrm{d}z^{s}}z^{l}\mid_{z=\lambda}=\frac{1}{s!}f^{(s)}(z)\mid_{z=\lambda}.
$$

定理 5.3 设 $f(z)=\sum\limits_{l=0}^{\infty}a_{l}z^{l}$ 的收敛半径为 R，r 阶 Jordan 块为

$$
\boldsymbol{J}=\begin{pmatrix} \lambda & 1 & & \boldsymbol{O} \\ & \ddots & \ddots & \\ & & \ddots & 1 \\ \boldsymbol{O} & & & \lambda \end{pmatrix}.
$$

则当 $|\lambda|<R$ 时，级数 $\sum\limits_{l=0}^{\infty}a_l\boldsymbol{J}^l$ 收敛，且

$$\sum_{l=0}^{\infty}a_l\boldsymbol{J}^l=\begin{pmatrix} f(\lambda) & f'(\lambda) & \frac{1}{2!}f''(\lambda) & \cdots & \frac{1}{(r-1)!}f^{(r-1)}(\lambda) \\ & f(\lambda) & f'(\lambda) & \cdots & \frac{1}{(r-2)!}f^{(r-2)}(\lambda) \\ & & \ddots & \ddots & \vdots \\ & & & \ddots & f'(\lambda) \\ \boldsymbol{O} & & & & f(\lambda) \end{pmatrix}. \tag{5.1}$$

证明 矩阵 $\boldsymbol{J}$ 可以写成 $\lambda\boldsymbol{E}+\boldsymbol{H}$，因为 $\boldsymbol{E}$ 是单位矩阵，所以 $\boldsymbol{E}$ 与 $\boldsymbol{H}$ 可交换. 于是

$$\boldsymbol{J}^l=(\lambda\boldsymbol{E}+\boldsymbol{H})^l=\lambda^l\boldsymbol{E}+C_l^1\lambda^{l-1}\boldsymbol{H}+\cdots+C_l^{l-1}\lambda\boldsymbol{H}+\boldsymbol{H}^l$$

$$=\begin{pmatrix} \lambda^l & C_l^1\lambda^{l-1} & \cdots & C_l^{r-1}\lambda^{l-r+1} \\ & \ddots & \ddots & \vdots \\ & & \ddots & C_l^1\lambda^{l-1} \\ \boldsymbol{O} & & & \lambda^l \end{pmatrix},$$

$$\sum_{l=0}^{\infty}a_l\boldsymbol{J}^l=\begin{pmatrix} \sum\limits_{l=0}^{\infty}a_l\lambda^l & \sum\limits_{l=0}^{\infty}a_lC_l^1\lambda^{l-1} & \cdots & \sum\limits_{l=0}^{\infty}a_mC_l^{r-1}\lambda^{l-r+1} \\ & \sum\limits_{l=0}^{\infty}a_l\lambda^l & \cdots & \sum\limits_{l=0}^{\infty}a_lC_l^{r-2}\lambda^{l-r+2} \\ & & \ddots & \vdots \\ \boldsymbol{O} & & & \sum\limits_{l=0}^{\infty}a_l\lambda^l \end{pmatrix}$$

$$=\begin{pmatrix} f(\lambda) & f'(\lambda) & \frac{1}{2!}f''(\lambda) & \cdots & \frac{1}{(r-1)!}f^{(r-1)}(\lambda) \\ & f(\lambda) & f'(\lambda) & \cdots & \frac{1}{(r-2)!}f^{(r-2)}(\lambda) \\ & & \ddots & \ddots & \vdots \\ & & & \ddots & f'(\lambda) \\ \boldsymbol{O} & & & & f(\lambda) \end{pmatrix}.$$

定理 5.4 设幂级数

$$f(z)=\sum_{l=0}^{\infty}a_lz^l$$

的收敛半径为 R，$\boldsymbol{A}\in\mathbf{C}^{n\times n}$ 的谱半径(即 $\boldsymbol{A}$ 的特征值模的最大值)为 $\rho(\boldsymbol{A})$，则当 $\rho(\boldsymbol{A})<R$

时，方阵幂级数 $\sum_{l=0}^{\infty} a_l \boldsymbol{A}^l$ 收敛.

证明 设 $\boldsymbol{A}$ 的 Jordan 标准形为

$$\boldsymbol{J} = \begin{pmatrix} \boldsymbol{J}_1 & & \\ & \ddots & \\ & & \boldsymbol{J}_s \end{pmatrix} = \boldsymbol{J}_1 \oplus \cdots \oplus \boldsymbol{J}_s,$$

其中，$\boldsymbol{J}_i (i = 1, \cdots, s)$ 为特征值 λ_i 是的 r_i 阶 Jordan 块. 即存在相似变换矩阵 $\boldsymbol{P}$ 使 $\boldsymbol{A} = \boldsymbol{PJP}^{-1}$，于是

$$\begin{aligned}\sum_{l=0}^{\infty} a_l \boldsymbol{A}^m &= \sum_{l=0}^{\infty} a_l (\boldsymbol{PJP}^{-1})^l \\ &= \sum_{l=0}^{\infty} a_l \boldsymbol{PJ}^l \boldsymbol{P}^{-1} = \boldsymbol{P}(\sum_{l=0}^{\infty} a_l \boldsymbol{J}^l) \boldsymbol{P}^{-1} \\ &= \boldsymbol{P}(\sum_{l=0}^{\infty} a_l \boldsymbol{J}_1^l \oplus \cdots \oplus \sum_{l=0}^{\infty} a_l \boldsymbol{J}_s^l) \boldsymbol{P}^{-1}.\end{aligned}$$

因为 $\rho(\boldsymbol{A}) < R$，因此，$|\lambda_i| < R$，$i = 1, \cdots, s$，由定理 5.3 知 $\sum_{l=0}^{\infty} a_l \boldsymbol{J}_i^l$ 收敛，因而可推得 $\sum_{l=0}^{\infty} a_l \boldsymbol{A}^l$ 收敛.

5.4 矩阵函数

定义 5.4 设 $f(z) = \sum_{l=0}^{\infty} a_l z^l$ 是复系数幂级数，若矩阵幂级数 $\sum_{l=0}^{\infty} a_l \boldsymbol{A}^l$ 收敛，则定义矩阵函数

$$f(\boldsymbol{A}) = \sum_{l=0}^{\infty} a_l \boldsymbol{A}^l. \tag{5.2}$$

由定理 5.4 的证明可知

$$\begin{aligned} f(\boldsymbol{A}) &= \sum_{l=0}^{\infty} a_l \boldsymbol{A}^l \\ &= \boldsymbol{P}(\sum_{l=0}^{\infty} a_l \boldsymbol{J}_1^m \oplus \cdots \oplus \sum_{l=0}^{\infty} a_l \boldsymbol{J}_s^l) \boldsymbol{P}^{-1} \\ &= \boldsymbol{P}(f(\boldsymbol{J}_1) \oplus \cdots \oplus f(\boldsymbol{J}_s)) \boldsymbol{P}^{-1},\end{aligned}$$

其中，

$$f(\boldsymbol{J}_i) = \sum_{l=0}^{\infty} a_l \boldsymbol{J}_i^l, \quad i = 1, \cdots, s$$

的表达式见式(5.1).

熟知

$$e^z = 1 + z + \frac{1}{2!}z^2 + \cdots + \frac{1}{n!}z^n + \cdots,$$

$$\sin z = z - \frac{1}{3!}z^3 + \frac{1}{5!}z^5 - \frac{1}{7!}z^7 + \cdots,$$

$$\cos z = 1 - \frac{1}{2!}z^2 + \frac{1}{4!}z^4 - \frac{1}{6!}z^6 + \cdots$$

在整个复平面上都收敛,于是,任给 $\mathbf{A} \in \mathbf{C}^{n\times n}$, 方阵幂级数

$$\boldsymbol{E} + \boldsymbol{A} + \frac{1}{2!}\boldsymbol{A}^2 + \cdots + \frac{1}{n!}\boldsymbol{A}^n + \cdots, \tag{5.3}$$

$$\boldsymbol{A} - \frac{1}{3!}\boldsymbol{A}^3 + \frac{1}{5!}\boldsymbol{A}^5 - \frac{1}{7!}\boldsymbol{A}^7 + \cdots, \tag{5.4}$$

$$\boldsymbol{E} - \frac{1}{2!}\boldsymbol{A}^2 + \frac{1}{4!}\boldsymbol{A}^4 - \frac{1}{6!}\boldsymbol{A}^6 + \cdots \tag{5.5}$$

都收敛,由定义 5.4 知式(5.3),式(5.4)和式(5.5)的和分别为 $e^{\boldsymbol{A}}$, $\sin \mathbf{A}$ 和 $\cos \mathbf{A}$, 称它们为矩阵 $\mathbf{A}$ 的指数函数、正弦函数和余弦函数. 这三类函数是常用的矩阵函数.

例 5.3 试证明

$$\frac{\mathrm{d}}{\mathrm{d}t}e^{-\boldsymbol{A}t} = -e^{-\boldsymbol{A}t}\boldsymbol{A}.$$

证明 令 $\boldsymbol{B} = -\boldsymbol{A}t$, $k = l - 1$, 则

$$e^{-\boldsymbol{A}t} = e^{\boldsymbol{B}} = \sum_{l=0}^{\infty}\frac{1}{l!}\boldsymbol{B}^l = \sum_{l=0}^{\infty}\frac{1}{l!}(-\mathbf{A})^l t^l.$$

$$\frac{\mathrm{d}}{\mathrm{d}t}e^{-\boldsymbol{A}t} = \sum_{l=1}^{\infty}\frac{1}{l!}(-\mathbf{A})^l l t^{l-1} = \sum_{l=1}^{\infty}\frac{1}{(l-1)!}(-\boldsymbol{A}t)^{l-1}(-\mathbf{A})$$

$$= -\left(\sum_{k=0}^{\infty}\frac{1}{k!}(-\boldsymbol{A}t)^k\right)\boldsymbol{A} = -e^{-\boldsymbol{A}t}\boldsymbol{A}.$$

例 5.4 已知 n 阶方阵 $\boldsymbol{A}$ 是零矩阵,求 $e^{\boldsymbol{A}}$.

解 $\boldsymbol{A}$ 可看做特征值全为零的对角矩阵,故

$$e^{\boldsymbol{A}} = \begin{pmatrix} e^0 & & & \\ & e^0 & & \\ & & \ddots & \\ & & & e^0 \end{pmatrix} = \begin{pmatrix} 1 & & & \\ & 1 & & \\ & & \ddots & \\ & & & 1 \end{pmatrix} = \boldsymbol{E}.$$

例 5.5 若 n 阶方阵 $\boldsymbol{A}$ 与 $\boldsymbol{B}$ 可交换,即 $\boldsymbol{AB} = \boldsymbol{BA}$, 试证:

(1) $(e^{\boldsymbol{A}})^{-1} = e^{-\boldsymbol{A}}$;

(2) $e^{\boldsymbol{A}}e^{\boldsymbol{B}} = e^{\boldsymbol{B}}e^{\boldsymbol{A}} = e^{\boldsymbol{A}+\boldsymbol{B}}$.

证明

$$e^{At}B=\Big(\sum_{l=0}^{\infty}\frac{1}{l!}A^{l}t^{l}\Big)B=B\sum_{l=0}^{\infty}\frac{1}{l!}A^{l}t^{l}=Be^{At}.$$

同理

$$e^{Bt}A=Ae^{Bt},$$

$$e^{(A+B)t}A=Ae^{(A+B)t},$$

$$e^{(A+B)t}B=Be^{(A+B)t}.$$

令

$$C(t)=e^{(A+B)t}e^{-At}e^{-Bt},$$

则

$$\frac{d}{dt}C(t)=(A+B)e^{(A+B)t}e^{-At}e^{-Bt}+e^{(A+B)t}(-A)e^{-At}e^{-Bt}+e^{(A+B)t}e^{-At}(-B)e^{-Bt}$$

$$=((A+B)-A-B)e^{(A+B)t}e^{-At}e^{-Bt}=0,$$

即 $C(t)$ 与 t 无关,从而有 $C(0)=C(1)$. 因为

$$C(0)=e^{0}e^{0}e^{0}=E,$$

$$C(1)=e^{(A+B)}e^{-A}e^{-B},$$

于是

$$e^{(A+B)}e^{-A}e^{-B}=E. \tag{5.6}$$

令 $B=-A$, 则

$$e^{0}e^{-A}e^{A}=E,$$

$$e^{-A}e^{A}=E,$$

即

$$(e^{A})^{-1}=e^{-A}.$$

在式(5.6)两边右乘 $e^{B}e^{A}$, 得

$$e^{A+B}=e^{B}e^{A}.$$

交换 e^{A} 与 e^{B} 的位置,得

$$e^{B+A}=e^{A}e^{B}.$$

由于 $B+A=A+B$, 故结论(2)成立.

由例 5.5 知,只要 A 是 n 阶方阵, e^{A} 必是可逆矩阵,且其逆矩阵为 e^{-A}.

5.5 矩阵函数的计算方法

本节介绍计算矩阵函数的两种计算方法，在实际计算时可以灵活运用.

第一种是根据定义的计算方法. 因为 $f(\boldsymbol{A})=\sum_{l=0}^{\infty}a_l\boldsymbol{A}^l$，根据定理 5.4 和式(5.2)可得如下计算方法.

第 1 步　先考察 $\boldsymbol{A}$ 是否为 Jordan 标准形，若是则转第 2 步，否则求 $\boldsymbol{A}$ 的 Jordan 标准形 $\boldsymbol{J}=\boldsymbol{J}_1\oplus\boldsymbol{J}_2\oplus\cdots\oplus\boldsymbol{J}_s$ 及相似变换矩阵 $\boldsymbol{P}$ 和 $\boldsymbol{P}^{-1}$，其中 $\boldsymbol{J}_i(i=1,2,\cdots,s)$ 为特征值 λ_i 的 r_i 阶 Jordan 块.

第 2 步　若 $\boldsymbol{J}$ 中 Jordan 块的最高阶为 k，即

$$k=\max\{r_1,r_2,\cdots,r_s\},$$

则依次求出 $f'(x),f''(x),\cdots,f^{(k-1)}(x)$.

第 3 步　对 $i=1,2,\cdots,s$ 依次计算

$$f(\boldsymbol{J}_i)=\begin{pmatrix} f(\lambda_i) & f'(\lambda_i) & \cdots & \frac{1}{(r_i-1)!}f^{(r_i-1)}(\lambda_i) \\ & f(\lambda_i) & \cdots & \frac{1}{(r_i-2)!}f^{(r_i-2)}(\lambda_i) \\ & & \ddots & \vdots \\ \boldsymbol{O} & & & f(\lambda_i) \end{pmatrix},$$

第 4 步　若 $\boldsymbol{A}$ 是 Jordan 标准形，

$$\boldsymbol{A}=\boldsymbol{J}=\boldsymbol{J}_1\oplus\boldsymbol{J}_2\oplus\cdots\oplus\boldsymbol{J}_s,$$

则

$$f(\boldsymbol{A})=f(\boldsymbol{J})=f(\boldsymbol{J}_1)\oplus f(\boldsymbol{J}_2)\oplus\cdots\oplus f(\boldsymbol{J}_s),$$

否则有

$$f(\boldsymbol{A})=\boldsymbol{P}f(\boldsymbol{J})\boldsymbol{P}^{-1}=\boldsymbol{P}(f(\boldsymbol{J}_1)\oplus f(\boldsymbol{J}_2)\oplus\cdots\oplus f(\boldsymbol{J}_s))\boldsymbol{P}^{-1}.$$

例 5.6　设

$$\boldsymbol{A}=\begin{pmatrix} 2 & 0 & 0 \\ 1 & 1 & 1 \\ 1 & -1 & 3 \end{pmatrix},$$

求矩阵函数 $\boldsymbol{A}^{20}$，$\mathrm{e}^{\boldsymbol{A}}$，$\sin(\boldsymbol{A})$，$\mathrm{e}^{\boldsymbol{A}t}$.

解　$\boldsymbol{A}$ 不是 Jordan 标准形，故首先求 $\boldsymbol{A}$ 的 Jordan 标准形.

$$\lambda\boldsymbol{E}-\boldsymbol{A}=\begin{pmatrix} \lambda-2 & 0 & 0 \\ -1 & \lambda-1 & -1 \\ -1 & 1 & \lambda-3 \end{pmatrix}$$

$$\cong \begin{pmatrix} 1 & -(\lambda-1) & 1 \\ \lambda-2 & 0 & 0 \\ -1 & 1 & \lambda-3 \end{pmatrix}$$

$$\cong \begin{pmatrix} 1 & 0 & 0 \\ 0 & (\lambda-1)(\lambda-2) & -(\lambda-2) \\ 0 & -(\lambda-2) & \lambda-2 \end{pmatrix}$$

$$\cong \begin{pmatrix} 1 & 0 & 0 \\ 0 & (\lambda-2) & -(\lambda-2) \\ 0 & (\lambda-1)(\lambda-2) & -(\lambda-2) \end{pmatrix}$$

$$\cong \begin{pmatrix} 1 & 0 & 0 \\ 0 & (\lambda-2) & 0 \\ 0 & 0 & (\lambda-2)^2 \end{pmatrix},$$

所以

$$\boldsymbol{J} = \begin{pmatrix} 2 & 0 & 0 \\ 0 & 2 & 1 \\ 0 & 0 & 2 \end{pmatrix}.$$

由 $\boldsymbol{AP} = \boldsymbol{PJ}$ 可求得

$$\boldsymbol{P} = \begin{pmatrix} 1 & 0 & 1 \\ 1 & 1 & 0 \\ 0 & 1 & 0 \end{pmatrix}, \quad \boldsymbol{P}^{-1} = \begin{pmatrix} 0 & 1 & -1 \\ 0 & 0 & 1 \\ 1 & -1 & 1 \end{pmatrix}.$$

记 $f_1(\boldsymbol{A}) = \boldsymbol{A}^{20}$，$f_2(\boldsymbol{A}) = \mathrm{e}^{\boldsymbol{A}}$，$f_3(\boldsymbol{A}) = \sin\boldsymbol{A}$，$f_4(\boldsymbol{A}) = \mathrm{e}^{\boldsymbol{A}t}$. 由于 $\boldsymbol{J}$ 的 Jordan 的最高阶为 2，于是先求出

$$\begin{aligned} f_1(x) &= x^{20}, \quad f_1'(x) = 20x^{19}; \\ f_2(x) &= \mathrm{e}^x, \quad f_2'(x) = \mathrm{e}^x; \\ f_3(x) &= \sin x, \quad f_3'(x) = \cos x; \\ f_4(x) &= \mathrm{e}^{xt}, \quad f_4'(x) = t\mathrm{e}^{xt}. \end{aligned}$$

由式(5.1)知

$$f_1(\boldsymbol{J}) = \boldsymbol{J}^{20} = \begin{pmatrix} 2^{20} & 0 & 0 \\ 0 & 2^{20} & 20\times 2^{19} \\ 0 & 0 & 2^{20} \end{pmatrix} = 2^{20}\begin{pmatrix} 1 & 0 & 0 \\ 0 & 1 & 10 \\ 0 & 0 & 1 \end{pmatrix},$$

$$f_2(\boldsymbol{J}) = \mathrm{e}^{\boldsymbol{J}} = \begin{pmatrix} \mathrm{e}^2 & 0 & 0 \\ 0 & \mathrm{e}^2 & \mathrm{e}^2 \\ 0 & 0 & \mathrm{e}^2 \end{pmatrix} = \mathrm{e}^2\begin{pmatrix} 1 & 0 & 0 \\ 0 & 1 & 1 \\ 0 & 0 & 1 \end{pmatrix},$$

$$f_3(\boldsymbol{J}) = \sin \boldsymbol{J} = \begin{pmatrix} \sin 2 & 0 & 0 \\ 0 & \sin 2 & \cos 2 \\ 0 & 0 & \sin 2 \end{pmatrix},$$

$$f_4(\boldsymbol{J}) = \mathrm{e}^{\lambda t} = \begin{pmatrix} \mathrm{e}^{2t} & 0 & 0 \\ 0 & \mathrm{e}^{2t} & t\mathrm{e}^{2t} \\ 0 & 0 & \mathrm{e}^{2t} \end{pmatrix} = \mathrm{e}^{2t}\begin{pmatrix} 1 & 0 & 0 \\ 0 & 1 & t \\ 0 & 0 & 1 \end{pmatrix},$$

再由公式

$$f(\mathbf{A}) = \boldsymbol{P}f(\boldsymbol{J})\boldsymbol{P}^{-1},$$

得

$$f_1(\mathbf{A}) = \boldsymbol{P}f_1(\boldsymbol{J})\boldsymbol{P}^{-1} = 2^{20}\begin{pmatrix} 1 & 0 & 1 \\ 1 & 1 & 0 \\ 0 & 1 & 0 \end{pmatrix}\begin{pmatrix} 1 & 0 & 0 \\ 0 & 1 & 10 \\ 0 & 0 & 1 \end{pmatrix}\begin{pmatrix} 0 & 1 & -1 \\ 0 & 0 & 1 \\ 1 & -1 & 1 \end{pmatrix}$$

$$= 2^{20}\begin{pmatrix} 1 & 0 & 0 \\ 10 & -9 & 10 \\ 10 & -10 & 11 \end{pmatrix},$$

$$f_2(\mathbf{A}) = \boldsymbol{P}f_2(\boldsymbol{J})\boldsymbol{P}^{-1} = \mathrm{e}^2\begin{pmatrix} 1 & 0 & 1 \\ 1 & 1 & 0 \\ 0 & 1 & 0 \end{pmatrix}\begin{pmatrix} 1 & 0 & 0 \\ 0 & 1 & 1 \\ 0 & 0 & 1 \end{pmatrix}\begin{pmatrix} 0 & 1 & -1 \\ 0 & 0 & 1 \\ 1 & -1 & 1 \end{pmatrix}$$

$$= \mathrm{e}^2\begin{pmatrix} 1 & 0 & 0 \\ 1 & 0 & 1 \\ 1 & -1 & 2 \end{pmatrix},$$

$$f_3(\mathbf{A}) = \boldsymbol{P}f_3(\boldsymbol{J})\boldsymbol{P}^{-1} = \begin{pmatrix} 1 & 0 & 1 \\ 1 & 1 & 0 \\ 0 & 1 & 0 \end{pmatrix}\begin{pmatrix} \sin 2 & 0 & 0 \\ 0 & \sin 2 & \cos 2 \\ 0 & 0 & \sin 2 \end{pmatrix}\begin{pmatrix} 0 & 1 & -1 \\ 0 & 0 & 1 \\ 1 & -1 & 1 \end{pmatrix}$$

$$= \begin{pmatrix} \sin 2 & 0 & 0 \\ \cos 2 & \sin 2 - \cos 2 & \cos 2 \\ \cos 2 & -\cos 2 & \sin 2 + \cos 2 \end{pmatrix}$$

$$= \sin 2\begin{pmatrix} 1 & 0 & 0 \\ 0 & 1 & 0 \\ 0 & 0 & 1 \end{pmatrix} + \cos 2\begin{pmatrix} 0 & 0 & 0 \\ 1 & -1 & 1 \\ 1 & -1 & 1 \end{pmatrix},$$

$$f_4(\mathbf{A}) = \boldsymbol{P}f_4(\boldsymbol{J})\boldsymbol{P}^{-1} = \mathrm{e}^{2t}\begin{pmatrix} 1 & 0 & 1 \\ 1 & 1 & 0 \\ 0 & 1 & 0 \end{pmatrix}\begin{pmatrix} 1 & 0 & 0 \\ 0 & 1 & t \\ 0 & 0 & 1 \end{pmatrix}\begin{pmatrix} 0 & 1 & -1 \\ 0 & 0 & 1 \\ 1 & -1 & 1 \end{pmatrix}$$

$$= \mathrm{e}^{2t}\begin{pmatrix} 1 & 0 & 0 \\ t & 1-t & t \\ t & -t & 1+t \end{pmatrix}.$$

上述根据矩阵函数定义来求 $f(\boldsymbol{A})$ 的方法需要计算相似变换矩阵 $\boldsymbol{P}$ 及其逆 $\boldsymbol{P}^{-1}$，当 $\boldsymbol{A}$ 的 Jordan 标准形 $\boldsymbol{J}$ 非对角阵时，计算 $\boldsymbol{P}$ 的工作量比较大，故以下引入矩阵函数的第二种算法.

定义 5.5 设 $\boldsymbol{A}\in\mathbf{C}^{n\times n}$，$\lambda_1, \lambda_2, \cdots, \lambda_t$ 是矩阵 $\boldsymbol{A}$ 的谱(即 $\boldsymbol{A}$ 的互异特征值全体). $\boldsymbol{A}$ 的最小多项式为 l 次多项式 $m_{\boldsymbol{A}}(\lambda)$，

$$m_{\boldsymbol{A}}(\lambda)=(\lambda-\lambda_1)^{m_1}(\lambda-\lambda_2)^{m_2}\cdots(\lambda-\lambda_t)^{m_t},$$

其中，

$$l=m_1+m_2+\cdots+m_t,$$

记

$$k=\max\{m_1, m_2, \cdots, m_t\}.$$

设 $f(\lambda)$ 是一个给定的具有 $k-1$ 阶导数的函数，则把下列 m 个值

$$\begin{gathered}
f(\lambda_1)\ f'(\lambda_1), \cdots, f^{(m_1-1)}(\lambda_1), \\
f(\lambda_2)\ f'(\lambda_2), \cdots, f^{(m_2-1)}(\lambda_2), \\
\vdots \\
f(\lambda_t)\ f'(\lambda_t), \cdots, f^{(m_t-1)}(\lambda_t)
\end{gathered} \tag{5.7}$$

称为 $f(\lambda)$ **关于矩阵 $\boldsymbol{A}$ 的谱上的值**. 如果这些值均存在，则称 $f(\lambda)$ **在 $\boldsymbol{A}$ 的谱上有定义**.

对给定的矩阵 $\boldsymbol{A}$，由式(5.1)和式(5.2)知，矩阵函数 $f(\boldsymbol{A})$ 仅由关于矩阵 $\boldsymbol{A}$ 的谱上的值，即式(5.7)确定. 若式(5.7)中某个值无意义，则 $f(\boldsymbol{A})$ 不存在.

当多项式的次数不高时，计算矩阵多项式是比较简单的，为此我们试图把计算一般的矩阵函数转化成计算矩阵多项式. 构造多项式 $p(\lambda)$，使

$$\begin{gathered}
p(\lambda_1)=f(\lambda_1)\ p'(\lambda_1)=f'(\lambda_1), \cdots, p^{(m_1-1)}(\lambda_1)=f^{(m_1-1)}(\lambda_1), \\
p(\lambda_2)=f(\lambda_2)\ p'(\lambda_2)=f'(\lambda_2), \cdots, p^{(m_2-1)}(\lambda_2)=f^{(m_2-1)}(\lambda_2), \\
\vdots \\
p(\lambda_t)=f(\lambda_t)\ p'(\lambda_t)=f'(\lambda_t), \cdots, p^{(m_t-1)}(\lambda_t)=f^{(m_t-1)}(\lambda_t),
\end{gathered} \tag{5.8}$$

即函数 $f(\lambda)$ 与多项式 $p(\lambda)$ 关于矩阵 $\boldsymbol{A}$ 的谱上的值相同. 设 $\boldsymbol{A}=\boldsymbol{QJQ}^{-1}$，其中 $\boldsymbol{J}$ 是 $\boldsymbol{A}$ 的 Jordan标准形，$\boldsymbol{Q}$ 是相似变换矩阵，由式(5.1)知 $f(\boldsymbol{J})=p(\boldsymbol{J})$，于是

$$f(\boldsymbol{A})=\boldsymbol{Q}f(\boldsymbol{J})\boldsymbol{Q}^{-1}=\boldsymbol{Q}p(\boldsymbol{J})\boldsymbol{Q}^{-1}=p(\boldsymbol{QJQ}^{-1})=p(\boldsymbol{A}).$$

由于矩阵 $\boldsymbol{A}$ 的最小多项式 $m_{\boldsymbol{A}}(\lambda)$ 是 l 次多项式，故对任一多项式 $g(\lambda)$，存在次数小于 l 的多项式 $p(\lambda)$，使

$$g(\boldsymbol{A})=p(\boldsymbol{A}).$$

令 $p(\lambda)$ 为如下 $l-1$ 次多项式

$$p(\lambda)=a_0+a_1\lambda+\cdots+a_{l-1}\lambda^{l-1},$$

$p(\lambda)$ 共有 l 个待定系数 a_0, a_1, $\cdots$, a_{l-1}，而式(5.8)正是有 l 个方程构成的这个 l 未知量的线性方程组. 可以证明这个方程组的系数矩阵的行列式不为零,因此 a_0, a_1, $\cdots$, a_{l-1} 可由式(5.8)中的 l 个方程唯一确定,得到 $p(\lambda)$ 后即可算出 $p(\mathbf{A})$，从而得到了 $f(\mathbf{A})$.

例 5.7 设矩阵

$$\mathbf{A}=\begin{pmatrix}2&1&4\\0&2&0\\0&3&1\end{pmatrix},$$

求 $\mathrm{e}^{\mathbf{A}t}$.

解 先求 $\mathbf{A}$ 的最小多项式

$$\lambda\mathbf{E}-\mathbf{A}=\begin{pmatrix}\lambda-2&-1&-4\\0&\lambda-2&0\\0&-3&\lambda-1\end{pmatrix}$$

$$\cong\begin{pmatrix}1&(\lambda-2)&-4\\-(\lambda-2)&0&0\\3&0&\lambda-1\end{pmatrix}$$

$$\cong\begin{pmatrix}1&0&0\\0&(\lambda-2)^2&-4(\lambda-2)\\0&-3(\lambda-2)&\lambda+11\end{pmatrix}$$

$$\cong\begin{pmatrix}1&0&0\\0&(\lambda-2)(\lambda-14)&-4(\lambda-2)\\0&39&\lambda+11\end{pmatrix}$$

$$\cong\begin{pmatrix}1&0&0\\0&1&\frac{1}{39}(\lambda+11)\\0&(\lambda-2)(\lambda-14)&-4(\lambda-2)\end{pmatrix}$$

$$\cong\begin{pmatrix}1&0&0\\0&1&0\\0&0&(\lambda-2)^2(\lambda-1)\end{pmatrix}.$$

故最小多项式为 $m_{\mathbf{A}}(\lambda)=(\lambda-1)(\lambda-2)^2$，这是 3 次多项式,于是设 $p(\lambda)$ 为 2 次多项式

$$p(\lambda)=a_0+a_1\lambda+a_2\lambda^2,$$

因为

$$p'(\lambda)=a_1+2a_2\lambda,\ f(\lambda)=\mathrm{e}^{\lambda t},\ f'(\lambda)=t\mathrm{e}^{\lambda t},$$

且

$$p(1)=f(1),\ p(2)=f(2),\ p'(2)=f'(2),$$

从而可以得到线性方程组

$$\begin{cases} a_0 + a_1 + a_2 = e^t, \\ a_0 + 2a_1 + 4a_2 = e^{2t}, \\ a_1 + 4a_2 = te^{2t}, \end{cases}$$

解之得

$$\begin{cases} a_0 = 4e^t - 3e^{2t} + 2te^{2t}, \\ a_1 = -4e^t + 4e^{2t} - 3te^{2t}, \\ a_2 = e^t - e^{2t} + te^{2t}, \end{cases}$$

即

$$\begin{aligned} p(\lambda) &= (4e^t - 3e^{2t} + 2t\,e^{2t}) + (-4e^t + 4e^{2t} - 3te^{2t})\lambda + (e^t - e^{2t} + t\,e^{2t})\lambda^2 \\ &= e^t(4 - 4\lambda + \lambda^2) + e^{2t}(-3 + 4\lambda - \lambda^2) + t\,e^{2t}(2 - 3\lambda + \lambda^2). \end{aligned}$$

所以

$$e^{\boldsymbol{A}t} = p(\boldsymbol{A}) = e^t(4\boldsymbol{E} - 4\boldsymbol{A} + \boldsymbol{A}^2) + e^{2t}(-3\boldsymbol{E} + 4\boldsymbol{A} - \boldsymbol{A}^2) + te^{2t}(2\boldsymbol{E} - 3\boldsymbol{A} + \boldsymbol{A}^2),$$

$$\boldsymbol{A}^2 = \begin{pmatrix} 2 & 1 & 4 \\ 0 & 2 & 0 \\ 0 & 3 & 1 \end{pmatrix}\begin{pmatrix} 2 & 1 & 4 \\ 0 & 2 & 0 \\ 0 & 3 & 1 \end{pmatrix} = \begin{pmatrix} 4 & 16 & 12 \\ 0 & 4 & 0 \\ 0 & 9 & 1 \end{pmatrix},$$

$$4\boldsymbol{E} - 4\boldsymbol{A} + \boldsymbol{A}^2 = \begin{pmatrix} 4 & 0 & 0 \\ 0 & 4 & 0 \\ 0 & 0 & 4 \end{pmatrix} + \begin{pmatrix} -8 & -4 & -16 \\ 0 & -8 & 0 \\ 0 & -12 & -4 \end{pmatrix} + \begin{pmatrix} 4 & 16 & 12 \\ 0 & 4 & 0 \\ 0 & 9 & 1 \end{pmatrix} = \begin{pmatrix} 0 & 12 & -4 \\ 0 & 0 & 0 \\ 0 & -3 & 1 \end{pmatrix},$$

$$\begin{aligned} -3\boldsymbol{E} + 4\boldsymbol{A} - \boldsymbol{A}^2 &= \begin{pmatrix} -3 & 0 & 0 \\ 0 & -3 & 0 \\ 0 & 0 & -3 \end{pmatrix} + \begin{pmatrix} 8 & 4 & 16 \\ 0 & 8 & 0 \\ 0 & 12 & 4 \end{pmatrix} + \begin{pmatrix} -4 & -16 & -12 \\ 0 & -4 & 0 \\ 0 & -9 & -1 \end{pmatrix} \\ &= \begin{pmatrix} 1 & -12 & 4 \\ 0 & 1 & 0 \\ 0 & 3 & 0 \end{pmatrix}, \end{aligned}$$

$$\begin{aligned} 2\boldsymbol{E} - 3\boldsymbol{A} + \boldsymbol{A}^2 &= \begin{pmatrix} 2 & 0 & 0 \\ 0 & 2 & 0 \\ 0 & 0 & 2 \end{pmatrix} + \begin{pmatrix} -6 & -3 & -12 \\ 0 & -6 & 0 \\ 0 & -9 & -3 \end{pmatrix} + \begin{pmatrix} 4 & 16 & 12 \\ 0 & 4 & 0 \\ 0 & 9 & 1 \end{pmatrix} \\ &= \begin{pmatrix} 0 & 13 & 0 \\ 0 & 0 & 0 \\ 0 & 0 & 0 \end{pmatrix}. \end{aligned}$$

因此

$$e^{\boldsymbol{A}t} = e^t\begin{pmatrix} 0 & 12 & -4 \\ 0 & 0 & 0 \\ 0 & -3 & 1 \end{pmatrix} + e^{2t}\begin{pmatrix} 1 & -12 & 4 \\ 0 & 1 & 0 \\ 0 & 3 & 0 \end{pmatrix} + te^{2t}\begin{pmatrix} 0 & 13 & 0 \\ 0 & 0 & 0 \\ 0 & 0 & 0 \end{pmatrix}$$

$$
= \begin{pmatrix} e^{2t} & 12e^{t} - 12e^{2t} + 13te^{2t} & -4e^{t} + 4e^{2t} \\ 0 & e^{2t} & 0 \\ 0 & -3e^{t} + 3e^{2t} & e^{t} \end{pmatrix}.
$$

由例(5.7)可知矩阵函数 $f(\boldsymbol{A})$ 的第二种计算方法如下：

第1步　先计算矩阵 $\boldsymbol{A}$ 的最小多项式 $m_{\boldsymbol{A}}(\lambda)$，确定其次数 l 及根与根的重数.

第2步　设多项式 $p(\lambda)$ 为

$$
p(\lambda) = a_0 + a_1\lambda + \cdots + a_{l-1}\lambda^{l-1},
$$

由式(5.8)定出系数 $a_0, a_1, \cdots, a_{l-1}$.

第3步　计算 $p(\boldsymbol{A})$，从而得到 $f(\boldsymbol{A})$.

这种方法不需要计算相似变换矩阵 $\boldsymbol{P}$，其运算量通常要比第一种方法少，当然用哪一种方法来计算需根据具体情况来确定.

5.6　矩阵函数与微分方程组的解

本节讨论如何用矩阵函数表示一阶线性常系数微分方程组的解.

设一阶线性常系数常微分方程组的初值问题为

$$
\begin{cases} \dfrac{\mathrm{d}x_1(t)}{\mathrm{d}t} = a_{11}x_1(t) + a_{12}x_2(t) + \cdots + a_{1n}x_n(t) + f_1(t), \\ \dfrac{\mathrm{d}x_2(t)}{\mathrm{d}t} = a_{21}x_1(t) + a_{22}x_2(t) + \cdots + a_{2n}x_n(t) + f_2(t), \\ \qquad \vdots \\ \dfrac{\mathrm{d}x_n(t)}{\mathrm{d}t} = a_{n1}x_1(t) + a_{n2}x_2(t) + \cdots + a_{nn}x_n(t) + f_n(t), \end{cases} \tag{5.9}
$$

$$
\begin{cases} x_1(t)\,|_{t=0} = x_1(0), \\ x_2(t)\,|_{t=0} = x_2(0), \\ \qquad \vdots \\ x_n(t)\,|_{t=0} = x_n(0), \end{cases} \tag{5.10}
$$

记

$$
\boldsymbol{A} = \begin{pmatrix} a_{11} & a_{12} & \cdots & a_{1n} \\ a_{21} & a_{22} & \cdots & a_{2n} \\ \vdots & \vdots & & \vdots \\ a_{n1} & a_{n2} & \cdots & a_{nn} \end{pmatrix},
$$

$$
\boldsymbol{x}(t) = \begin{pmatrix} x_1(t) \\ x_2(t) \\ \vdots \\ x_n(t) \end{pmatrix}, \quad \boldsymbol{f}(t) = \begin{pmatrix} f_1(t) \\ f_2(t) \\ \vdots \\ f_n(t) \end{pmatrix}. \tag{5.11}
$$

则式(5.9)与式(5.10)可写成如下矩阵形式

$$\frac{\mathrm{d}\boldsymbol{x}(t)}{\mathrm{d}t}=\boldsymbol{A}\boldsymbol{x}(t)+\boldsymbol{f}(t), \tag{5.12}$$

$$\boldsymbol{x}(t)\big|_{t=0}=\boldsymbol{x}(0). \tag{5.13}$$

利用矩阵函数的知识,并参考常微分方程的求解技巧,可得求解式(5.12)与式(5.13)的如下定理.

定理 5.5 一阶线性常系数常微分方程组的初值问题

$$\begin{cases}\dfrac{\mathrm{d}\boldsymbol{x}(t)}{\mathrm{d}t}=\boldsymbol{A}\boldsymbol{x}(t)+\boldsymbol{f}(t),\\ \boldsymbol{x}(t)\big|_{t=0}=\boldsymbol{x}(0)\end{cases}$$

的解为

$$\boldsymbol{x}(t)=\mathrm{e}^{\boldsymbol{A}t}\boldsymbol{x}(0)+\mathrm{e}^{\boldsymbol{A}t}\int_0^t \mathrm{e}^{-\boldsymbol{A}t}\boldsymbol{f}(\tau)\mathrm{d}\tau. \tag{5.14}$$

证明 把式(5.12)的两边左乘 $\mathrm{e}^{-\boldsymbol{A}t}$,得

$$\mathrm{e}^{-\boldsymbol{A}t}\frac{\mathrm{d}\boldsymbol{x}(t)}{\mathrm{d}t}=\mathrm{e}^{-\boldsymbol{A}t}\boldsymbol{A}\boldsymbol{x}(t)+\mathrm{e}^{-\boldsymbol{A}t}\boldsymbol{f}(t).$$

由例 5.3 知

$$\mathrm{e}^{-\boldsymbol{A}t}(-\boldsymbol{A})=\frac{\mathrm{d}}{\mathrm{d}t}(\mathrm{e}^{-\boldsymbol{A}t}),$$

于是上式可化为

$$\frac{\mathrm{d}}{\mathrm{d}t}(\mathrm{e}^{-\boldsymbol{A}t}\boldsymbol{x}(t))=\mathrm{e}^{-\boldsymbol{A}t}\boldsymbol{f}(t),$$

两侧对 t 由 0 到 t 积分,因为 $\mathrm{e}^{\boldsymbol{0}}=\boldsymbol{E}$,所以

$$\mathrm{e}^{-\boldsymbol{A}t}\boldsymbol{x}(t)-\boldsymbol{x}(0)=\int_0^t \mathrm{e}^{-\boldsymbol{A}\tau}\boldsymbol{f}(\tau)\mathrm{d}\tau,$$

两边左乘 $\mathrm{e}^{\boldsymbol{A}t}$,因为 $\mathrm{e}^{\boldsymbol{A}t}\mathrm{e}^{-\boldsymbol{A}t}=\boldsymbol{E}$,故

$$\boldsymbol{x}(t)=\mathrm{e}^{\boldsymbol{A}t}\boldsymbol{x}(0)+\mathrm{e}^{\boldsymbol{A}t}\int_0^t \mathrm{e}^{-\boldsymbol{A}\tau}\boldsymbol{f}(\tau)\mathrm{d}\tau.$$

当 $\boldsymbol{f}(t)=\boldsymbol{0}$ 时,得到满足初值条件式(5.13)的线性常系数齐次常微分方程组

$$\frac{\mathrm{d}\boldsymbol{x}(t)}{\mathrm{d}t}=\boldsymbol{A}\boldsymbol{x}(t) \tag{5.15}$$

的解为

$$\boldsymbol{x}(t)=\mathrm{e}^{\boldsymbol{A}t}\boldsymbol{x}(0). \tag{5.16}$$

例 5.8 已知

$$\begin{cases}\dfrac{\mathrm{d}x_1(t)}{\mathrm{d}t}=3x_1(t)+8x_3(t),\\ \dfrac{\mathrm{d}x_2(t)}{\mathrm{d}t}=3x_1(t)-x_2(t)+6x_3(t),\\ \dfrac{\mathrm{d}x_3(t)}{\mathrm{d}t}=-2x_1(t)-5x_3(t),\end{cases}$$

和 $x_1(0)=1, x_2(0)=2, x_3(0)=-3$，试用矩阵函数方法求解 $x_1(t)$，$x_2(t)$，$x_3(t)$.

解 令

$$\boldsymbol{x}(t)=\begin{pmatrix}x_1(t)\\x_2(t)\\x_3(t)\end{pmatrix},\quad \boldsymbol{A}=\begin{pmatrix}3&0&8\\3&-1&6\\-2&0&-5\end{pmatrix},$$

于是，上述方程组可写成

$$\frac{\mathrm{d}\boldsymbol{x}(t)}{\mathrm{d}t}=\boldsymbol{A}\boldsymbol{x}(t),$$

且

$$\boldsymbol{x}(0)=\begin{pmatrix}1\\2\\-3\end{pmatrix}.$$

由式(5.16)知，$\boldsymbol{x}(t)=\mathrm{e}^{\boldsymbol{A}t}\boldsymbol{x}(0)$，故先计算 $\mathrm{e}^{\boldsymbol{A}t}$：

$$\begin{aligned}\lambda\boldsymbol{E}-\boldsymbol{A}&=\begin{pmatrix}\lambda-3&0&-8\\-3&\lambda+1&-6\\2&0&\lambda+5\end{pmatrix}\\&\cong\begin{pmatrix}\lambda-3&0&-8\\1&-(\lambda+1)&-(\lambda-1)\\2&0&\lambda+5\end{pmatrix}\\&\cong\begin{pmatrix}1&-(\lambda+1)&-(\lambda-1)\\\lambda-3&0&-8\\2&0&\lambda+5\end{pmatrix}\\&\cong\begin{pmatrix}1&0&0\\0&(\lambda-3)(\lambda+1)&(\lambda-5)(\lambda+1)\\0&2(\lambda+1)&3(\lambda+1)\end{pmatrix}\\&\cong\begin{pmatrix}1&0&0\\0&\lambda+1&0\\0&0&(\lambda+1)^2\end{pmatrix}.\end{aligned}$$

因为最小多项式 $m_A(\lambda)=(\lambda+1)^2$ 是 2 次的，故令

$$p(\lambda)=a_0+a_1\lambda,$$

由于

$$f(\lambda)=e^{\lambda t},\ f'(\lambda)=te^{\lambda t},$$

由

$$p(-1)=f(-1),\ p'(-1)=f'(-1),$$

得

$$\begin{cases}a_0-a_1=e^{-t},\\ a_1=te^{-t},\end{cases}$$

即

$$a_0=e^{-t}+te^{-t},\ a_1=te^{-t}.$$

故

$$p(\lambda)=a_0+a_1\lambda=e^{-t}+te^{-t}+te^{-t}\lambda=e^{-t}+te^{-t}(1+\lambda),$$

$$e^{\boldsymbol{A}t}=f(\boldsymbol{A})=p(\boldsymbol{A})=e^{-t}\boldsymbol{E}+te^{-t}(\boldsymbol{E}+\boldsymbol{A}),$$

$$\begin{aligned}\boldsymbol{x}(t)&=e^{\boldsymbol{A}t}\boldsymbol{x}(0)=e^{-t}\boldsymbol{x}(0)+te^{-t}(\boldsymbol{x}(0)+\boldsymbol{A}\boldsymbol{x}(0))\\&=e^{-t}\begin{pmatrix}1\\2\\-3\end{pmatrix}+te^{-t}\left(\begin{pmatrix}1\\2\\-3\end{pmatrix}+\begin{pmatrix}3&0&8\\3&-1&6\\-2&0&-5\end{pmatrix}\begin{pmatrix}1\\2\\-3\end{pmatrix}\right)\\&=e^{-t}\begin{pmatrix}1\\2\\-3\end{pmatrix}+te^{-t}\begin{pmatrix}-20\\-15\\10\end{pmatrix}=\begin{pmatrix}e^{-t}-20te^{-t}\\2e^{-t}-15te^{-t}\\-3e^{-t}+10te^{-t}\end{pmatrix}.\end{aligned}$$

例 5.9　求矩阵微分方程组

$$\begin{cases}\dfrac{d\boldsymbol{x}(t)}{dt}=\boldsymbol{A}\boldsymbol{x}(t)+\boldsymbol{f}(t),\\ \boldsymbol{x}(t)\mid_{t=0}=\boldsymbol{x}(0)\end{cases}$$

的解,其中

$$\boldsymbol{A}=\begin{pmatrix}-6&1&0\\-11&0&1\\-6&0&0\end{pmatrix},\boldsymbol{f}(t)=\begin{pmatrix}2\\6\\2\end{pmatrix},\ \boldsymbol{x}(0)=\begin{pmatrix}1\\0\\0\end{pmatrix}.$$

解　因为

$$|\lambda\boldsymbol{E}-\boldsymbol{A}|=(\lambda+1)(\lambda+2)(\lambda+3).$$

令 $\boldsymbol{A}$ 的 Jordan 标准型为 $\boldsymbol{J}$,相似变换矩阵为 $\boldsymbol{P}$,可以求得

$$\boldsymbol{J}=\begin{pmatrix}-1&0&0\\0&-2&0\\0&0&-3\end{pmatrix},\ \boldsymbol{P}=\begin{pmatrix}1&1&1\\5&4&3\\6&3&2\end{pmatrix},$$

$$\boldsymbol{P}^{-1}=\frac{1}{2}\begin{pmatrix}1&-1&1\\-8&4&-2\\9&-3&1\end{pmatrix},$$

$$\mathrm{e}^{\boldsymbol{A}t}=\boldsymbol{P}\begin{pmatrix}\mathrm{e}^{-t}&0&0\\0&\mathrm{e}^{-2t}&0\\0&0&\mathrm{e}^{-3t}\end{pmatrix}\boldsymbol{P}^{-1}.$$

把上式中 t 换成 $-t$，得

$$\mathrm{e}^{-\boldsymbol{A}t}=\boldsymbol{P}\begin{pmatrix}\mathrm{e}^{t}&0&0\\0&\mathrm{e}^{2t}&0\\0&0&\mathrm{e}^{3t}\end{pmatrix}\boldsymbol{P}^{-1}.$$

因为

$$\boldsymbol{P}^{-1}\boldsymbol{x}(0)=\frac{1}{2}\begin{pmatrix}1\\-8\\9\end{pmatrix},\ \boldsymbol{P}^{-1}\boldsymbol{f}(t)=\begin{pmatrix}-1\\2\\1\end{pmatrix},$$

所以

$$\begin{aligned}\boldsymbol{x}(t)&=\mathrm{e}^{\boldsymbol{A}t}\boldsymbol{x}(0)+\mathrm{e}^{\boldsymbol{A}t}\int_0^t\mathrm{e}^{-\boldsymbol{A}\tau}\boldsymbol{f}(\tau)\mathrm{d}\tau\\
&=\boldsymbol{P}\begin{pmatrix}\mathrm{e}^{-t}&0&0\\0&\mathrm{e}^{-2t}&0\\0&0&\mathrm{e}^{-3t}\end{pmatrix}\boldsymbol{P}^{-1}\boldsymbol{x}(0)+\boldsymbol{P}\begin{pmatrix}\mathrm{e}^{-t}&0&0\\0&\mathrm{e}^{-2t}&0\\0&0&\mathrm{e}^{-3t}\end{pmatrix}\int_0^t\begin{pmatrix}\mathrm{e}^{t}&0&0\\0&\mathrm{e}^{2t}&0\\0&0&\mathrm{e}^{3t}\end{pmatrix}\boldsymbol{P}^{-1}\boldsymbol{f}(\tau)\mathrm{d}\tau\\
&=\boldsymbol{P}\begin{pmatrix}\mathrm{e}^{-t}&0&0\\0&\mathrm{e}^{-2t}&0\\0&0&\mathrm{e}^{-3t}\end{pmatrix}\left(\frac{1}{2}\begin{pmatrix}1\\-8\\9\end{pmatrix}+\begin{pmatrix}\int_0^t-\mathrm{e}^{\tau}\mathrm{d}\tau\\\int_0^t2\mathrm{e}^{2\tau}\mathrm{d}\tau\\\int_0^t\mathrm{e}^{3\tau}\mathrm{d}\tau\end{pmatrix}\right)\\
&=\boldsymbol{P}\begin{pmatrix}\mathrm{e}^{-t}&0&0\\0&\mathrm{e}^{-2t}&0\\0&0&\mathrm{e}^{-3t}\end{pmatrix}\left(\begin{pmatrix}\frac{1}{2}\\-4\\\frac{9}{2}\end{pmatrix}+\begin{pmatrix}-\mathrm{e}^{t}+1\\\mathrm{e}^{2t}-1\\\frac{1}{3}\mathrm{e}^{3t}-\frac{1}{3}\end{pmatrix}\right)=\boldsymbol{P}\begin{pmatrix}\frac{3}{2}\mathrm{e}^{-t}-1\\-5\mathrm{e}^{-2t}+1\\\frac{25}{6}\mathrm{e}^{-3t}+\frac{1}{3}\end{pmatrix}\end{aligned}$$

$$=\begin{pmatrix}\frac{3}{2}e^{-t}-5e^{-2t}+\frac{25}{6}e^{-3t}+\frac{1}{3}\\ \frac{15}{2}e^{-t}-20e^{-2t}+\frac{25}{2}e^{-3t}\\ 9e^{-t}-15e^{-2t}+\frac{25}{3}e^{-3t}-\frac{7}{3}\end{pmatrix}.$$

习 题 5

1. 设函数矩阵

$$\boldsymbol{A}(t)=\begin{pmatrix}\sin t & -e^{t} & t\\ \cos t & e^{t} & t^{2}\\ 1 & 0 & 0\end{pmatrix},$$

试求 $\frac{d}{dt}\boldsymbol{A}(t)$，$\frac{d}{dt}|\boldsymbol{A}(t)|$，$|\frac{d}{dt}\boldsymbol{A}(t)|$，$\lim_{t\to 0}\boldsymbol{A}(t)$.

2. 设函数矩阵

$$\boldsymbol{A}(t)=\begin{pmatrix}e^{2t} & te^{t} & 1\\ e^{-t} & 2e^{2t} & 0\\ 3t & 0 & 0\end{pmatrix},$$

试求 $\int\boldsymbol{A}(t)dt$，$\int_0^t\boldsymbol{A}(t)dt$.

3. 计算级数

$$\sum_{n=0}^{\infty}\frac{1}{10^{n}}\begin{pmatrix}1 & 2\\ 8 & 1\end{pmatrix}^{n}.$$

4. 已知矩阵

$$\boldsymbol{A}=\begin{pmatrix}0 & 1\\ -2 & 1\end{pmatrix},\ \boldsymbol{B}=\begin{pmatrix}0 & -1\\ 4 & 4\end{pmatrix},$$

试求 $e^{\boldsymbol{A}}$，$e^{\boldsymbol{B}}$.

5. 已知矩阵

$$\boldsymbol{A}=\begin{pmatrix}0 & a\\ -a & 0\end{pmatrix},$$

试证

$$e^{\boldsymbol{A}}=\begin{pmatrix}\cos a & \sin a\\ -\sin a & \cos a\end{pmatrix}.$$

6. 设矩阵

$$A=\begin{pmatrix}\sigma & \omega\\ -\omega & \sigma\end{pmatrix},$$

利用上题结果求 e^{A} .

7. 设 $A=\begin{pmatrix}9 & -6 & -7\\ -1 & -1 & 1\\ 10 & -6 & -8\end{pmatrix}$，求可逆矩阵 $\boldsymbol{P}$ 和 Jordan 标准形 $\boldsymbol{J}$，使得 $\boldsymbol{P}^{-1}\boldsymbol{AP}=\boldsymbol{J}$，并求 e^{2At} .

8. 设 $\boldsymbol{A}=\begin{pmatrix}3 & 1 & -3\\ -7 & -2 & 9\\ -2 & -1 & 4\end{pmatrix}$，求可逆矩阵 $\boldsymbol{P}$ 和 Jordan 标准形 $\boldsymbol{J}$，使得 $\boldsymbol{P}^{-1}\boldsymbol{AP}=\boldsymbol{J}$，并求 $e^{\boldsymbol{A}t}$.

9. 已知

$$\boldsymbol{A}=\begin{pmatrix}2 & 2 & 1\\ 1 & 3 & 1\\ 1 & 2 & 2\end{pmatrix},\quad \boldsymbol{B}=\begin{pmatrix}3 & 0 & 0 & 0\\ 0 & -2 & 1 & 0\\ 0 & 0 & -2 & 1\\ 0 & 0 & 0 & -2\end{pmatrix},$$

试求 $\cos\boldsymbol{A}$，$\sin\boldsymbol{B}$，$e^{\boldsymbol{B}t}$.

10. 已知

$$\boldsymbol{A}=\begin{pmatrix}0 & 1\\ 0 & -2\end{pmatrix},\ \boldsymbol{B}=\begin{pmatrix}-2 & 1 & 1\\ 0 & 2 & 0\\ -4 & 1 & 3\end{pmatrix},$$

试求 $e^{\boldsymbol{A}t}$，$e^{\boldsymbol{B}t}$，$\sin\boldsymbol{B}t$.

11. 求常系数线性齐次微分方程组

$$\begin{cases}\dfrac{dx_1}{dt}=-7x_1-7x_2+5x_3,\\ \dfrac{dx_2}{dt}=-8x_1-8x_2-5x_3,\\ \dfrac{dx_3}{dt}=-5x_2\end{cases}$$

满足初始条件 $x_1(0)=3$，$x_2(0)=-2$，$x_3(0)=1$ 的解.

12. 用矩阵函数方法求解微分方程组

$$\begin{cases}x'_1(t)=x_1(t)-x_2(t),\\ x'_2(t)=4x_1(t)-3x_2(t)+1\end{cases}$$

满足初始条件 $x_1(0)=1$，$x_2(0)=2$ 的解.

13. 用矩阵函数方法求解微分方程组初值问题

$$\begin{cases} \dfrac{\mathrm{d}\boldsymbol{x}(t)}{\mathrm{d}t} = \boldsymbol{A}\boldsymbol{x}(t) + \boldsymbol{f}(t), \\ \boldsymbol{x}(t)\mid_{t=0} = \boldsymbol{x}(0), \end{cases}$$

其中 $\boldsymbol{A} = \begin{pmatrix} 3 & 1 \\ 1 & 3 \end{pmatrix}$, $\boldsymbol{x}(0) = \begin{pmatrix} 1 \\ 1 \end{pmatrix}$, $\boldsymbol{f}(t) = \begin{pmatrix} 1 \\ -1 \end{pmatrix}$.

14. 用矩阵函数方法求解微分方程组初值问题

$$\begin{cases} \dfrac{\mathrm{d}\boldsymbol{x}(t)}{\mathrm{d}t} = \boldsymbol{A}\boldsymbol{x}(t), \\ \boldsymbol{x}(t)\mid_{t=0} = \boldsymbol{x}(0), \end{cases}$$

其中, $\boldsymbol{A} = \begin{pmatrix} 2 & 1 & 1 \\ 0 & 3 & 1 \\ 0 & -1 & 1 \end{pmatrix}$, $\boldsymbol{x}(0) = \begin{pmatrix} -3 \\ 1 \\ 2 \end{pmatrix}$.

第6章 矩阵分解

矩阵分解对矩阵理论及近代计算数学的发展起了关键作用. 所谓矩阵分解,就是将一个矩阵写成结构比较简单或者性质比较熟悉的另一些矩阵的乘积. 其实,在前面对矩阵标准形的讨论实际上也是一种分解. 例如,任一个复方阵 $\boldsymbol{A}$ 都与一个 Jordan 标准形 $\boldsymbol{J}$(特殊的上三角矩阵)相似,就意味着 $\boldsymbol{A}$ 有分解 $\boldsymbol{PJP}^{-1}$.

本章首先讨论以 Gauss 消去法的初等变换为基础的矩阵 $\boldsymbol{LU}$ 三角分解,然后论述矩阵 $\boldsymbol{QR}$ 分解,最后介绍矩阵的满秩分解、谱分解以及奇异值分解. 所有这些分解都在矩阵论、数值代数和最优化问题中扮演着十分重要的角色.

6.1 矩阵的三角分解

矩阵中有一类矩阵比较特殊,称之为三角矩阵. 一般来说,对角线以下元素全为零的矩阵称为上三角矩阵,对角线以上元素全为零的称为下三角矩阵. 特别地,对角线元素均为 1 的上(下)三角阵称为单位上(下)三角矩阵,除主对角线外元素均为零的矩阵称为对角矩阵. 上三角矩阵和下三角矩阵统称三角矩阵.

定义 6.1 给定矩阵 $\boldsymbol{A} \in \mathbf{R}^{n \times n}$,若存在下三角矩阵 $\boldsymbol{L} \in \mathbf{R}^{n \times n}$ 和上三角矩阵 $\boldsymbol{U} \in \mathbf{R}^{n \times n}$ 使得 $\boldsymbol{A} = \boldsymbol{LU}$,这种分解称为矩阵的一个**三角分解**,又称 **$\boldsymbol{LU}$ 分解.**

首先回顾大家熟知的 Gauss 消去法的消去过程,然后建立矩阵的三角分解理论.

考虑 n 元线性方程组为

$$\begin{cases} a_{11}x_1 + a_{12}x_1 + \cdots + a_{1n}x_n = b_1, \\ a_{21}x_1 + a_{22}x_1 + \cdots + a_{2n}x_n = b_2, \\ \qquad\qquad\qquad\qquad \vdots \\ a_{n1}x_1 + a_{n2}x_1 + \cdots + a_{nn}x_n = b_n. \end{cases}$$

或者

$$\boldsymbol{Ax} = \boldsymbol{b},$$

其中, $\boldsymbol{A} = (a_{ij})_{1 \leqslant i,\, j \leqslant n} \in \mathbf{R}^{n \times n}$, $\boldsymbol{x} = (x_1, x_2, \cdots, x_n)^{\mathrm{T}}$, $\boldsymbol{b} = (b_1, b_2, \cdots, b_n)^{\mathrm{T}}$.

Gauss 消去法的基本思想是利用矩阵的初等行变换化系数矩阵 $\boldsymbol{A}$ 为上三角矩阵,再用回代法求解上三角线性方程组.

为方便起见,分别记矩阵 $\boldsymbol{A}^{(1)} = \boldsymbol{A}$,向量 $\boldsymbol{b}^{(1)} = \boldsymbol{b}$. Gauss 消去法中消去过程的计算过

程如下.

首先,如果 $a_{11}^{(1)} \neq 0$,可对 $i=2, 3, \cdots, n$ 作如下的运算,用数 $-a_{i1}^{(1)}/a_{11}^{(1)}$ 依次乘以方程组的第一行,并加到第 i 行上去,即可将 $\boldsymbol{A}^{(1)}$ 第 1 列上从第 2 到第 n 个元素化为零,即

$$\begin{pmatrix} a_{11}^{(1)} & a_{12}^{(1)} & \cdots & a_{1n}^{(1)} \\ 0 & a_{22}^{(2)} & \cdots & a_{2n}^{(2)} \\ \vdots & \vdots & & \vdots \\ 0 & a_{n2}^{(2)} & \cdots & a_{nn}^{(2)} \end{pmatrix} \begin{pmatrix} x_1 \\ x_2 \\ \vdots \\ x_n \end{pmatrix} = \begin{pmatrix} b_1^{(1)} \\ b_2^{(2)} \\ \vdots \\ b_n^{(2)} \end{pmatrix}. \tag{6.1}$$

此时,新元素 $a_{ij}^{(2)}$ 的计算公式为

$$a_{ij}^{(2)} = a_{ij}^{(1)} - l_{i1} a_{1j}^{(1)}, \quad i, j = 2, 3, \cdots, n,$$

其中 $l_{i1} = a_{i1}^{(1)}/a_{11}^{(1)}$. 若记

$$\boldsymbol{L}_1 = \begin{pmatrix} 1 & & & \\ -l_{21} & 1 & & \\ \vdots & & \ddots & \\ -l_{n1} & & & 1 \end{pmatrix} = \begin{pmatrix} 1 & & & \\ -\dfrac{a_{21}^{(1)}}{a_{11}^{(1)}} & 1 & & \\ \vdots & & \ddots & \\ -\dfrac{a_{n1}^{(1)}}{a_{11}^{(1)}} & & & 1 \end{pmatrix},$$

于是有

$$\boldsymbol{L}_1 \boldsymbol{A}^{(1)} = \begin{pmatrix} a_{11}^{(1)} & a_{12}^{(1)} & \cdots & a_{1n}^{(1)} \\ 0 & a_{22}^{(2)} & \cdots & a_{2n}^{(2)} \\ \vdots & \vdots & & \vdots \\ 0 & a_{n2}^{(2)} & \cdots & a_{nn}^{(2)} \end{pmatrix} = \boldsymbol{A}^{(2)}.$$

如此继续下去,经过 $n-1$ 步后,则可将矩阵 $\boldsymbol{A}$ 变为上三角矩阵

$$\boldsymbol{L}_{n-1} \cdots \boldsymbol{L}_2 \boldsymbol{L}_1 \boldsymbol{A}^{(1)} = \begin{pmatrix} a_{11}^{(1)} & a_{12}^{(1)} & \cdots & a_{1n}^{(1)} \\ & a_{22}^{(2)} & & a_{2n}^{(2)} \\ & & \ddots & \vdots \\ & & \cdots & a_{nn}^{(n)} \end{pmatrix} = \boldsymbol{A}^{(n)},$$

其中,

$$\boldsymbol{L}_i = \begin{pmatrix} 1 & & & & & \\ & \ddots & & & & \\ & & 1 & & & \\ & & -l_{i+1,i} & 1 & & \\ & & \vdots & & \ddots & \\ & & -l_{n,i} & & & 1 \end{pmatrix}, \quad i = 1, 2, \cdots, n-1.$$

这种对 $\boldsymbol{A}$ 的元素进行的消元过程便是有名的 Gauss 消元过程. 显然,Gauss 消元过程能

够进行到底当且仅当每一步的主元素 $a_{11}^{(1)}$, $a_{22}^{(2)}$, …, $a_{n-1,n-1}^{(n-1)}$ 都不为零. 怎样判断 $\boldsymbol{A}$ 的前 $n-1$ 个主元素是否为零呢?

由于每一步初等变换不改变行列式的值,矩阵 $\boldsymbol{A}$ 的前 $n-1$ 个顺序主子式应该满足下列关系

$$a_{11}=a_{11}^{(1)},$$

$$\begin{vmatrix} a_{11} & a_{12} \\ a_{21} & a_{22} \end{vmatrix} = \begin{vmatrix} a_{11}^{(1)} & a_{12}^{(1)} \\ 0 & a_{22}^{(2)} \end{vmatrix} = a_{11}^{(1)}a_{22}^{(2)},$$

$$\vdots$$

$$\begin{vmatrix} a_{11} & a_{12} & \cdots & a_{1,n-1} \\ a_{21} & a_{22} & \cdots & a_{2,n-1} \\ \vdots & \vdots & & \vdots \\ a_{n-1,1} & a_{n-1,2} & \cdots & a_{n-1,n-1} \end{vmatrix} = \begin{vmatrix} a_{11}^{(1)} & a_{12}^{(1)} & \cdots & a_{1n}^{(1)} \\ & a_{22}^{(2)} & & a_{2n}^{(2)} \\ & & \ddots & \vdots \\ & & \cdots & a_{n-1,n-1}^{(n-1)} \end{vmatrix} = a_{11}^{(1)}a_{22}^{(2)}\cdots a_{n-1,n-1}^{(n-1)},$$

即矩阵 $\boldsymbol{A}$ 的前 $n-1$ 个顺序主子式都不为零的情况下,有每一步的主元素 $a_{11}^{(1)}$, $a_{22}^{(2)}$, …, $a_{n-1,n-1}^{(n-1)}$ 都不为零.

综上所述,可得到如下定理.

定理 6.1 给定矩阵 $\boldsymbol{A}\in\mathbf{R}^{n\times n}$,Gauss 消元过程能够进行到底的充分必要条件是 $\boldsymbol{A}$ 的各阶顺序主子阵均不为零.

通过简单的计算,可知

$$\boldsymbol{L}_i^{-1}=\begin{pmatrix} 1 & & & & \\ & \ddots & & & \\ & & 1 & & \\ & & l_{i+1,i} & 1 & \\ & & \vdots & & \ddots & \\ & & l_{n,i} & & & 1 \end{pmatrix}, \quad i=1,2,\cdots,n-1.$$

从而在 Gauss 消去过程中有

$$\boldsymbol{A}=\boldsymbol{L}_1^{-1}\boldsymbol{L}_2^{-1}\cdots\boldsymbol{L}_{n-1}^{-1}\boldsymbol{A}^{(n)}.$$

记 $\boldsymbol{L}=\boldsymbol{L}_1^{-1}\boldsymbol{L}_2^{-1}\cdots\boldsymbol{L}_{n-1}^{-1}$ 是单位下三角矩阵,$\boldsymbol{U}=\boldsymbol{A}^{(n)}$ 是一个上三角矩阵,则有 $\boldsymbol{A}=\boldsymbol{L}\boldsymbol{U}$. 这里 $\boldsymbol{L}$ 是单位下三角矩阵,$\boldsymbol{U}$ 是上三角矩阵,这种矩阵分解称为 **Doolittle 分解**,或者 **Doolittle 三角分解**.

由 Gauss 消去法过程可知如下矩阵三角分解的存在定理.

定理 6.2 给定矩阵 $\boldsymbol{A}\in\mathbf{R}^{n\times n}$,存在单位下三角阵 $\boldsymbol{L}\in\mathbf{R}^{n\times n}$ 和可逆上三角阵 $\boldsymbol{U}\in\mathbf{R}^{n\times n}$,使得 $\boldsymbol{A}=\boldsymbol{L}\boldsymbol{U}$ 的充分必要条件是 $\boldsymbol{A}$ 的各阶顺序主子阵均不为零.

例 6.1 已知

$$\boldsymbol{A}=\begin{pmatrix} 2 & 3 & 4 \\ -2 & 0 & 2 \\ 2 & -3 & -3 \end{pmatrix},$$

计算矩阵 $\boldsymbol{A}$ 的 Doolittle 分解.

解 对矩阵 $\boldsymbol{A}$ 依次用 r_i+kr_j 类型初等变换消去下三角非零元素,其中 $j<i$. 于是,对于第 1 列

$$\boldsymbol{L}_1=\begin{pmatrix}1&0&0\\1&1&0\\-1&0&1\end{pmatrix},\quad \boldsymbol{L}_1\boldsymbol{A}=\begin{pmatrix}2&3&4\\0&3&6\\0&-6&-7\end{pmatrix},$$

对于第 2 列

$$\boldsymbol{L}_2=\begin{pmatrix}1&0&0\\0&1&0\\0&2&1\end{pmatrix},\quad \boldsymbol{L}_2\boldsymbol{L}_1\boldsymbol{A}=\begin{pmatrix}2&3&4\\0&3&6\\0&0&5\end{pmatrix},$$

故

$$\boldsymbol{L}=\boldsymbol{L}_1^{-1}\boldsymbol{L}_2^{-1}=\begin{pmatrix}1&0&0\\-1&1&0\\1&-2&1\end{pmatrix},$$

$$\boldsymbol{U}=\begin{pmatrix}2&3&4\\0&3&6\\0&0&5\end{pmatrix},$$

使得

$$\boldsymbol{A}=\boldsymbol{L}\boldsymbol{U}.$$

矩阵的三角分解未必一定存在,譬如,

$$\begin{pmatrix}0&1\\1&0\end{pmatrix}$$

不存在三角分解. 注意到矩阵的三角分解一般来说不唯一.

譬如,在上面的例子中,有

$$\begin{aligned}\begin{pmatrix}2&3&4\\-2&0&2\\2&-3&-3\end{pmatrix}&=\begin{pmatrix}1&0&0\\-1&1&0\\1&-2&1\end{pmatrix}\begin{pmatrix}2&3&4\\0&3&6\\0&0&5\end{pmatrix}\\&=\begin{pmatrix}1&0&0\\-1&1&0\\1&-2&1\end{pmatrix}\begin{pmatrix}2&0&0\\0&3&0\\0&0&5\end{pmatrix}\begin{pmatrix}1&\frac{3}{2}&2\\0&1&2\\0&0&1\end{pmatrix}\\&=\begin{pmatrix}2&0&0\\-2&3&0\\2&-6&5\end{pmatrix}\begin{pmatrix}1&\frac{3}{2}&2\\0&1&2\\0&0&1\end{pmatrix}.\end{aligned}$$

因此,矩阵的三角分解除了 Doolittle 分解,还有以下两种特殊的变形情况:

(1) **Crout 分解** $A = LU$，这里 L 是下三角矩阵，U 是单位上三角矩阵.

(2) **LDU 分解** $A = LDU$，这里 L 是单位下三角矩阵，D 是对角矩阵，U 是单位上三角矩阵.

以上三种分解统称为矩阵的三角分解，或者 LU 分解. 如果不作特殊说明，一般所说的 LU 分解就是指 Doolittle 三角分解.

实际上，尽管矩阵的三角分解不唯一，但是矩阵的 Doolittle 三角分解具有唯一性，即下述定理.

定理 6.3 若 A 为 n 阶矩阵，且所有顺序主子式均不等于零，则 A 可分解为一个单位下三角矩阵 L 与一个上三角矩阵 U 的乘积，即 $A = LU$，且分解是唯一的.

证明 Doolittle 三角分解的存在性上面已经给出了，下面来证明它的唯一性. 不妨假设矩阵 A 有两种 Doolittle 三角分解

$$A = L_1U_1 = L_2U_2, \tag{6.2}$$

其中，L_1 和 L_2 为单位下三角矩阵，U_1 和 U_2 为上三角矩阵. 由于 A 非奇异，则 U_1 和 U_2 也是非奇异矩阵，于是由式(6.2)可得

$$L_2^{-1}L_1 = U_2U_1^{-1}. \tag{6.3}$$

由于单位下三角矩阵的逆矩阵仍是单位下三角矩阵，单位下三角矩阵与单位下三角矩阵的乘积仍是单位下三角矩阵，且上三角矩阵的逆矩阵仍是上三角矩阵，上三角矩阵与上三角矩阵的乘积仍是上三角矩阵. 这样，式(6.3)的左边为单位下三角矩阵，而右边为上三角矩阵，所以必有

$$L_2^{-1}L_1 = U_2U_1^{-1} = E.$$

即 $L_1 = L_2$，$U_1 = U_2$，唯一性得证.

同理，存在性和唯一性定理也适用于其他形式的三角分解.

定理 6.4 如果矩阵 A 的所有顺序主子式均不等于零，则有

(1) A 有唯一的三角分解：$A = LDU$.

(2) A 有唯一的 Crout 分解：$A = LU$.

除了用初等变换法，矩阵的三角分解也可以通过待定系数法来完成计算.

例 6.2 已知矩阵

$$A = \begin{pmatrix} 1 & 2 & 3 & 4 \\ 1 & 4 & 9 & 16 \\ 1 & 8 & 27 & 64 \\ 1 & 16 & 81 & 256 \end{pmatrix},$$

计算 Doolittle 三角分解.

解 假设

$$\begin{pmatrix} 1 & 2 & 3 & 4 \\ 1 & 4 & 9 & 16 \\ 1 & 8 & 27 & 64 \\ 1 & 16 & 81 & 256 \end{pmatrix} = \begin{pmatrix} 1 & & & \\ l_{21} & 1 & & \\ l_{31} & l_{32} & 1 & \\ l_{41} & l_{42} & l_{43} & 1 \end{pmatrix} \begin{pmatrix} u_{11} & u_{12} & u_{13} & u_{14} \\ & u_{22} & u_{23} & u_{24} \\ & & u_{33} & u_{34} \\ & & & u_{44} \end{pmatrix}.$$

根据待定系数依次计算,可得

$$L=\begin{pmatrix}1&&&\\1&1&&\\1&3&1&\\1&7&6&1\end{pmatrix},\quad U=\begin{pmatrix}1&2&3&4\\&2&6&12\\&&6&24\\&&&24\end{pmatrix}.$$

当 A 为对称正定矩阵时,它的所有顺序主子式都大于零,故由定理 6.4 可知存在唯一的 LDU 分解. 由于对称正定的特殊性,可以得到一个性质更好的三角分解.

定理 6.5 若 $A\in\mathbf{R}^{n\times n}$ 为对称正定矩阵,则存在唯一的对角元素均为正的下三角矩阵 G,使得 $A=GG^{\mathrm{T}}$,这样的分解称为对称正定矩阵的 **Cholesky 分解**.

证明 根据定理 6.4,由于 A 是对称正定矩阵,所以存在唯一的 LDU 分解,即 $A=LDU$,其中,L 是单位下三角矩阵,D 是非奇异的对角矩阵,U 是单位上三角矩阵.

由 A 的对称性可得 $LDU=U^{\mathrm{T}}DL^{\mathrm{T}}$,按照分解的唯一性可得 $L=U^{\mathrm{T}}$,从而得到 $A=LDL^{\mathrm{T}}$.

设 $D=\mathrm{diag}(d_1, d_2, \cdots, d_n)$, $d_i\neq 0$, $i=1, 2, \cdots, n$. 下面进一步来证明 D 的对角元素均为正数,即 $d_i>0$.

由于 L 是单位下三角矩阵,所以 L^{T} 是单位上三角矩阵,当然也是非奇异矩阵. 故对于单位坐标向量 $e_i=(0, \cdots, 0, 1, 0, \cdots, 0)^{\mathrm{T}}$,存在非零向量 x_i,使得

$$L^{\mathrm{T}}x_i=e_i,\quad i=1, 2, \cdots, n.$$

另外,$x_i^{\mathrm{T}}Ax_i=x_i^{\mathrm{T}}(LDL^{\mathrm{T}})x_i=(L^{\mathrm{T}}x_i)^{\mathrm{T}}D(L^{\mathrm{T}}x_i)=e_i^{\mathrm{T}}De_i=d_i$. 由于 A 是对称正定矩阵,则有 $x_i^{\mathrm{T}}Ax_i>0$,从而 $d_i>0$, $i=1, 2, \cdots, n$. 这就证明了 D 的对角元素都为正数.

记 $D^{1/2}=\mathrm{diag}(\sqrt{d_1}, \sqrt{d_2}, \cdots, \sqrt{d_n})$,则有

$$A=LDL^{\mathrm{T}}=LD^{1/2}D^{1/2}L^{\mathrm{T}}=(LD^{1/2})(LD^{1/2})^{\mathrm{T}}.$$

如果记 $G=LD^{1/2}$,则有

$$A=GG^{\mathrm{T}},\tag{6.4}$$

其中,L 是对角元素均大于零的下三角矩阵. 容易证明,这个三角分解也是唯一的.

例 6.3 计算矩阵 A 的 Choleskey 分解,其中

$$A=\begin{pmatrix}4&2&-2\\2&2&-3\\-2&-3&14\end{pmatrix}.$$

解 设 A 的 Choleskey 矩阵分解 $A=GG^{\mathrm{T}}$,其中

$$G=\begin{pmatrix}g_{11}&0&0\\g_{21}&g_{22}&0\\g_{31}&g_{32}&g_{33}\end{pmatrix}.$$

根据计算,

$$g_{11}=\sqrt{4}=2;\quad g_{21}=2/2=1;\quad g_{31}=-2/2=1,$$
$$g_{22}=\sqrt{2-1}=1;\quad g_{32}=-2,$$
$$g_{33}=\sqrt{14-1-4}=3.$$

由此可得

$$G=\begin{pmatrix}2 & & \\ 1 & 1 & \\ -1 & -2 & 3\end{pmatrix}.$$

6.2　正交三角分解

在介绍矩阵的正交三角分解之前，首先回顾一下正交矩阵的概念和性质.

定义 6.2　若矩阵 $Q\in\mathbf{R}^{n\times n}$，且满足 $QQ^{\mathrm{T}}=Q^{\mathrm{T}}Q=E$，就称矩阵 Q 为**正交矩阵**.

正交矩阵 Q 有如下性质：

(1) $Q^{-1}=Q^{\mathrm{T}}$；

(2) $\det(Q)=\pm 1$；

(3) Qx 的长度与 x 的长度相等.

下面介绍几类特殊的正交矩阵.

1. 单位矩阵和置换矩阵

形如

$$E=\begin{pmatrix}1 & & & \\ & 1 & & \\ & & \ddots & \\ & & & 1\end{pmatrix}_{n\times n}$$

的矩阵称为单位矩阵. 单位矩阵除了对角线为 1 以外，其他元素都为零. 将单位矩阵的任意两行(列)交换得到的矩阵，称为置换矩阵. 譬如，将单位矩阵的第 i 行和第 j 行交换，得到置换矩阵 P_{ij}

$$P_{ij}=\begin{pmatrix}1 & & & & & & \\ & \ddots & & & & & \\ & & 0 & & 1 & & \\ & & & \ddots & & & \\ & & 1 & & 0 & & \\ & & & & & \ddots & \\ & & & & & & 1\end{pmatrix}\begin{matrix}\\ \\ i \\ \\ j \\ \\ \\ \end{matrix}.$$

任意个置换矩阵的乘积仍然是置换矩阵.

2. 旋转矩阵

对于某个角度 θ，记 $s=\sin\theta$，$c=\cos\theta$，那么

$$G=\begin{pmatrix} c & s \\ -s & c \end{pmatrix}$$

是一个正交阵. 记 $w=(x,\ y)^{\mathrm{T}}$ 为二维平面中的一个向量,用极坐标表示为 $w=(r\cos\phi,\ r\sin\phi)^{\mathrm{T}}$. 那么

$$Gw=\begin{pmatrix} \cos\theta & \sin\theta \\ -\sin\theta & \cos\theta \end{pmatrix}\begin{pmatrix} r\cos\phi \\ r\sin\phi \end{pmatrix}=\begin{pmatrix} r\cos(\theta+\phi) \\ r\sin(\theta+\phi) \end{pmatrix},$$

即 Gw 表示将向量 w 逆时针旋转 θ 角所得到的向量,如图 6-1 所示.

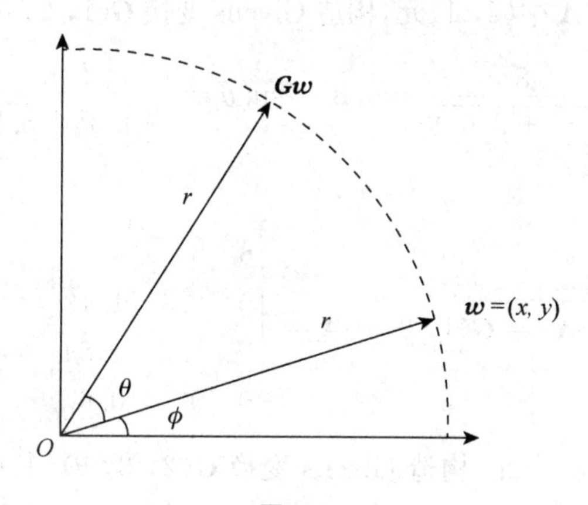

图 6-1

推广到 $n\times n$ 的情形,形如

$$G(i,\ j,\ \theta)=\begin{pmatrix} 1 & & & & & & \\ & \ddots & & & & & \\ & & \cos\theta & & \sin\theta & & \\ & & & \ddots & & & \\ & & -\sin\theta & & \cos\theta & & \\ & & & & & \ddots & \\ & & & & & & 1 \end{pmatrix}\begin{matrix} \\ \\ i \\ \\ j \\ \\ \\ \end{matrix}$$

的矩阵称为 Givens 矩阵或 Givens 变换,或称(平面)旋转矩阵(旋转变换),其中 θ 为旋转的角度. 显然,$G(i,\ j,\ \theta)$ 也是正交矩阵.

若 $x\in\mathbf{R}^n$, $y=G(i,\ j,\ \theta)x$,则 y 的分量为

$$\begin{cases} y_i=cx_i+sx_j, \\ y_j=-sx_i+cx_j, \quad k\neq i, \quad k\neq j. \\ y_k=x_k, \end{cases}$$

如果要使 $y_j=0$,只要选择 θ 满足

$$c=\cos\theta=\frac{x_i}{\sqrt{(x_i^2+x_j^2)}}, \quad s=\sin\theta=\frac{x_j}{\sqrt{(x_i^2+x_j^2)}}$$

即可.

例 6.4 用 Givens 变换将上 Hessenberg 型矩阵

$$A=\begin{pmatrix}4.8 & 2.56 & 2.528\\ 3.6 & 4.92 & 3.296\\ 0 & 1.8 & 1.84\\ 0 & 0 & 0.6\end{pmatrix}$$

化为上三角矩阵.

解 首先,为了消去 $\boldsymbol{A}$ 中(2, 1)元,构造 Givens 变换 $\boldsymbol{G}(1,2,\theta)$,其中

$$\cos\theta=\frac{4.8}{\sqrt{(4.8^2+3.6^2)}}=0.8,\quad \sin\theta=\frac{3.6}{\sqrt{(4.8^2+3.6^2)}}=0.6.$$

从而

$$\boldsymbol{A}_1=\boldsymbol{G}(1,2,\theta)\boldsymbol{A}=\begin{pmatrix}6 & 5 & 4\\ 0 & 2.4 & 1.12\\ 0 & 1.8 & 1.84\\ 0 & 0 & 0.6\end{pmatrix}.$$

其次,消去 $\boldsymbol{A}_1$ 中(3, 2)元. 为此,构造 Givens 变换 $\boldsymbol{G}(2,3,\theta)$,其中 $\cos\theta=0.8$, $\sin\theta=0.6$. 从而

$$\boldsymbol{A}_2=\boldsymbol{G}(2,3,\theta)\boldsymbol{A}_1=\begin{pmatrix}6 & 5 & 4\\ 0 & 3 & 2\\ 0 & 0 & 0.8\\ 0 & 0 & 0.6\end{pmatrix}.$$

第三步,消去 $\boldsymbol{A}_2$ 中(4, 3)元. 为此,构造 Givens 变换 $\boldsymbol{G}(3,4,\theta)$,其中 $\cos\theta=0.8$, $\sin\theta=0.6$. 从而,上三角矩阵 $\boldsymbol{R}$ 为

$$\boldsymbol{R}=\boldsymbol{G}(2,3,\theta)\boldsymbol{A}_2=\begin{pmatrix}6 & 5 & 4\\ 0 & 3 & 2\\ 0 & 0 & 1\\ 0 & 0 & 0\end{pmatrix}.$$

3. 反射矩阵(Householder 变换)

设 $w\in\mathbf{R}^n$,且 $\|w\|_2=1$,则

$$\boldsymbol{P}=\boldsymbol{I}-2ww^{\mathrm{T}}$$

称为 **Householder 变换,或者 Householder 矩阵**. Householder 矩阵有如下性质:

(1) $\boldsymbol{P}^{\mathrm{T}}=\boldsymbol{P}$,即 $\boldsymbol{P}$ 是对称阵;

(2) $\boldsymbol{P}\boldsymbol{P}^{\mathrm{T}}=\boldsymbol{P}^2=\boldsymbol{I}-2ww^{\mathrm{T}}-2ww^{\mathrm{T}}+4w(w^{\mathrm{T}}w)w^{\mathrm{T}}=\boldsymbol{I}$,即 $\boldsymbol{P}$ 是正交阵.

(3) 如图 6-2 所示,设 w 是 $\mathbf{R}^3$ 上的一个单位向量,并设 S 为过原点且与 w 垂直的平面,则一切 $v\in\mathbf{R}^3$ 可分解成 $v=v_1+v_2$,其中 $v_1\in S$, $v_2\perp S$. 不难验证 $\boldsymbol{P}v_1=v_1$ $\boldsymbol{P}v_2=$

$-\boldsymbol{v}_2$，所以

$$\boldsymbol{Pv}=\boldsymbol{v}_1-\boldsymbol{v}_2.$$

这样，$\boldsymbol{v}$ 经变换后的象 $\boldsymbol{Pv}$ 是 $\boldsymbol{v}$ 关于 S 对称的向量. 所以，Householder 变换(图 6-2)又称镜面反射变换，Householder 矩阵也称初等反射矩阵.

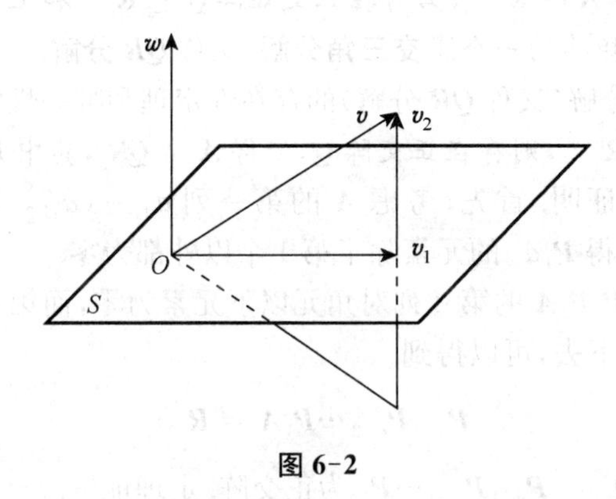

图 6-2

一个重要的应用是对 $\boldsymbol{x}\neq\boldsymbol{0}$，求 Householder 矩阵 $\boldsymbol{P}$，使得

$$\boldsymbol{Px}=k\boldsymbol{e}_1,$$

其中，$\boldsymbol{e}_1=(1,\ 0,\ \cdots,\ 0)^{\mathrm{T}}$. 由正交矩阵的性质可知 $\|\boldsymbol{Px}\|_2=\|k\boldsymbol{e}_1\|_2=\|\boldsymbol{x}\|_2$，即 $k=\pm\|\boldsymbol{x}\|_2$. 由上面所讨论的 $\boldsymbol{P}$ 的构造，有

$$\boldsymbol{u}=\boldsymbol{x}-k\boldsymbol{e}_1,\quad \boldsymbol{w}=\frac{\boldsymbol{u}}{\|\boldsymbol{u}\|_2}.$$

设 $\boldsymbol{x}=(x_1,\ \cdots,\ x_n)^{\mathrm{T}}$，为了使 $\boldsymbol{x}-k\boldsymbol{e}_1$ 计算时不损失有效数位，取

$$k=-\mathrm{sign}(x_1)\|\boldsymbol{x}\|_2,\quad \mathrm{sign}(x_1)=\begin{cases}1, & \text{当 } x_1\geqslant 0,\\ -1, & \text{当 } x_1<0,\end{cases}$$

则

$$\boldsymbol{u}=(x_1+\mathrm{sign}(x_1)\|\boldsymbol{x}\|_2,\ x_2,\ \cdots,\ x_n)^{\mathrm{T}}.$$

从而

$$\boldsymbol{P}=\boldsymbol{I}-\beta\boldsymbol{u}\boldsymbol{u}^{\mathrm{T}},$$

其中

$$\beta=2(\|\boldsymbol{u}\|_2^2)^{-1}=2(\|\boldsymbol{x}\|_2(\|\boldsymbol{x}\|_2+|x_1|))^{-1}.$$

例 6.5 已知 $\boldsymbol{x}=(3,\ 5,\ 1,\ 1)^{\mathrm{T}}$，求 Householder 矩阵 $\boldsymbol{P}$，使得 $\boldsymbol{Px}=-6\boldsymbol{e}_1$，其中 $\|\boldsymbol{x}\|_2=6$.

解 取 $k=-6$，$\boldsymbol{u}=\boldsymbol{x}-k\boldsymbol{e}_1=(9,\ 5,\ 1,\ 1)^{\mathrm{T}}$，$\|\boldsymbol{u}\|_2^2=108$，$\beta=\dfrac{1}{54}$，则

$$P = I - \beta u u^{T} = \frac{1}{54}\begin{pmatrix} -27 & -45 & -9 & -9 \\ -45 & 29 & -5 & -5 \\ -9 & -5 & 53 & -1 \\ -9 & -5 & -1 & 53 \end{pmatrix}.$$

定义 6.3 给定矩阵 $A \in \mathbf{R}^{n\times n}$，若存在正交矩阵 $Q \in \mathbf{R}^{n\times n}$ 和上三角矩阵 $R \in \mathbf{R}^{n\times n}$ 使得 $A = QR$，这种分解称为矩阵的一个**正交三角分解**，又称 **QR 分解**.

下面给出正交三角分解(又称 QR 分解)的存在性定理和唯一性定理.

定理 6.6 设 $A \in \mathbf{R}^{n\times n}$，则存在正交阵 Q，使得 $A = QR$，其中 R 为上三角阵.

证明 给出构造性证明. 首先，考虑 A 的第一列 $a_1 = (a_{11}, a_{21}, \cdots, a_{n1})^{T}$，可找到 Householder 矩阵 P_1，使得 $P_1 a_1$ 的元素除了第 1 个以外都为零.

同理，找到 P_2 使得 $P_2 P_1 A$ 的第 2 列对角元以下元素为零，而第一列对角元以下元素与 $P_1 A$ 一样是零. 依次这样下去，可以得到

$$P_{n-1} P_{n-2} \cdots P_1 A = R,$$

其中 R 为上三角矩阵，$Q^{T} = P_{n-1} P_{n-2} \cdots P_1$ 为正交阵. 定理证毕.

该定理保证了 A 可分解为 $A = QR$，若 A 非奇异，则 R 也非奇异. 如果不规定 R 的对角元为正，则分解不是唯一的.

定理 6.7 设 $A \in \mathbf{R}^{n\times n}$，且 A 非奇异，则存在正交阵 Q 与上三角阵 R，使得

$$A = QR,$$

且当 R 的对角元均为正时，分解是唯一的.

另外，注意到

$$A^{T}A = QR^{T}QR = R^{T}Q^{T}QR = R^{T}R,$$

所以，矩阵 A 正交三角分解中的 R 恰好是矩阵 $A^{T}A$ 的 Cholesky 分解中的上三角矩阵.

除了用 Householder 变换和 Givens 变换，还可以用 Gram-Schmidt 正交化过程计算矩阵 A 的正交三角分解.

例 6.6 用 Gram-Schmidt 正交化过程计算矩阵 A 的正交三角分解

$$A = \begin{pmatrix} 2 & -2 & -1 \\ 2 & 7 & 2 \\ 1 & 8 & 7 \end{pmatrix}.$$

解 令矩阵 $A = (\alpha_1, \alpha_2, \alpha_3)$，用 Gram-Schmidt 正交化过程寻找 $Q = (q_1, q_2, q_3)$ 和一个上三角矩阵 R，使得 Q 是正交的，且满足

$$(\alpha_1, \alpha_2, \alpha_3) = (q_1, q_2, q_3)\begin{pmatrix} r_{11} & r_{12} & r_{13} \\ 0 & r_{22} & r_{23} \\ 0 & 0 & r_{33} \end{pmatrix},$$

即

$$\alpha_1 = r_{11} q_1, \tag{6.5}$$

$$\boldsymbol{\alpha}_2 = r_{12}\boldsymbol{q}_1 + r_{22}\boldsymbol{q}_2, \tag{6.6}$$

$$\boldsymbol{\alpha}_3 = r_{13}\boldsymbol{q}_1 + r_{23}\boldsymbol{q}_2 + r_{33}\boldsymbol{q}_3. \tag{6.7}$$

经计算,由式(6.5)有

$$r_{11} = \|\boldsymbol{\alpha}_1\|_2 = \sqrt{2^2+2^2+1^2} = 3,$$

$$\boldsymbol{q}_1 = \frac{\boldsymbol{\alpha}_1}{r_{11}} = \begin{pmatrix} \frac{2}{3} \\ \frac{2}{3} \\ \frac{1}{3} \end{pmatrix}.$$

由式(6.6)有

$$r_{12} = (\boldsymbol{\alpha}_2, \boldsymbol{q}_1) = 6,$$

$$\bar{\boldsymbol{q}}_2 = \boldsymbol{\alpha}_2 - r_{12}\boldsymbol{q}_1 = \begin{pmatrix} -2 \\ 7 \\ 8 \end{pmatrix} - 6\begin{pmatrix} \frac{2}{3} \\ \frac{2}{3} \\ \frac{1}{3} \end{pmatrix} = \begin{pmatrix} -6 \\ 3 \\ 6 \end{pmatrix},$$

$$r_{22} = \|\bar{\boldsymbol{q}}_2\|_2 = \sqrt{(-6)^2+3^2+6^2} = 9,$$

$$\boldsymbol{q}_2 = \frac{\bar{\boldsymbol{q}}_2}{r_{22}} = \begin{pmatrix} -\frac{2}{3} \\ \frac{1}{3} \\ \frac{2}{3} \end{pmatrix}.$$

由式(6.7)有

$$r_{13} = (\boldsymbol{\alpha}_3, \boldsymbol{q}_1) = 3,$$

$$r_{23} = (\boldsymbol{\alpha}_3, \boldsymbol{q}_2) = 6,$$

$$\bar{\boldsymbol{q}}_3 = \boldsymbol{\alpha}_3 - r_{13}\boldsymbol{q}_1 - r_{23}\boldsymbol{q}_1 = \begin{pmatrix} 1 \\ -2 \\ 2 \end{pmatrix},$$

$$r_{33} = \|\bar{\boldsymbol{q}}_3\|_2 = \sqrt{1^2+(-2)^2+2^2} = 3,$$

$$\boldsymbol{q}_3 = \frac{\bar{\boldsymbol{q}}_3}{r_{33}} = \begin{pmatrix} \frac{1}{3} \\ -\frac{2}{3} \\ \frac{2}{3} \end{pmatrix}.$$

因此

$$Q=\frac{1}{3}\begin{pmatrix}2&-2&1\\2&1&-2\\1&2&2\end{pmatrix},\quad R=\begin{pmatrix}3&6&3\\0&9&6\\0&0&3\end{pmatrix}.$$

$\boldsymbol{QR}$ 分解是计算特征值的有力工具，也可用于其他矩阵计算问题，包括解方程组 $\boldsymbol{Ax}=\boldsymbol{b}$. 这只要令 $\boldsymbol{y}=\boldsymbol{Q}^{\mathrm{T}}\boldsymbol{b}$，再解上三角方程组 $\boldsymbol{Rx}=\boldsymbol{y}$. 这个计算过程是稳定的，也不必选主元，但是计算量比 Gauss 消去法将近大一倍.

6.3 满秩分解

如果矩阵 $\boldsymbol{A}$ 的行(列)向量组线性无关，则称 $\boldsymbol{A}$ 为行(列)满秩矩阵.

定理 6.8 设 $\boldsymbol{A}\in\mathbf{R}^{m\times n}$ 且 $\mathrm{rank}(\boldsymbol{A})=r\leqslant\min\{m,n\}$，则可将 $\boldsymbol{A}$ 作满秩分解

$$\boldsymbol{A}=\boldsymbol{C}\boldsymbol{D},$$

其中，$\boldsymbol{C}\in\mathbf{R}^{m\times r}$，$\boldsymbol{D}\in\mathbf{R}^{r\times n}$，且 $\mathrm{rank}(\boldsymbol{C})=\mathrm{rank}(\boldsymbol{D})=r$.

证明 因为 $\mathrm{rank}(\boldsymbol{A})=r$，所以存在 m 阶可逆阵 $\boldsymbol{P}$ 和 n 阶置换阵 $\boldsymbol{Q}$，使得

$$\boldsymbol{A}=\boldsymbol{P}\begin{pmatrix}\boldsymbol{E}_r&\boldsymbol{B}\\\boldsymbol{O}&\boldsymbol{O}\end{pmatrix}\boldsymbol{Q}^{\mathrm{T}}.$$

令 $\boldsymbol{P}=(\boldsymbol{P}_1,\boldsymbol{P}_2)$，其中 $\boldsymbol{P}_1$ 是 $m\times r$ 列满秩阵，这样

$$\boldsymbol{A}=(\boldsymbol{P}_1,\boldsymbol{P}_2)\begin{pmatrix}\boldsymbol{E}_r&\boldsymbol{B}\\\boldsymbol{O}&\boldsymbol{O}\end{pmatrix}\boldsymbol{Q}^{\mathrm{T}}=(\boldsymbol{P}_1,\boldsymbol{P}_1\boldsymbol{B})\boldsymbol{Q}^{\mathrm{T}}=\boldsymbol{P}_1(\boldsymbol{E}_r,\boldsymbol{B})\boldsymbol{Q}^{\mathrm{T}},$$

显然，$(\boldsymbol{E}_r,\boldsymbol{B})\boldsymbol{Q}^{\mathrm{T}}$ 是行满秩的 $r\times n$ 阵. 令 $\boldsymbol{C}=\boldsymbol{P}_1$，$\boldsymbol{D}=(\boldsymbol{E}_r,\boldsymbol{B})\boldsymbol{Q}^{\mathrm{T}}$，即得所证.

设 $\boldsymbol{C}=(\boldsymbol{c}_1,\boldsymbol{c}_2,\cdots,\boldsymbol{c}_r)$，$\boldsymbol{D}=(\boldsymbol{d}_1,\boldsymbol{d}_2,\cdots,\boldsymbol{d}_r)$，则

$$\boldsymbol{A}=(\boldsymbol{c}_1,\boldsymbol{c}_2,\cdots,\boldsymbol{c}_r)\begin{pmatrix}\boldsymbol{d}_1^{\mathrm{T}}\\\boldsymbol{d}_2^{\mathrm{T}}\\\vdots\\\boldsymbol{d}_r^{\mathrm{T}}\end{pmatrix}=\sum_{i=1}^{r}\boldsymbol{c}_i\boldsymbol{d}_i^{\mathrm{T}},$$

这也是 $\boldsymbol{A}$ 的满秩分解的一种表示形式.

下面是求矩阵 $\boldsymbol{A}$ 的满秩分解的例子.

例 6.7 设

$$\boldsymbol{A}=(\boldsymbol{\alpha}_1,\boldsymbol{\alpha}_2,\boldsymbol{\alpha}_3,\boldsymbol{\alpha}_4,\boldsymbol{\alpha}_5)=\begin{pmatrix}2&1&6&1&0\\3&2&10&1&0\\2&3&10&-1&3\\4&4&16&0&1\end{pmatrix},$$

求矩阵 $\boldsymbol{A}$ 的满秩分解.

解 先用行初等变换把矩阵 $\boldsymbol{A}$ 化为如下简化阶梯形

$$\begin{pmatrix}1&0&2&1&0\\0&1&2&-1&0\\0&0&0&0&1\\0&0&0&0&0\end{pmatrix}=(\boldsymbol{\beta}_1,\boldsymbol{\beta}_2,\boldsymbol{\beta}_3,\boldsymbol{\beta}_4,\boldsymbol{\beta}_5)=\begin{pmatrix}\boldsymbol{D}\\\boldsymbol{O}\end{pmatrix},\text{其中},\boldsymbol{D}=\begin{pmatrix}1&0&2&1&0\\0&1&2&-1&0\\0&0&0&0&1\end{pmatrix}\text{是}$$

3×5 行满秩阵. 显然 $\boldsymbol{\beta}_1,\boldsymbol{\beta}_2,\boldsymbol{\beta}_5$ 线性无关,且 $\boldsymbol{\beta}_3=2\boldsymbol{\beta}_1+2\boldsymbol{\beta}_2$, $\boldsymbol{\beta}_4=\boldsymbol{\beta}_1-\boldsymbol{\beta}_2$. 由于行初等变换保持矩阵列向量组的线性组合关系,因此 $\boldsymbol{\alpha}_1,\boldsymbol{\alpha}_2,\boldsymbol{\alpha}_5$ 线性无关,且 $\boldsymbol{\alpha}_3=2\boldsymbol{\alpha}_1+2\boldsymbol{\alpha}_2$, $\boldsymbol{\alpha}_4=\boldsymbol{\alpha}_1-\boldsymbol{\alpha}_2$. 取

$$\boldsymbol{C}=(\boldsymbol{\alpha}_1,\boldsymbol{\alpha}_2,\boldsymbol{\alpha}_5)=\begin{pmatrix}2&1&0\\3&2&0\\2&3&3\\4&4&1\end{pmatrix},$$

显然 $\boldsymbol{C}$ 是 4×3 列满秩阵,且满足

$$\begin{aligned}\boldsymbol{CD}&=(\boldsymbol{\alpha}_1,\boldsymbol{\alpha}_2,\boldsymbol{\alpha}_5)\begin{pmatrix}1&0&2&1&0\\0&1&2&-1&0\\0&0&0&0&1\end{pmatrix}\\&=(\boldsymbol{\alpha}_1,\boldsymbol{\alpha}_2,2\boldsymbol{\alpha}_1+2\boldsymbol{\alpha}_2,\boldsymbol{\alpha}_1-\boldsymbol{\alpha}_2,\boldsymbol{\alpha}_5)\\&=(\boldsymbol{\alpha}_1,\boldsymbol{\alpha}_2,\boldsymbol{\alpha}_5,\boldsymbol{\alpha}_4,\boldsymbol{\alpha}_5)\\&=\boldsymbol{A}.\end{aligned}$$

更进一步有如下的定理.

定理 6.9(正交满秩分解定理) 设 $\boldsymbol{A}$ 是 $m\times n$ 阶实矩阵,$\boldsymbol{A}$ 的秩为 r,则存在 $m\times r$ 列正交矩阵 $\boldsymbol{Q}$ 和行满秩的 $r\times n$ 阵 $\boldsymbol{R}$,使 $\boldsymbol{A}=\boldsymbol{QR}$. 其中,$\boldsymbol{Q}$ 列正交的含义为 $\boldsymbol{Q}^{\mathrm{T}}\boldsymbol{Q}=\boldsymbol{E}_r$.

证明 由定理 6.8 知存在列满秩的 $m\times r$ 阵 $\boldsymbol{C}$ 和行满秩的 $r\times n$ 阵 $\boldsymbol{D}$,使 $\boldsymbol{A}=\boldsymbol{CD}$. 于是 $\boldsymbol{C}^{\mathrm{T}}\boldsymbol{C}$ 是秩为 r 的 r 阶对称方阵,且易证 $\boldsymbol{C}^{\mathrm{T}}\boldsymbol{C}$ 是正定阵. 这样存在 r 阶对称正定阵 $\boldsymbol{S}$,使 $\boldsymbol{C}^{\mathrm{T}}\boldsymbol{C}=\boldsymbol{S}^2$,且 $(\boldsymbol{CS}^{-1})^{\mathrm{T}}(\boldsymbol{CS}^{-1})=\boldsymbol{S}^{-1}\boldsymbol{C}^{\mathrm{T}}\boldsymbol{CS}^{-1}=\boldsymbol{S}^{-1}\boldsymbol{S}^2\boldsymbol{S}^{-1}=\boldsymbol{E}_r$.

记 $\boldsymbol{Q}=\boldsymbol{CS}^{-1}$, $\boldsymbol{R}=\boldsymbol{SD}$,则 $\boldsymbol{Q}$ 是 $m\times r$ 列正交阵且 $\boldsymbol{R}$ 是行满秩的 $r\times n$ 阵,显然有

$$\boldsymbol{QR}=\boldsymbol{CS}^{-1}\boldsymbol{SD}=\boldsymbol{CD}=\boldsymbol{A}.$$

6.4 矩阵的谱分解

矩阵的谱分解仅对某一类特殊的矩阵讨论. 通常将可以酉对角化的矩阵称为正规矩阵,即有下面的定义.

定义 6.4 设矩阵 $\boldsymbol{A}\in\mathbf{C}^{n\times n}$,若 $\boldsymbol{AA}^{\mathrm{H}}=\boldsymbol{A}^{\mathrm{H}}\boldsymbol{A}$,则称 $\boldsymbol{A}$ 为**正规矩阵**.

实对称矩阵、实反对称矩阵、正交矩阵、Hermite 矩阵、反 Hermite 矩阵、酉矩阵都是正规矩阵. 另外,若 $\boldsymbol{A}$ 为正规矩阵,则与 $\boldsymbol{A}$ 酉相似的矩阵仍为正规矩阵.

例 6.8 矩阵 $\begin{pmatrix} 1 & 1 & 0 \\ 0 & 1 & 1 \\ 1 & 0 & 1 \end{pmatrix}$ 是正规矩阵.

正规矩阵具有许多好的数学特性.

定理 6.10 设矩阵 $\boldsymbol{A} \in \mathbf{C}^{n \times n}$，则 $\boldsymbol{A}$ 是正规矩阵当且仅当 $\boldsymbol{A}$ 有 n 个两两正交的单位特征向量.

定理 6.11 设矩阵 $\boldsymbol{A} = (a_{ij})_{n \times n} \in \mathbf{C}^{n \times n}$，$\lambda_1, \lambda_2, \cdots, \lambda_n$ 为 $\boldsymbol{A}$ 的 n 个特征值，则 $\boldsymbol{A}$ 是正规矩阵当且仅当 $\sum_{i=1}^{n} |\lambda_i|^2 = \sum_{i, j=1}^{n} |a_{ij}|^2$.

定义 6.5 给定矩阵 $\boldsymbol{A} \in \mathbf{R}^{n \times n}$ 是一个正规矩阵，若存在可逆矩阵 $\boldsymbol{P} \in \mathbf{R}^{n \times n}$ 和对角矩阵 $\boldsymbol{\Lambda} = \mathrm{diag}\{\lambda_1, \lambda_2, \cdots, \lambda_n\} \in \mathbf{R}^{n \times n}$ 使得

$$\boldsymbol{A} = \boldsymbol{P\Lambda P}^{-1}, \tag{6.8}$$

这种分解称为矩阵 $\boldsymbol{A}$ 的一个**谱分解**. 其中，特征值 $\{\lambda_1, \lambda_2, \cdots, \lambda_n\}$ 也称为矩阵 $\boldsymbol{A}$ 的谱.

设 $\boldsymbol{P} = (\boldsymbol{\alpha}_1, \boldsymbol{\alpha}_2, \cdots, \boldsymbol{\alpha}_n)$，$\boldsymbol{P}^{-1} = (\boldsymbol{\beta}_1, \boldsymbol{\beta}_2, \cdots, \boldsymbol{\beta}_n)^{\mathrm{T}}$，则 $\boldsymbol{\alpha}_1, \boldsymbol{\alpha}_2, \cdots, \boldsymbol{\alpha}_n$ 线性无关，$\boldsymbol{\beta}_1, \boldsymbol{\beta}_2, \cdots, \boldsymbol{\beta}_n$ 也线性无关，且

$$\boldsymbol{A\alpha}_i = \lambda_i \boldsymbol{\alpha}_i, \quad \boldsymbol{A}^{\mathrm{T}} \boldsymbol{\beta}_i = \lambda_i \boldsymbol{\beta}_i \quad (1 \leqslant i \leqslant n), \tag{6.9}$$

这样

$$\begin{aligned} \boldsymbol{A} &= \boldsymbol{P} \begin{pmatrix} \lambda_1 & & & \\ & \lambda_2 & & \\ & & \ddots & \\ & & & \lambda_n \end{pmatrix} \boldsymbol{P}^{-1} \\ &= (\boldsymbol{\alpha}_1, \boldsymbol{\alpha}_2, \cdots, \boldsymbol{\alpha}_n) \begin{pmatrix} \lambda_1 & & & \\ & \lambda_2 & & \\ & & \ddots & \\ & & & \lambda_n \end{pmatrix} \begin{pmatrix} \boldsymbol{\beta}_1^{\mathrm{T}} \\ \boldsymbol{\beta}_2^{\mathrm{T}} \\ \vdots \\ \boldsymbol{\beta}_n^{\mathrm{T}} \end{pmatrix} \\ &= \sum_{k=1}^{n} \lambda_i \boldsymbol{\alpha}_i \boldsymbol{\beta}_i^{\mathrm{T}}. \end{aligned} \tag{6.10}$$

式(6.10)为矩阵 $\boldsymbol{A}$ 的谱分解的另一种表达形式. 如果记 $\boldsymbol{A}_i = \boldsymbol{\alpha}_i \boldsymbol{\beta}_i^{\mathrm{T}}$，则式(6.10)可写成

$$\boldsymbol{A} = \sum_{k=1}^{n} \lambda_i \boldsymbol{A}_i.$$

其中，$\boldsymbol{A}_i$ 有下面的性质：

(1) $\boldsymbol{A}_i^2 = \boldsymbol{A}_i (i = 1, 2, \cdots, n)$；

(2) $\boldsymbol{A}_i \boldsymbol{A}_j = \boldsymbol{O}\ (i \neq j)$；

(3) $\sum_{k=1}^{n} \boldsymbol{A}_i = \boldsymbol{E}$.

事实上，由于

$$P=(\boldsymbol{\alpha}_1,\boldsymbol{\alpha}_2,\cdots,\boldsymbol{\alpha}_n),\quad P^{-1}=\begin{pmatrix}\boldsymbol{\beta}_1^{\mathrm{T}}\\ \boldsymbol{\beta}_2^{\mathrm{T}}\\ \vdots\\ \boldsymbol{\beta}_n^{\mathrm{T}}\end{pmatrix},$$

因此

$$P^{-1}P=\begin{pmatrix}\boldsymbol{\beta}_1^{\mathrm{T}}\boldsymbol{\alpha}_1 & \cdots & \boldsymbol{\beta}_1^{\mathrm{T}}\boldsymbol{\alpha}_n\\ \vdots & & \vdots\\ \boldsymbol{\beta}_n^{\mathrm{T}}\boldsymbol{\alpha}_1 & \cdots & \boldsymbol{\beta}_n^{\mathrm{T}}\boldsymbol{\alpha}_n\end{pmatrix}=E,\quad PP^{-1}=\boldsymbol{\alpha}_1\boldsymbol{\beta}_1^{\mathrm{T}}+\cdots+\boldsymbol{\alpha}_n\boldsymbol{\beta}_n^{\mathrm{T}}=E.$$

于是有

$$\boldsymbol{\beta}_i^{\mathrm{T}}\boldsymbol{\alpha}_i=1,\quad \boldsymbol{\beta}_i^{\mathrm{T}}\boldsymbol{\alpha}_j=0\quad(i\neq j),\quad \sum_{k=1}^{n}\boldsymbol{\alpha}_i\boldsymbol{\beta}_i^{\mathrm{T}}=E.$$

再结合 $A_i=\boldsymbol{\alpha}_i\boldsymbol{\beta}_i^{\mathrm{T}}$ 就得到上面三个性质.

由于实对称矩阵可对角化,因此实对称矩阵的谱分解存在. 但要注意,不可对角化的 A 没有谱分解.

例 6.9 设 $A=\begin{pmatrix}4 & -6 & 0\\ 2 & -3 & 0\\ -2 & 3 & 2\end{pmatrix}$,求 A 的谱分解.

解 先求 A 的特征值和特征向量.

$$|\lambda E-A|=\begin{vmatrix}\lambda-4 & 6 & 0\\ -2 & \lambda+3 & 0\\ 2 & -3 & \lambda-2\end{vmatrix}=\lambda(\lambda-2)(\lambda-1),$$

因此,A 有 3 个不同的特征值 $\lambda_1=0,\lambda_2=1,\lambda_3=2$,故 A 可对角化,从而 A 的谱分解一定存在. 容易求出它们对应的特征向量为

$$\boldsymbol{p}_1=(3,2,0)^{\mathrm{T}},\quad \boldsymbol{p}_2=(2,1,1)^{\mathrm{T}},\quad \boldsymbol{p}_3=(0,0,1)^{\mathrm{T}}.$$

令

$$P=(\boldsymbol{p}_1,\boldsymbol{p}_2,\boldsymbol{p}_3)=\begin{pmatrix}3 & 2 & 0\\ 2 & 1 & 0\\ 0 & 1 & 1\end{pmatrix},$$

显然,P 可逆,且易求得

$$P^{-1}=\begin{pmatrix}\boldsymbol{\beta}_1^{\mathrm{T}}\\ \boldsymbol{\beta}_2^{\mathrm{T}}\\ \boldsymbol{\beta}_3^{\mathrm{T}}\end{pmatrix}=\begin{pmatrix}-1 & 2 & 0\\ 2 & -3 & 0\\ -2 & 3 & 1\end{pmatrix}.$$

这样,有

$$\begin{aligned}A&=P\begin{pmatrix}0 & & \\ & 1 & \\ & & 2\end{pmatrix}P^{-1}=(\boldsymbol{p}_1,\boldsymbol{p}_2,\boldsymbol{p}_3)\begin{pmatrix}0 & & \\ & 1 & \\ & & 2\end{pmatrix}\begin{pmatrix}\boldsymbol{\beta}_1^{\mathrm{T}}\\ \boldsymbol{\beta}_2^{\mathrm{T}}\\ \boldsymbol{\beta}_3^{\mathrm{T}}\end{pmatrix}\\ &=\boldsymbol{p}_2\boldsymbol{\beta}_2^{\mathrm{T}}+2\boldsymbol{p}_3\boldsymbol{\beta}_3^{\mathrm{T}},\end{aligned}$$

这就是 $\boldsymbol{A}$ 的谱分解.

6.5 奇异值分解

由前面章节已经知道,正规矩阵可以酉对角化,因此其对应的线性变换具有很好的性质.非正规矩阵当然不具有这样的分解,但能否有类似的分解呢?这就是矩阵的奇异值分解.

定义 6.6 设 $\boldsymbol{A}\in\mathbf{R}^{m\times n}$,半正定矩阵 $\boldsymbol{A}^{\mathrm{T}}\boldsymbol{A}$ 的 n 个特征值记为 λ_i, $i=1, 2, \cdots, n$,显然 $\lambda_i\geqslant 0$.称 λ_i 的算术平方根 $\sigma_i=\sqrt{\lambda_i}$ $(i=1, 2, \cdots, n)$ 为矩阵 $\boldsymbol{A}$ 的**奇异值**.

定理 6.12(奇异值分解定理) 设矩阵 $\boldsymbol{A}\in\mathbf{R}^{m\times n}$ 的奇异值中有 r 个不等于零,记为 $\sigma_1\geqslant\sigma_2\geqslant\cdots\geqslant\sigma_r>0$. 它们构成的 r 阶对角阵记为 $\boldsymbol{D}=\operatorname{diag}\{\sigma_1, \sigma_2, \cdots, \sigma_r\}$. 它们构成的 r 阶对角阵记为 $\boldsymbol{D}=\operatorname{diag}\{\sigma_1, \sigma_2, \cdots, \sigma_r\}$.令 $m\times n$ 阶矩阵 $\boldsymbol{\Sigma}$ 具有如下分块形式:

$$\boldsymbol{\Sigma}=\begin{pmatrix}\boldsymbol{D} & \boldsymbol{O}\\ \boldsymbol{O} & \boldsymbol{O}\end{pmatrix},$$

则存在正交矩阵 $\boldsymbol{U}\in\mathbf{R}^{m\times m}$, $\boldsymbol{V}\in\mathbf{R}^{n\times n}$,使

$$\boldsymbol{A}=\boldsymbol{U}\boldsymbol{\Sigma}\boldsymbol{V}^{\mathrm{T}}.$$

证明 因为 $\boldsymbol{A}^{\mathrm{T}}\boldsymbol{A}$ 是 n 阶半正定矩阵,必存在 n 阶正交矩阵 $\boldsymbol{V}$ 使

$$\boldsymbol{V}^{\mathrm{T}}(\boldsymbol{A}^{\mathrm{T}}\boldsymbol{A})\boldsymbol{V}=\begin{pmatrix}\lambda_1 & & & & & \\ & \ddots & & & & \\ & & \lambda_r & & & \\ & & & 0 & & \\ & & & & \ddots & \\ & & & & & 0\end{pmatrix}=\begin{pmatrix}\boldsymbol{D}^2 & \boldsymbol{O}\\ \boldsymbol{O} & \boldsymbol{O}\end{pmatrix},$$

上式右端为 $n\times n$ 阶矩阵. 将 $\boldsymbol{V}$ 分块,写成

$$\boldsymbol{V}=(\boldsymbol{V}_1, \boldsymbol{V}_2),$$

其中 $\boldsymbol{V}_1\in\mathbf{R}^{n\times r}$, $\boldsymbol{V}_2\in\mathbf{R}^{n\times(n-r)}$. 因为 $\boldsymbol{V}$ 是正交阵,所以 $\boldsymbol{V}_1^{\mathrm{T}}\boldsymbol{V}_1=\boldsymbol{E}_r$, $\boldsymbol{V}_1^{\mathrm{T}}\boldsymbol{V}_2=\boldsymbol{O}$,由

$$\begin{pmatrix}\boldsymbol{V}_1^{\mathrm{T}}\\ \boldsymbol{V}_2^{\mathrm{T}}\end{pmatrix}\boldsymbol{A}^{\mathrm{T}}\boldsymbol{A}(\boldsymbol{V}_1, \boldsymbol{V}_2)=\begin{pmatrix}\boldsymbol{D}^2 & \boldsymbol{O}\\ \boldsymbol{O} & \boldsymbol{O}\end{pmatrix}$$

得

$$\boldsymbol{V}_1^{\mathrm{T}}\boldsymbol{A}^{\mathrm{T}}\boldsymbol{A}\boldsymbol{V}_1=\boldsymbol{D}^2,$$
$$\boldsymbol{V}_2^{\mathrm{T}}\boldsymbol{A}^{\mathrm{T}}\boldsymbol{A}\boldsymbol{V}_2=\boldsymbol{O},$$

即

$$\boldsymbol{A}\boldsymbol{V}_2=\boldsymbol{O}.$$

而

$$\begin{aligned}\boldsymbol{A}&=\boldsymbol{A}\boldsymbol{V}\boldsymbol{V}^{\mathrm{T}}=\boldsymbol{A}(\boldsymbol{V}_1, \boldsymbol{V}_2)\begin{pmatrix}\boldsymbol{V}_1^{\mathrm{T}}\\ \boldsymbol{V}_2^{\mathrm{T}}\end{pmatrix}\\ &=\boldsymbol{A}\boldsymbol{V}_1\boldsymbol{V}_1^{\mathrm{T}}+\boldsymbol{A}\boldsymbol{V}_2\boldsymbol{V}_2^{\mathrm{T}}=\boldsymbol{A}\boldsymbol{V}_1\boldsymbol{V}_1^{\mathrm{T}}\\ &=\boldsymbol{A}\boldsymbol{V}_1\boldsymbol{D}^{-1}\boldsymbol{D}\boldsymbol{V}_1^{\mathrm{T}}=\boldsymbol{U}_1\boldsymbol{D}\boldsymbol{V}_1^{\mathrm{T}},\end{aligned}$$

其中

$$\boldsymbol{U}_1=\boldsymbol{A}\boldsymbol{V}_1\boldsymbol{D}^{-1},\quad \boldsymbol{U}_1\in\mathbf{R}^{m\times r},$$

且

$$\boldsymbol{U}_1^{\mathrm{T}}\boldsymbol{U}_1=\boldsymbol{D}^{-1}\boldsymbol{V}_1^{\mathrm{T}}\boldsymbol{A}^{\mathrm{T}}\boldsymbol{A}\boldsymbol{V}_1\boldsymbol{D}^{-1}=\boldsymbol{D}^{-1}\boldsymbol{D}^2\boldsymbol{D}^{-1}=\boldsymbol{E}_r,$$

将 $\boldsymbol{U}_1$ 扩张成正交矩阵 $\boldsymbol{U}=(\boldsymbol{U}_1,\boldsymbol{U}_2)$，则有

$$\begin{aligned}\boldsymbol{U}\boldsymbol{\Sigma}\boldsymbol{V}^{\mathrm{T}}&=(\boldsymbol{U}_1,\boldsymbol{U}_2)\begin{pmatrix}\boldsymbol{D}&\boldsymbol{O}\\\boldsymbol{O}&\boldsymbol{O}\end{pmatrix}\begin{pmatrix}\boldsymbol{V}_1^{\mathrm{T}}\\\boldsymbol{V}_2^{\mathrm{T}}\end{pmatrix}=(\boldsymbol{U}_1\boldsymbol{D},\boldsymbol{O})\begin{pmatrix}\boldsymbol{V}_1^{\mathrm{T}}\\\boldsymbol{V}_2^{\mathrm{T}}\end{pmatrix}\\&=\boldsymbol{U}_1\boldsymbol{D}\boldsymbol{V}_1^{\mathrm{T}}=\boldsymbol{A}.\end{aligned}$$

定理 6.12 给出的分解称为矩阵 $\boldsymbol{A}$ 的**奇异值分解**.

例 6.10 求矩阵

$$\boldsymbol{A}=\begin{pmatrix}1&1\\1&-2\\2&1\end{pmatrix}$$

的奇异值分解.

解 因为

$$\boldsymbol{A}^{\mathrm{T}}\boldsymbol{A}=\begin{pmatrix}6&1\\1&6\end{pmatrix},$$

其特征值为 $\lambda_1=7,\lambda_2=5$，故 $\boldsymbol{A}$ 的奇异值为 $\sigma_1=\sqrt{7},\sigma_2=\sqrt{5}$，$\boldsymbol{A}^{\mathrm{T}}\boldsymbol{A}$ 的正交单位特征向量为

$$\begin{pmatrix}\frac{1}{\sqrt{2}}\\\frac{1}{\sqrt{2}}\end{pmatrix},\quad\begin{pmatrix}\frac{1}{\sqrt{2}}\\-\frac{1}{\sqrt{2}}\end{pmatrix}.$$

于是

$$\boldsymbol{D}=\begin{pmatrix}\sqrt{7}&0\\0&\sqrt{5}\end{pmatrix},\quad\boldsymbol{V}=\boldsymbol{V}^{\mathrm{T}}=\begin{pmatrix}\frac{1}{\sqrt{2}}&\frac{1}{\sqrt{2}}\\\frac{1}{\sqrt{2}}&-\frac{1}{\sqrt{2}}\end{pmatrix},$$

$$\begin{aligned}\boldsymbol{U}_1=\boldsymbol{A}\boldsymbol{V}_1\boldsymbol{D}^{-1}&=\begin{pmatrix}1&1\\1&-2\\2&1\end{pmatrix}\begin{pmatrix}\frac{1}{\sqrt{2}}&\frac{1}{\sqrt{2}}\\\frac{1}{\sqrt{2}}&-\frac{1}{\sqrt{2}}\end{pmatrix}\begin{pmatrix}\frac{1}{\sqrt{7}}&0\\0&-\frac{1}{\sqrt{5}}\end{pmatrix}\\&=\begin{pmatrix}\frac{2}{\sqrt{14}}&0\\-\frac{1}{\sqrt{14}}&\frac{3}{\sqrt{10}}\\\frac{3}{\sqrt{14}}&\frac{1}{\sqrt{10}}\end{pmatrix},\end{aligned}$$

解线性方程组

$$\begin{cases} 2x_1 - x_2 + 3x_3 = 0, \\ 3x_2 + x_3 = 0, \end{cases}$$

得通解为

$$\boldsymbol{x} = \begin{pmatrix} x_1 \\ x_2 \\ x_3 \end{pmatrix} = k \begin{pmatrix} 5 \\ 1 \\ -3 \end{pmatrix},$$

取 $k = \frac{1}{\sqrt{35}}$，得 $\boldsymbol{x}$ 为单位向量. 于是

$$\boldsymbol{U} = \begin{pmatrix} \frac{2}{\sqrt{14}} & 0 & \frac{5}{\sqrt{35}} \\ -\frac{1}{\sqrt{14}} & \frac{3}{\sqrt{10}} & \frac{1}{\sqrt{35}} \\ \frac{3}{\sqrt{14}} & \frac{1}{\sqrt{10}} & -\frac{3}{\sqrt{35}} \end{pmatrix},$$

$$\boldsymbol{\Sigma} = \begin{pmatrix} \sqrt{7} & 0 \\ 0 & \sqrt{5} \\ 0 & 0 \end{pmatrix}.$$

容易验证此时

$$\boldsymbol{U\Sigma V}^{\mathrm{T}} = \boldsymbol{A}.$$

奇异值分解在统计学、信号处理、图像压缩和人工智能等实际工程中有着十分广泛和非常重要的应用. 有兴趣的读者可以进一步阅读相关文献和资料.

习　题　6

1. 计算矩阵 $\boldsymbol{A}$ 的 Dolittile 三角分解，Crout 三角分解和 $\boldsymbol{LDU}$ 三角分解，其中，

(1) $\boldsymbol{A} = \begin{pmatrix} 2 & 4 & 6 \\ 2 & 7 & 12 \\ -2 & -10 & -13 \end{pmatrix}$，　　(2) $\boldsymbol{A} = \begin{pmatrix} 4 & 8 & 0 \\ 4 & 11 & 6 \\ -6 & -12 & 10 \end{pmatrix}$.

2. 计算矩阵 $\boldsymbol{A}$ 的 Cholesky 分解，其中，

(1) $\boldsymbol{A} = \begin{pmatrix} 1 & 1 & -1 \\ 1 & 2 & -3 \\ -1 & -3 & 6 \end{pmatrix}$，　　(2) $\boldsymbol{A} = \begin{pmatrix} 4 & 4 & -6 \\ 4 & 5 & -6 \\ -6 & -6 & 13 \end{pmatrix}$.

3. 计算矩阵 $\boldsymbol{A}$ 的 Dolittile 三角分解，其中，

$$A=\begin{pmatrix}2&4&6&8\\4&12&20&16\\3&10&20&18\\1&-4&-9&14\end{pmatrix}.$$

4. 计算矩阵 A 的 Cholesky 分解，其中，

$$A=\begin{pmatrix}1&2&3&4\\2&8&10&2\\3&10&14&6\\4&2&6&29\end{pmatrix}.$$

5. 计算矩阵 A 的满秩分解，其中，

(1) $A=\begin{pmatrix}1&2&3&3\\4&5&9&6\\7&8&15&9\\2&5&7&8\end{pmatrix}$，　　(2) $A=\begin{pmatrix}1&3&-3&4\\3&5&-5&8\\6&-1&1&5\\8&-6&6&2\end{pmatrix}$.

6. 计算矩阵 A 的谱分解，其中，

(1) $A=\begin{pmatrix}3&0&1\\0&2&0\\1&0&3\end{pmatrix}$，　　(2) $A=\begin{pmatrix}6&-2&0\\-2&6&-2\\0&-2&7\end{pmatrix}$.

7. 计算矩阵 A 的正交满秩分解，其中，

(1) $A=\begin{pmatrix}2&1\\1&1\\2&1\end{pmatrix}$，　　(2) $A=\begin{pmatrix}1&0\\0&1\\1&1\end{pmatrix}$.

8. 计算矩阵 A 的 QR 分解，其中，

(1) $A=\begin{pmatrix}0&1&1\\1&1&0\\1&0&0\end{pmatrix}$，　　(2) $A=\begin{pmatrix}2&2&1\\0&2&2\\2&1&2\end{pmatrix}$.

9. 计算矩阵 A 的奇异值分解，其中，

(1) $A=\begin{pmatrix}2&0\\1&1\\2&1\end{pmatrix}$，　　(2) $A=\begin{pmatrix}1&0&1\\0&1&-1\end{pmatrix}$.

第7章 广义逆矩阵

在线性代数里，对于线性方程组 $Ax = b$，如果方阵 A 是非奇异的，则存在唯一的 A 的逆矩阵 A^{-1}，满足等式

$$AA^{-1} = A^{-1}A = E,$$

从而该线性方程组具有唯一的解 $x = A^{-1}b$.

逆矩阵具有许多良好的性质和用途. 遗憾的是，在工程和应用数学的许多领域中，经常遇到奇异方阵或 $m \times n(m \neq n)$ 的长方形矩阵 A. 对于这样一类的矩阵，也希望能构造具有通常逆矩阵的若干性质的矩阵以便于实际应用. 这样的矩阵被称为广义逆，或称为伪逆.

本章将引入广义逆矩阵来解决这个问题. 特别地，广义逆可以很方便地用于表达若干矩阵方程和最小二乘问题的解. 广义逆矩阵不仅在工程上得到广泛的应用，而且广泛地应用于数理统计、多元分析、最优化理论、控制论、网络理论等众多学科，是一种重要的工程数学工具.

本章将着重介绍这类广义逆矩阵的概念、理论性质和计算方法，以及在求解矩阵方程和最小二乘问题中的应用.

7.1 广义逆矩阵的概念

广义逆主要是为了把逆矩阵计算推广到奇异矩阵和非方阵. 广义逆矩阵首先是由 Moore 利用正交投影算子来定义，但由于这类定义较为抽象而且不能进行有效运作，所以在之后的 30 年并未引起人们的注意. 直到 1955 年，Penrose 以更直接明确的代数形式给出了 Moore 广义逆矩阵的定义，他用四个方程再次定义了广义逆，并证明了 A^{+} 的唯一性，还建立了广义逆矩阵与线性方程组 $Ax = b$ 的解的联系. 从那以后，广义逆的研究开始蓬勃发展，迅速成为矩阵理论研究的热点.

Moore 在 1920 年给出的矩阵的广义逆的概念如下.

定义 7.1 给定矩阵 $A \in \mathbf{R}^{m\times n}$，若存在矩阵 $X \in \mathbf{R}^{n\times m}$ 满足

$$AX = P_{R(A)}, \quad XA = P_{R(X)},$$

则称 X 为 A 的一个广义逆矩阵. 这里 P_L 表示在子空间 L 上的正交投影矩阵.

1955 年英国剑桥大学的 Penrose 提出如下的定义.

定义 7.2 给定矩阵 $A \in \mathbf{R}^{m\times n}$，若存在矩阵 $X \in \mathbf{R}^{n\times m}$ 满足下面四个方程的全部或者一部分：

(1) $AXA = A$;

(2) $XAX = X$;

(3) $(AX)^{\mathrm{T}} = AX$;

(4) $(XA)^{\mathrm{T}} = XA$,

则称 X 为 A 的一个广义逆矩阵.

上述四个方程又称为 Penrose-Moore 方程组. 在实际应用中,为了不同的目的,可以定义不同意义的广义逆,即也可研究满足 Penrose-Moore 方程中的部分方程的矩阵.

如果一个矩阵 $X \in \mathbf{R}^{n\times m}$ 满足四个方程中的第 i 和 j 个方程,则称 X 为 $A\{i, j\}$ 的广义逆矩阵,记为 $X \in A^{(i, j)}$.

譬如:若 X 只满足第一个条件,则 $X \in A\{1\}$,此时称 X 为 A 的一个 $\{1\}$ 逆,或者减号逆,记作 A^{-} 或 $A^{(1)}$;若 X 满足第一个和第二个条件,则 $X \in A\{1, 2\}$,此时称 X 为 A 的一个 $\{1, 2\}$ 逆,记作 $A^{(1, 2)}$;若 X 满足所有四个条件,则 $X \in A\{1, 2, 3, 4\}$,此时称 X 为 A 的一个 $\{1, 2, 3, 4\}$ 逆,或者加号逆,记作 A^{+} 或 $A^{(1, 2, 3, 4)}$.

根据定义 7.2 中广义逆矩阵满足的条件的不同,广义逆矩阵共有

$$C_4^1 + C_4^2 + C_4^3 + C_4^4 = 15$$

种,即有 15 种广义逆矩阵.

其中,$A\{1\}$ 是在工程中应用较广泛的广义逆矩阵集合,任意一个固定的广义逆矩阵称为减号逆或者 g 逆. $A\{1, 2\}$ 也是应用比较多的一类广义逆矩阵,也称为自反广义逆矩阵. 应用最为广泛的是满足四个条件的 $A\{1, 2, 3, 4\}$,该集合含有唯一的广义逆矩阵(其他各种广义逆矩阵都不唯一确定),并称为加号逆,或伪逆,记为 A^{+}. 本章主要介绍减号逆,自反广义逆和加号逆的理论性质,计算方法以及这几类广义逆矩阵的一些应用,其它广义逆矩阵的性质可以类似地得到.

下面的定理给出 Penrose-Moore 方程的一个等价形式.

定理 7.1　设 $A \in \mathbf{R}^{m\times n}$,矩阵 $X \in \mathbf{R}^{n\times m}$ 且满足四个 Penrose-Moore 方程,则 Penrose-Moore 方程与下面的条件

$$\begin{cases} XAA^{\mathrm{T}} = A^{\mathrm{T}}, \\ XX^{\mathrm{T}}A^{\mathrm{T}} = X, \end{cases} \tag{7.1}$$

等价.

证明　首先证明条件 $AXA = A$, $(XA)^{\mathrm{T}} = XA$ 与 $XAA^{\mathrm{T}} = A^{\mathrm{T}}$ 等价.

用 X^{T} 右乘(7.1)的第一式,得到

$$XAA^{\mathrm{T}}X^{\mathrm{T}} = A^{\mathrm{T}}X^{\mathrm{T}},$$

或者

$$(XA)(XA)^{\mathrm{T}} = (XA)^{\mathrm{T}}.$$

两边同时转置,得

$$(XA)(XA)^{\mathrm{T}} = XA,$$

由此得

$$(XA)^{\mathrm{T}} = XA.$$

将此式代入式(7.1)的第一式,得到

$$(XA)^{\mathrm{T}}A^{\mathrm{T}} = A^{\mathrm{T}},$$

两边同时共轭转置,有

$$AXA = A.$$

反之,也可由 Penrose-Moore 方程组的第一个和第四个方程推出式(7.1)的第一式,将第四个方程代入第一个方程,有

$$A(XA)^{\mathrm{T}} = A.$$

两边取共轭转置,得

$$XAA^{\mathrm{T}} = A^{\mathrm{T}}.$$

同理可证 Penrose-Moore 方程中的 $XAX = X$, $(AX)^{\mathrm{T}} = AX$ 与 $XX^{\mathrm{T}}A^{\mathrm{T}} = X$ 等价.

下面通过几个例子来介绍广义逆矩阵的概念和实际应用.

例 7.1 已知

$$A = \begin{pmatrix} 1 & 0 \\ 1 & 0 \\ 1 & 0 \end{pmatrix}, \quad B = \begin{pmatrix} 1 & 0 & 0 \\ 0 & 1 & 0 \end{pmatrix}, \quad C = \begin{pmatrix} 1 & 0 & 0 \\ 0 & 0 & 1 \end{pmatrix},$$

验证 B 和 C 均为 A 的减号逆矩阵.

解

$$ABA = \begin{pmatrix} 1 & 0 \\ 1 & 0 \\ 1 & 0 \end{pmatrix}\begin{pmatrix} 1 & 0 & 0 \\ 0 & 1 & 0 \end{pmatrix}\begin{pmatrix} 1 & 0 \\ 1 & 0 \\ 1 & 0 \end{pmatrix} = \begin{pmatrix} 1 & 0 & 0 \\ 1 & 0 & 0 \\ 1 & 0 & 0 \end{pmatrix}\begin{pmatrix} 1 & 0 \\ 1 & 0 \\ 1 & 0 \end{pmatrix}$$

$$= \begin{pmatrix} 1 & 0 \\ 1 & 0 \\ 1 & 0 \end{pmatrix} = A,$$

$$ACA = \begin{pmatrix} 1 & 0 \\ 1 & 0 \\ 1 & 0 \end{pmatrix}\begin{pmatrix} 1 & 0 & 0 \\ 0 & 0 & 1 \end{pmatrix}\begin{pmatrix} 1 & 0 \\ 1 & 0 \\ 1 & 0 \end{pmatrix} = \begin{pmatrix} 1 & 0 & 0 \\ 1 & 0 & 0 \\ 1 & 0 & 0 \end{pmatrix}\begin{pmatrix} 1 & 0 \\ 1 & 0 \\ 1 & 0 \end{pmatrix}$$

$$= \begin{pmatrix} 1 & 0 \\ 1 & 0 \\ 1 & 0 \end{pmatrix} = A,$$

由上例可见, A 的减号逆矩阵不唯一.

例 7.2 已知

$$A = \begin{pmatrix} 1 & 0 \\ 0 & 0 \end{pmatrix},$$

验证 A 的加号逆矩阵为自身.

解 令 $\boldsymbol{X}=\begin{pmatrix}1 & 0\\0 & 0\end{pmatrix}$,易知

$$\boldsymbol{AXA}=\boldsymbol{XAX}=\boldsymbol{AX}=\boldsymbol{XA}=\begin{pmatrix}1 & 0\\0 & 0\end{pmatrix},$$

容易验证 Penrose-Moore 方程组四个条件都满足.

后面我们将证明,$\boldsymbol{A}$ 的加号逆矩阵唯一.

例 7.3 已知

$$\boldsymbol{B}=\begin{pmatrix}0 & 1 & 0\\0 & 0 & 0\end{pmatrix},$$

验证 $\boldsymbol{B}$ 加号逆矩阵为 $\boldsymbol{B}^{\mathrm{T}}$.

解 经计算

$$\boldsymbol{BB}^{\mathrm{T}}=\begin{pmatrix}1 & 0\\0 & 0\end{pmatrix},\quad \boldsymbol{B}^{\mathrm{T}}\boldsymbol{B}=\begin{pmatrix}0 & 0 & 0\\0 & 1 & 0\\0 & 0 & 0\end{pmatrix},$$

都是实对称矩阵,因此 Penrose-Moore 方程组第三个和第四个条件已经满足. 再代入计算可知

$$\boldsymbol{BB}^{\mathrm{T}}\boldsymbol{B}=\boldsymbol{B},\quad \boldsymbol{B}^{\mathrm{T}}\boldsymbol{B}\boldsymbol{B}^{\mathrm{T}}=\boldsymbol{B}^{\mathrm{T}}$$

也满足,因此 $\boldsymbol{B}^{\mathrm{T}}$ 为 $\boldsymbol{B}$ 的加号逆矩阵.

7.2 广义逆矩阵

本节介绍减号逆矩阵的性质及其计算方法.

定义 7.3 给定矩阵 $\boldsymbol{A}\in\mathbf{R}^{m\times n}$,若存在矩阵 $\boldsymbol{X}\in\mathbf{R}^{n\times m}$,使

$$\boldsymbol{AXA}=\boldsymbol{A},$$

则 $\boldsymbol{X}\in\boldsymbol{A}\{1\}$. 此时称 $\boldsymbol{X}$ 为 $\boldsymbol{A}$ 的一个$\{1\}$**—逆**,也称为**减号逆**(或称为$\boldsymbol{A}$ **的** $\boldsymbol{g}$ **逆**),记作 $\boldsymbol{A}^{(1)}$ 或 $\boldsymbol{A}^{-}$.

矩阵 $\boldsymbol{A}$ 的所有$\{1\}$— 逆的全体记为 $\boldsymbol{A}\{1\}$, 即

$$\boldsymbol{A}\{1\}=\{\boldsymbol{X}\mid \boldsymbol{AXA}=\boldsymbol{A}\}.$$

例 7.4 设 $\boldsymbol{A}\in\mathbf{R}^{m\times n}$,且 $\boldsymbol{A}$ 可写成如下分块矩阵:

$$\boldsymbol{A}=\begin{pmatrix}\boldsymbol{E}_r & \boldsymbol{O}\\\boldsymbol{O} & \boldsymbol{O}\end{pmatrix},$$

其中 $\boldsymbol{E}_r$ 是 r 阶方阵. 利用定义求 $\boldsymbol{A}\{1\}$.

解 设 $\boldsymbol{X}\in\boldsymbol{A}\{1\}$,则 $\boldsymbol{X}$ 是 $n\times m$ 矩阵,将 $\boldsymbol{X}$ 适当分块,

$$\boldsymbol{X}=\begin{pmatrix}\boldsymbol{X}_{11} & \boldsymbol{X}_{12}\\\boldsymbol{X}_{21} & \boldsymbol{X}_{22}\end{pmatrix},$$

其中，$X_{11} \in \mathbf{R}^{r\times r}$，$X_{12} \in \mathbf{R}^{r\times(m-r)}$，$X_{21} \in \mathbf{R}^{(n-r)\times r}$，$X_{22} \in \mathbf{R}^{(n-r)\times(m-r)}$，于是

$$AXA = \begin{pmatrix} E_r & O \\ O & O \end{pmatrix} \begin{pmatrix} X_{11} & X_{12} \\ X_{21} & X_{22} \end{pmatrix} \begin{pmatrix} E_r & O \\ O & O \end{pmatrix} = \begin{pmatrix} X_{11} & O \\ O & O \end{pmatrix},$$

由 $AXA = A$ 知 $X_{11} = E_r$，即 $A\{1\}$ 中的任意一个矩阵可写成

$$X = \begin{pmatrix} E_r & X_{12} \\ X_{21} & X_{22} \end{pmatrix},$$

其中，

$$X_{12} \in \mathbf{R}^{r\times(m-r)},\ X_{21} \in \mathbf{R}^{(n-r)\times r},\ X_{22} \in \mathbf{R}^{(n-r)\times(m-r)}$$

为任意矩阵.

上述例子中求出了减号逆的全体表达方式.

设 $A \in \mathbf{R}^{m\times n}$，广义逆矩阵 $A^- \in A\{1\}$ 具有如下性质：

(1) $(A^-)^{\mathrm{T}} = (A^{\mathrm{T}})^-$；

(2) 任取 $\lambda \in \mathbf{R}$，$\lambda^+ A^- \in (\lambda A)\{1\}$，其中，

$$\lambda^+ = \begin{cases} \lambda^{-1}, & \lambda \neq 0, \\ 0, & \lambda = 0; \end{cases}$$

(3) $\mathrm{rank}\, A^- \geqslant \mathrm{rank}\, A$；

(4) AA^- 和 A^-A 都是幂等矩阵，且 $\mathrm{rank}\, AA^- = \mathrm{rank}\, A^-A = \mathrm{rank}\, A$；

(5) 设矩阵 P, Q 可逆，则 $Q^{-1}A^-P^{-1} \in (PAQ)\{1\}$；

证明 (1) 因为 $A^{\mathrm{T}}(A^-)^{\mathrm{T}}A^{\mathrm{T}} = (AA^-A)^{\mathrm{T}} = A^{\mathrm{T}}$，所以 $(A^-)^{\mathrm{T}} \in A^{\mathrm{T}}\{1\}$.

(2) 若 $\lambda = 0$，由定义知零矩阵就是零矩阵的一个 $\{1\}$ 逆. 若 $\lambda \neq 0$，则 $A = AA^-A$. 于是 $\lambda A = (\lambda A)(\lambda^{-1}A^-)(\lambda A)$，故 $\lambda^+ A \in (\lambda A)\{1\}$.

(3) 由 $AA^-A = A$，根据两个矩阵之积的秩小于等于这两个矩阵中任一个矩阵的秩，可推出

$$\mathrm{rank}\, A = \mathrm{rank}\, AA^-A \leqslant \mathrm{rank}\, AA^- \leqslant \mathrm{rank}\, A^-.$$

(4)

$$(A^-A)^2 = A^-AA^-A = A^-(AA^-A) = A^-A,$$
$$(AA^-)^2 = AA^-AA^- = (AA^-A)A^- = AA^-,$$

因此，A^-A 和 AA^- 是幂等矩阵. 因为 $\mathrm{rank}\, A = \mathrm{rank}\, AA^-A \leqslant \mathrm{rank}\, AA^- \leqslant \mathrm{rank}\, A$，故上式中只能等号成立，即

$$\mathrm{rank}\, A = \mathrm{rank}\, AA^-.$$

同理可证

$$\mathrm{rank}\, A = \mathrm{rank}\, A^-A.$$

(5) 由 $AA^-A = A$ 可推得

$$(PAQ)(Q^{-1}A^-P^{-1})(PAQ) = PAQ,$$

因此

$$Q^{-1}A^{-}P^{-1}\in(PAQ)\{1\}.$$

定理 7.2　设 $A\in\mathbf{R}^{m\times n}$，$\operatorname{rank}A=r$，$P\in\mathbf{R}^{m\times m}$，$Q\in\mathbf{R}^{n\times n}$，$P$ 和 Q 可逆，且

$$PAQ=\begin{pmatrix}E_r & O\\ O & O\end{pmatrix},$$

则 $A\{1\}$ 中任一矩阵可写成

$$Q\begin{pmatrix}E_r & X_{12}\\ X_{21} & X_{22}\end{pmatrix}P. \tag{7.2}$$

其中，

$$X_{12}\in\mathbf{R}^{r\times(n-r)},\quad X_{21}\in\mathbf{R}^{(m-r)\times r},\quad X_{22}\in\mathbf{R}^{(n-r)\times(m-r)}$$

为任意矩阵.

证明　由例 7.4 及性质(5)即可推出本定理.

定理 7.2 给出了求 A^{-} 的另外一种计算方法. 要想算出一个矩阵 A 的$\{1\}$ 逆，必须先求出可逆矩阵 P 和 Q，使 PAQ 成为标准形. 为此可以先构造分块矩阵 B，使

$$B=\begin{pmatrix}A & E_m\\ E_n & O\end{pmatrix}.$$

用行和列初等变换把 B 中的 A 化成如下形式的标准形 $\tilde{A}$：

$$\tilde{A}=\begin{pmatrix}E_r & O\\ O & O\end{pmatrix},$$

同时，E_n 化成了 Q，E_m 化成了 P，即

$$\begin{pmatrix}P & O\\ O & E_n\end{pmatrix}\begin{pmatrix}A & E_m\\ E_n & O\end{pmatrix}\begin{pmatrix}Q & O\\ O & E_m\end{pmatrix}=\begin{pmatrix}\tilde{A} & P\\ Q & O\end{pmatrix},$$

故

$$PAQ=\tilde{A}=\begin{pmatrix}E_r & O\\ O & O\end{pmatrix},$$

于是 $A\{1\}$ 中的矩阵可写成

$$X=Q\begin{pmatrix}E_r & X_{12}\\ X_{21} & X_{22}\end{pmatrix}P.$$

定理 7.2 表明 A^{-} 是存在的，即 $A\{1\}$ 是非空集合. 由于 X_{12}，X_{21}，X_{22} 中的元素可任取，故当 A 不是可逆方阵时，A^{-} 不唯一.

例 7.5　已知矩阵

$$A=\begin{pmatrix}1&0&-1&1\\0&2&2&2\\-1&4&5&3\end{pmatrix}.$$

求 A 的广义逆 $A\{1\}$.

解

$$B=\begin{pmatrix}1&0&-1&1&1&0&0\\0&2&2&2&0&1&0\\-1&4&5&3&0&0&1\\1&0&0&0&&&\\0&1&0&0&&O&\\0&0&1&0&&&\\0&0&0&1&&&\end{pmatrix}$$

$$\cong\begin{pmatrix}1&0&0&0&1&0&0\\0&1&0&0&0&\frac{1}{2}&0\\0&0&0&0&1&-2&1\\1&0&1&-1&&&\\0&1&-1&-1&&O&\\0&0&1&0&&&\\0&0&0&1&&&\end{pmatrix}.$$

于是

$$P=\begin{pmatrix}1&0&0\\0&\frac{1}{2}&0\\1&-2&1\end{pmatrix},\quad Q=\begin{pmatrix}1&0&1&-1\\0&1&-1&-1\\0&0&1&0\\0&0&0&1\end{pmatrix}.$$

因此,A 的任一个$\{1\}$逆可写成

$$X=Q\begin{pmatrix}1&0&x_1\\0&1&x_2\\y_{11}&y_{12}&z_1\\y_{21}&y_{22}&z_2\end{pmatrix}P,$$

其中,x_i, y_{ij}, $z_j(i=1,2;\ j=1,2)$ 为任意实数.

若取 $x_i=y_{ij}=z_j=0(i=1,2;\ j=1,2)$,则得到 A 的一个具体的$\{1\}$逆

$$A^-=\begin{pmatrix}1&0&1&-1\\0&1&-1&-1\\0&0&1&0\\0&0&0&1\end{pmatrix}\begin{pmatrix}1&0&0\\0&1&0\\0&0&0\\0&0&0\end{pmatrix}\begin{pmatrix}1&0&0\\0&\frac{1}{2}&0\\1&-2&1\end{pmatrix}=\begin{pmatrix}1&0&0\\0&\frac{1}{2}&0\\0&0&0\\0&0&0\end{pmatrix}.$$

如果 x_i, y_{ij}, $z_j(i=1, 2; j=1, 2)$ 取为其他数，就可以得到另一个 $\boldsymbol{A}^-$.

由公式(7.2)知道其中 $\boldsymbol{A}^-$ 的一种计算方法. 如果求得了某一个 $\boldsymbol{A}^-$，如何求出其他的减号逆，下述定理给出已知某一个{1}逆后求得所有 $\boldsymbol{A}^-$ 的一般表达式.

定理 7.3　设 $\boldsymbol{A} \in \boldsymbol{R}^{m\times n}$, $\boldsymbol{A}^- \in \boldsymbol{A}\{1\}$ 是 $\boldsymbol{A}$ 的某一个{1}逆，则

(1) $\boldsymbol{X} = \boldsymbol{A}^- + \boldsymbol{U} - \boldsymbol{A}^-\boldsymbol{AUAA}^- \in \boldsymbol{A}\{1\}$，矩阵 $\boldsymbol{U} \in \mathbf{R}^{n\times m}$ 是任意实矩阵；

(2) $\boldsymbol{X} = \boldsymbol{A}^- + \boldsymbol{V}(\boldsymbol{I}_m - \boldsymbol{AA}^-) + (\boldsymbol{I}_n - \boldsymbol{A}^-\boldsymbol{A})\boldsymbol{U}$，矩阵 $\boldsymbol{UV} \in \mathbf{R}^{n\times m}$ 是任意实矩阵，也是 $\boldsymbol{A}$ 的某一个{1}逆，且 $\boldsymbol{A}\{1\}$ 中任何一个矩阵都可以表示成上述形式.

证明　先证明 $\boldsymbol{X} \in \boldsymbol{A}\{1\}$. 事实上，

$$\begin{aligned}\boldsymbol{AXA} &= \boldsymbol{A}(\boldsymbol{A}^- + \boldsymbol{U} - \boldsymbol{A}^-\boldsymbol{AUAA}^-)\boldsymbol{A} \\ &= \boldsymbol{AA}^-\boldsymbol{A} + \boldsymbol{AUA} - (\boldsymbol{AA}^-\boldsymbol{A})\boldsymbol{U}(\boldsymbol{AA}^-\boldsymbol{A}) \\ &= \boldsymbol{A} + \boldsymbol{AUA} - \boldsymbol{AUA} = \boldsymbol{A},\end{aligned}$$

$$\begin{aligned}\boldsymbol{AXA} &= \boldsymbol{A}(\boldsymbol{A}^- + \boldsymbol{V}(\boldsymbol{I}_m - \boldsymbol{AA}^-) + (\boldsymbol{I}_n - \boldsymbol{A}^-\boldsymbol{A})\boldsymbol{U})\boldsymbol{A} \\ &= \boldsymbol{AA}^-\boldsymbol{A} + \boldsymbol{AV}(\boldsymbol{I}_m - \boldsymbol{AA}^-)\boldsymbol{A} + \boldsymbol{A}(\boldsymbol{I}_n - \boldsymbol{A}^-\boldsymbol{A})\boldsymbol{UA} \\ &= \boldsymbol{AA}^-\boldsymbol{A} + \boldsymbol{AV}(\boldsymbol{A} - \boldsymbol{AA}^-\boldsymbol{A}) + (\boldsymbol{A} - \boldsymbol{AA}^-\boldsymbol{A})\boldsymbol{UA} = \boldsymbol{A},\end{aligned}$$

即 $\boldsymbol{X} \in \boldsymbol{A}\{1\}$.

再设任给 $\boldsymbol{X} \in \boldsymbol{A}\{1\}$，则

$$\boldsymbol{A}(\boldsymbol{X} - \boldsymbol{A}^-)\boldsymbol{A} = \boldsymbol{AXA} - \boldsymbol{AA}^-\boldsymbol{A} = \boldsymbol{A} - \boldsymbol{A} = \boldsymbol{O}.$$

令 $\boldsymbol{U} = \boldsymbol{B} - \boldsymbol{A}^-$，则 $\boldsymbol{AUA} = \boldsymbol{O}$，于是 $\boldsymbol{A}^-\boldsymbol{AUAA}^- = \boldsymbol{O}$，故

$$\boldsymbol{X} = \boldsymbol{A}^- + \boldsymbol{U} - \boldsymbol{A}^-\boldsymbol{AUAA}^-.$$

取

$$\boldsymbol{V} = \boldsymbol{X} - \boldsymbol{A}^-,\quad \boldsymbol{U} = \boldsymbol{XAA}^-,$$

则

$$\boldsymbol{X} = \boldsymbol{A}^- + \boldsymbol{V}(\boldsymbol{I}_m - \boldsymbol{AA}^-) + (\boldsymbol{I}_n - \boldsymbol{A}^-\boldsymbol{A})\boldsymbol{U}.$$

故 $\boldsymbol{A}\{1\}$ 中任何一个矩阵都可以表示成上述形式.

除了使用定义和定理 7.2 中的初等变换以外，还可以利用矩阵的满秩分解来求 $\boldsymbol{A}^-$.

在简要地回顾满秩分解及其一些性质之后，下面介绍一种新的计算方法.

已知 $\boldsymbol{A} \in \mathbf{R}^{m\times n}$, $m \leqslant n$ 且 $\operatorname{rank}\boldsymbol{A} = m$ 时，称 $\boldsymbol{A}$ 为行满秩矩阵，当 $m \geqslant n$ 且 $\operatorname{rank}\boldsymbol{A} = n$ 时，称 $\boldsymbol{A}$ 为列满秩矩阵.

对于行满秩矩阵，有如下定义：

定义 7.4　设 $\boldsymbol{A} \in \mathbf{R}^{m\times n}(m \leqslant n)$ 是行满秩矩阵，如果存在一个 $n \times m$ 矩阵 $\boldsymbol{B}$，使得

$$\boldsymbol{AB} = \boldsymbol{E},$$

成立，则称 $\boldsymbol{B}$ 为 $\boldsymbol{A}$ 的**右逆**，并记为 $\boldsymbol{A}_R^{-1}$.

由于 $\boldsymbol{AA}^{\mathrm{T}}$ 是 m 阶满秩方阵，故

$$(\boldsymbol{AA}^{\mathrm{T}})(\boldsymbol{AA}^{\mathrm{T}})^{-1} = (\boldsymbol{AA}^{\mathrm{T}})^{-1}(\boldsymbol{AA}^{\mathrm{T}}) = \boldsymbol{E},$$

知 $\boldsymbol{A}$ 的右逆为

$$\boldsymbol{A}_R^{-1}=\boldsymbol{A}^{\mathrm{T}}(\boldsymbol{A}\boldsymbol{A}^{\mathrm{T}})^{-1}.$$

例 7.6 设矩阵

$$\boldsymbol{A}=\begin{pmatrix}1 & 2 & -1\\ 0 & -1 & 2\end{pmatrix},$$

求 $\boldsymbol{A}$ 的右逆 $\boldsymbol{A}_R^{-1}$.

解 由 $\mathrm{rank}\boldsymbol{A}=2$,知 $\boldsymbol{A}$ 为行满秩矩阵,所以

$$\begin{aligned}\boldsymbol{A}_R^{-1}&=\boldsymbol{A}^{\mathrm{T}}(\boldsymbol{A}\boldsymbol{A}^{\mathrm{T}})^{-1}\\&=\begin{pmatrix}1 & 0\\ 2 & -1\\ -1 & 2\end{pmatrix}\left(\begin{pmatrix}1 & 2 & -1\\ 0 & -1 & 2\end{pmatrix}\begin{pmatrix}1 & 0\\ 2 & -1\\ -1 & 2\end{pmatrix}\right)^{-1}\\&=\frac{1}{14}\begin{pmatrix}5 & 4\\ 6 & 2\\ 3 & 8\end{pmatrix}.\end{aligned}$$

同样的,对于列满秩矩阵,有如下定义:

定义 7.5 设 $\boldsymbol{A}\in\mathbf{R}^{m\times n}(m\geqslant n)$ 是列满秩矩阵,如果存在一个 $n\times m$ 矩阵 $\boldsymbol{B}$,使得

$$\boldsymbol{B}\boldsymbol{A}=\boldsymbol{E},$$

成立,则称 $\boldsymbol{B}$ 为 $\boldsymbol{A}$ 的**左逆**,并记为 $\boldsymbol{A}_L^{-1}$.

由于 $\boldsymbol{A}^{\mathrm{T}}\boldsymbol{A}$ 是 n 阶满秩方阵,故

$$(\boldsymbol{A}^{\mathrm{T}}\boldsymbol{A})(\boldsymbol{A}^{\mathrm{T}}\boldsymbol{A})^{-1}=(\boldsymbol{A}^{\mathrm{T}}\boldsymbol{A})^{-1}(\boldsymbol{A}^{\mathrm{T}}\boldsymbol{A})=\boldsymbol{E}.$$

知 $\boldsymbol{A}$ 的左逆为

$$\boldsymbol{A}_L^{-1}=(\boldsymbol{A}^{\mathrm{T}}\boldsymbol{A})^{-1}\boldsymbol{A}^{\mathrm{T}}.$$

例 7.7 设矩阵

$$\boldsymbol{A}=\begin{pmatrix}1 & 2\\ 2 & 1\\ 1 & 1\end{pmatrix},$$

求 $\boldsymbol{A}$ 的左逆 $\boldsymbol{A}_L^{-1}$.

解 由 $\mathrm{rank}\,\boldsymbol{A}=2$,知 $\boldsymbol{A}$ 为列满秩矩阵,所以

$$\begin{aligned}\boldsymbol{A}_L^{-1}&=(\boldsymbol{A}^{\mathrm{T}}\boldsymbol{A})^{-1}\boldsymbol{A}^{\mathrm{T}}\\&=\left(\begin{pmatrix}1 & 2 & 1\\ 2 & 1 & 1\end{pmatrix}\begin{pmatrix}1 & 2\\ 2 & 1\\ 1 & 1\end{pmatrix}\right)^{-1}\begin{pmatrix}1 & 2 & 1\\ 2 & 1 & 1\end{pmatrix}\\&=\frac{1}{11}\begin{pmatrix}-4 & 7 & 1\\ 7 & -4 & 1\end{pmatrix}.\end{aligned}$$

注 矩阵 $\boldsymbol{A}$ 的左逆与右逆一般不能同时存在，只有当 $m=n$ 时的可逆方阵，左逆和右逆才能同时存在. 一般 $m\times n$ 矩阵的左逆和右逆也不唯一，只有是满秩方阵的时候才是唯一的.

可以验证，行满秩 $m\times n$ 矩阵 $\boldsymbol{A}$ 的右逆一般表达式为

$$\boldsymbol{B}=\boldsymbol{V}\boldsymbol{A}^{\mathrm{T}}(\boldsymbol{A}\boldsymbol{V}\boldsymbol{A}^{\mathrm{T}})^{-1},$$

其中，$\boldsymbol{V}$ 是使等式 $\operatorname{rank}\boldsymbol{A}\boldsymbol{V}\boldsymbol{A}^{\mathrm{T}}=\operatorname{rank}\boldsymbol{A}=m$ 成立的任意 n 阶方阵.

如果 $\boldsymbol{A}$ 是 $m\times n$ 列满秩矩阵，则 $\boldsymbol{A}$ 的左逆一般表达式为

$$\boldsymbol{B}=(\boldsymbol{A}^{\mathrm{T}}\boldsymbol{U}\boldsymbol{A})^{-1}\boldsymbol{A}^{\mathrm{T}}\boldsymbol{U},$$

其中，$\boldsymbol{U}$ 是使等式 $\operatorname{rank}\boldsymbol{A}^{\mathrm{T}}\boldsymbol{U}\boldsymbol{A}=\operatorname{rank}\boldsymbol{A}=n$ 成立的任意 m 阶方阵.

定理 7.4 设 $\boldsymbol{A}$ 为 $m\times n$ 矩阵和 $\boldsymbol{A}$ 的满秩分解

$$\boldsymbol{A}=\boldsymbol{B}\boldsymbol{C},$$

其中 $\boldsymbol{B}$ 为 $m\times r$ 矩阵，$\boldsymbol{C}$ 为 $r\times n$ 矩阵，且 $\operatorname{rank}\boldsymbol{A}=\operatorname{rank}\boldsymbol{B}=\operatorname{rank}\boldsymbol{C}=r\leqslant\min\{m,n\}$. 已知 $\boldsymbol{B}$ 的一个左逆为 $\boldsymbol{B}_L^{-1}$，$\boldsymbol{C}$ 的一个右逆 $\boldsymbol{C}_R^{-1}$. 则

$$\boldsymbol{A}^{-}=\boldsymbol{C}_R^{-1}\boldsymbol{B}_L^{-1}, \tag{7.3}$$

即

$$\boldsymbol{A}^{-}=\boldsymbol{C}^{\mathrm{T}}(\boldsymbol{C}\boldsymbol{C}^{\mathrm{T}})^{-1}(\boldsymbol{B}^{\mathrm{T}}\boldsymbol{B})^{-1}\boldsymbol{B}^{\mathrm{T}}.$$

证明 将上式代入 Penrose-Moore 方程，有

$$\boldsymbol{A}\boldsymbol{X}\boldsymbol{A}=\boldsymbol{A}\boldsymbol{C}_R^{-1}\boldsymbol{B}_L^{-1}\boldsymbol{A}=\boldsymbol{B}\boldsymbol{C}\boldsymbol{C}_R^{-1}\boldsymbol{B}_L^{-1}\boldsymbol{B}\boldsymbol{C}=\boldsymbol{B}\boldsymbol{C}=\boldsymbol{A}$$

例 7.8 设矩阵

$$\boldsymbol{A}=\begin{pmatrix}1&0&3\\2&3&0\\1&1&1\end{pmatrix},$$

试用满秩分解求矩阵 $\boldsymbol{A}$ 一个广义逆 $\boldsymbol{A}^{-}$.

解 已知

$$\boldsymbol{A}=\begin{pmatrix}1&0&3\\2&3&0\\1&1&1\end{pmatrix}=\begin{pmatrix}1&2\\2&1\\1&1\end{pmatrix}\begin{pmatrix}1&2&-1\\0&-1&2\end{pmatrix},$$

由前面两个例子可知

$$\begin{aligned}\boldsymbol{A}^{-}&=\boldsymbol{C}_R^{-1}\boldsymbol{B}_L^{-1}\\&=\frac{1}{14}\begin{pmatrix}5&4\\6&2\\3&8\end{pmatrix}\frac{1}{11}\begin{pmatrix}-4&7&1\\7&-4&1\end{pmatrix}\\&=\frac{1}{154}\begin{pmatrix}8&19&9\\-10&34&8\\44&-11&11\end{pmatrix}.\end{aligned}$$

7.3 自反广义逆

本节介绍自反广义逆$\boldsymbol{A}\{1, 2\}$的概念和性质,以及和减号逆$\boldsymbol{A}\{1\}$之间的关系.

定义 7.6 设$\boldsymbol{A} \in \mathbf{R}^{m\times n}$,若$\boldsymbol{X} \in \mathbf{R}^{n\times m}$且满足方程

$$\boldsymbol{AXA} = \boldsymbol{A},$$
$$\boldsymbol{XAX} = \boldsymbol{X},$$

则$\boldsymbol{X} \in \boldsymbol{A}\{1, 2\}$. 此时称$\boldsymbol{X}$为$\boldsymbol{A}$的一个$\{1, 2\}$-逆,也称为**自反广义逆**,记为$\boldsymbol{X} = \boldsymbol{A}^{(1, 2)}$.

矩阵$\boldsymbol{A}$的所有自反广义逆的集合记为$\boldsymbol{A}\{1, 2\}$. 若$\boldsymbol{X}$是$\boldsymbol{A}$的自反广义逆,则$\boldsymbol{A}$也是$\boldsymbol{X}$的自反广义逆,这就是自反的含义.

定理 7.5 任何矩阵$\boldsymbol{A} \in \mathbf{R}^{m\times n}$都有自反广义逆.

证明 如果$\boldsymbol{A} = \boldsymbol{O}$,则$\boldsymbol{X} = \boldsymbol{O}$,显然就是$\boldsymbol{A}$的自反广义逆. 如果$\boldsymbol{A} \neq \boldsymbol{O}$, $\operatorname{rank}\boldsymbol{A} = r$,则存在可逆矩阵$\boldsymbol{P}$和$\boldsymbol{Q}$,使

$$\boldsymbol{PAQ} = \begin{pmatrix} \boldsymbol{E}_r & \boldsymbol{O} \\ \boldsymbol{O} & \boldsymbol{O} \end{pmatrix}.$$

直接验证可知矩阵

$$\boldsymbol{X} = \boldsymbol{Q}\begin{pmatrix} \boldsymbol{E}_r & \boldsymbol{W} \\ \boldsymbol{V} & \boldsymbol{VW} \end{pmatrix}\boldsymbol{P}$$

是$\boldsymbol{A}$的自反广义逆,其中,$\boldsymbol{W} \in \mathbf{R}^{r\times(m-r)}$, $\boldsymbol{V} \in \mathbf{R}^{(n-r)\times r}$是任意矩阵.

定理 7.5 说明自反广义逆存在,且不唯一.

例 7.9 设矩阵

$$\boldsymbol{A} = \begin{pmatrix} 1 & 0 & 0 \\ 1 & 1 & 1 \\ 2 & 1 & 1 \end{pmatrix},$$

试求$\boldsymbol{A}$的自反广义逆.

解 由初等矩阵变换可知

$$\boldsymbol{PAQ} = \begin{pmatrix} 1 & 0 & 0 \\ -1 & 1 & 0 \\ -1 & -1 & 1 \end{pmatrix}\begin{pmatrix} 1 & 0 & 0 \\ 1 & 1 & 1 \\ 2 & 1 & 1 \end{pmatrix}\begin{pmatrix} 1 & 0 & 0 \\ 0 & 1 & -1 \\ 0 & 0 & 1 \end{pmatrix} = \begin{pmatrix} 1 & 0 & 0 \\ 0 & 1 & 0 \\ 0 & 0 & 0 \end{pmatrix}.$$

则

$$\boldsymbol{A}^{(1, 2)} = \boldsymbol{Q}\begin{pmatrix} 1 & 0 & w_1 \\ 0 & 1 & w_2 \\ v_1 & v_2 & v_1w_1 + v_2w_2 \end{pmatrix}\boldsymbol{P},$$

其中, w_i, $v_i(i = 1, 2)$可以取任意常数.

定理 7.6 对任何 $\boldsymbol{A} \in \mathbf{R}^{m\times n}$，若 $\boldsymbol{Y}, \boldsymbol{Z} \in \boldsymbol{A}\{1\}$，那么

$$\boldsymbol{X} = \boldsymbol{YAZ} \in \boldsymbol{A}\{1, 2\}.$$

证明

$$\boldsymbol{AXA} = (\boldsymbol{AYA})\boldsymbol{ZA} = \boldsymbol{AZA} = \boldsymbol{A},$$
$$\boldsymbol{XAX} = \boldsymbol{Y}(\boldsymbol{AZA})\boldsymbol{YAZ} = \boldsymbol{Y}(\boldsymbol{AYA})\boldsymbol{Z} = \boldsymbol{YAZ} = \boldsymbol{X},$$

因此，$\boldsymbol{X}$ 是 $\boldsymbol{A}$ 的$\{1, 2\}$一逆.

引理 7.1 设 $\boldsymbol{A} \in \mathbf{R}^{m\times n}$，$\boldsymbol{X} \in \mathbf{R}^{n\times m}$，若

$$R(\boldsymbol{XA}) = R(\boldsymbol{X}),$$

则存在 $\boldsymbol{Y} \in \mathbf{R}^{n\times m}$，使 $\boldsymbol{XAY} = \boldsymbol{X}$.

证明 令 $\boldsymbol{q}_1, \boldsymbol{q}_2, \cdots, \boldsymbol{q}_m$ 是 $\mathbf{R}^m$ 的一组基，

$$\boldsymbol{r}_i = \boldsymbol{Xq}_i, \quad i = 1, 2, \cdots, m,$$

则 $\boldsymbol{r}_i \in R(\boldsymbol{X})$，

因为 $R(\boldsymbol{XA}) = R(\boldsymbol{X})$，所以 $\boldsymbol{r}_i \in R(\boldsymbol{XA})$，即存在 $\boldsymbol{p}_i \in \mathbf{R}^n$，使得

$$\boldsymbol{r}_i = \boldsymbol{XAp}_i, \quad i = 1, 2, \cdots, m.$$

记

$$\boldsymbol{P} = (\boldsymbol{p}_1, \boldsymbol{p}_2, \cdots, \boldsymbol{p}_m) \in \mathbf{R}^{n\times m},$$
$$\boldsymbol{Q} = (\boldsymbol{q}_1, \boldsymbol{q}_2, \cdots, \boldsymbol{q}_m) \in \mathbf{R}^{m\times m},$$

显然 $\boldsymbol{Q}$ 可逆.

由 $\boldsymbol{Xq}_i = \boldsymbol{XAp}_i$ 知 $\boldsymbol{XQ} = \boldsymbol{XAP}$，即

$$\boldsymbol{X} = \boldsymbol{XAPQ}^{-1}.$$

令 $\boldsymbol{Y} = \boldsymbol{P}\boldsymbol{Q}^{-1}$，于是 $\boldsymbol{X} = \boldsymbol{XAY}$.

定理 7.8 设 $\boldsymbol{A} \in \mathbf{R}^{m\times n}$，$\mathrm{rank}\boldsymbol{A} = r$，$\boldsymbol{X} \in \mathbf{R}^{n\times m}$，且 $\boldsymbol{X} \in \boldsymbol{A}\{1\}$，则 $\boldsymbol{X}\in\boldsymbol{A}\{1,2\}$的充分必要条件是

$$\mathrm{rank}\,\boldsymbol{X} = \mathrm{rank}\,\boldsymbol{A}.$$

证明 必要性. 因为 $\boldsymbol{X} \in \boldsymbol{A}\{1, 2\}$，所以 $\boldsymbol{AXA} = \boldsymbol{A}$，

$$\mathrm{rank}\,\boldsymbol{A} = \mathrm{rank}\,\boldsymbol{AXA} \leqslant \mathrm{rank}\,\boldsymbol{AX} \leqslant \mathrm{rank}\,\boldsymbol{X};$$

$$\boldsymbol{XAX} = \boldsymbol{X},$$

$$\mathrm{rank}\,\boldsymbol{X} = \mathrm{rank}\,\boldsymbol{XAX} \leqslant \mathrm{rank}\,\boldsymbol{XA} \leqslant \mathrm{rank}\,\boldsymbol{A};$$

于是

$$\mathrm{rank}\,\boldsymbol{X} = \mathrm{rank}\,\boldsymbol{A}.$$

充分性. 已知 $\mathrm{rank}\,\boldsymbol{X} = \mathrm{rank}\,\boldsymbol{A}$，任给 $\boldsymbol{w} \in R(\boldsymbol{XA})$，存在 $\boldsymbol{v}$ 使得 $\boldsymbol{w}=\boldsymbol{XAv}$，令 $\boldsymbol{z}=\boldsymbol{Av}$，于是

$w=Xz$,即 $w \in R(X)$,因此

$$R(XA) \subset R(X).$$

由 A^- 的性质(4)知

$$\operatorname{rank} A^- A = \operatorname{rank} A.$$

于是

$$\operatorname{rank} XA = \operatorname{rank} A = \operatorname{rank} X,$$

即 $R(XA)$ 与 $R(X)$ 的维数相等,由此推知

$$R(XA) = R(X).$$

由引理 7.1 知,存在 $Y \in \mathbf{R}^{n\times m}$,使 $XAY = X$,左乘 A 得

$$AX = AXAY = (AXA)Y = AY,$$

所以

$$XAX = XAY = X, \quad X \in A\{1, 2\}.$$

7.4 广义逆矩阵

加号逆 A^+ 是应用最广泛的一类矩阵的广义逆,本节介绍它的定义、性质和计算方法.

首先来看加号逆的定义和存在唯一性.

定理 7.7 设 $A \in \mathbf{R}^{m\times n}$,若存在矩阵 $X \in \mathbf{R}^{n\times m}$ 满足

$$AXA = A,$$
$$XAX = X,$$
$$(AX)^{\mathrm{H}} = AX,$$
$$(XA)^{\mathrm{H}} = XA,$$

则 $X \in A\{1, 2, 3, 4\}$. 此时,称 X 为 A 的一个$\{1, 2, 3, 4\}$**—逆**,也称为**加号逆**,记作 A^+,或者 $A^{(1, 2, 3, 4)}$.

定理 7.9 任给矩阵 $A \in \mathbf{R}^{m\times n}$,A^+ 存在且唯一.

证明 设 $\operatorname{rank} A = r \neq 0$,取 A 的一个满秩分解为

$$A = BC,$$

其中,$B \in \mathbf{R}^{m\times r}$,$C \in \mathbf{R}^{r\times n}$,$\operatorname{rank} B = \operatorname{rank} C = r$.
令

$$X = C^{\mathrm{T}}(CC^{\mathrm{T}})^{-1}(B^{\mathrm{T}}B)^{-1}B^{\mathrm{T}},$$

则

(1)

$$\begin{aligned} AXA &= BCC^{\mathrm{T}}(CC^{\mathrm{T}})^{-1}(B^{\mathrm{T}}B)^{-1}B^{\mathrm{T}}BC \\ &= BC = A. \end{aligned}$$

(2)

$$\begin{aligned} XAX &= C^{\mathrm{T}}(CC^{\mathrm{T}})^{-1}(B^{\mathrm{T}}B)^{-1}B^{\mathrm{T}}BCC^{\mathrm{T}}(CC^{\mathrm{T}})^{-1}(B^{\mathrm{T}}B)^{-1}B^{\mathrm{T}} \\ &= C^{\mathrm{T}}(CC^{\mathrm{T}})^{-1}(B^{\mathrm{T}}B)^{-1}B^{\mathrm{T}} = X. \end{aligned}$$

(3)

$$\begin{aligned} (AX)^{\mathrm{T}} &= (BCC^{\mathrm{T}}(CC^{\mathrm{T}})^{-1}(B^{\mathrm{T}}B)^{-1}B^{\mathrm{T}})^{\mathrm{T}} \\ &= (B(B^{\mathrm{T}}B)^{-1}B^{\mathrm{T}})^{\mathrm{T}} = B((B^{\mathrm{T}}B)^{-1})^{\mathrm{T}}B^{\mathrm{T}} \\ &= B(B^{\mathrm{T}}A)^{-1}B^{\mathrm{T}} = AX. \end{aligned}$$

(4)

$$\begin{aligned} (XA)^{\mathrm{T}} &= (C^{\mathrm{T}}(CC^{\mathrm{T}})^{-1}(B^{\mathrm{T}}B)^{-1}B^{\mathrm{T}}BC)^{\mathrm{T}} \\ &= (C^{\mathrm{T}}(CC^{\mathrm{T}})^{-1}C)^{\mathrm{T}} = C^{\mathrm{T}}((CC^{\mathrm{T}})^{-1})^{\mathrm{T}}C \\ &= C^{\mathrm{T}}(CC^{\mathrm{T}})^{-1}C = XA. \end{aligned}$$

所以 X 是 A 的一个 A^{+} 逆.

当 $\operatorname{rank} A = 0$，即 $A = O$ 为零矩阵时，容易验证 $X = O$ 是 A 的一个 A^{+} 逆，故 A^{+} 存在.

下面证明唯一性. 假设 X_1 和 X_2 都是 A 的 A^{+} 逆，由定理 7.1 和 Penrose-Moore 方程组可知

$$\begin{aligned} X_1 &= X_1X_1^{\mathrm{T}}A^{\mathrm{T}} = X_1X_1^{\mathrm{T}}(AX_2A)^{\mathrm{T}} = X_1X_1^{\mathrm{T}}A^{\mathrm{T}}X_2^{\mathrm{T}}A^{\mathrm{T}} \\ &= X_1(AX_1)^{\mathrm{T}}(AX_2)^{\mathrm{T}} = X_1AX_1AX_2 = X_1AX_2 \\ &= X_1AX_2AX_2 = X_1A(X_2A)^{\mathrm{T}}X_2 = X_1AA^{\mathrm{T}}X_2^{\mathrm{T}}X_2 \\ &= A^{\mathrm{T}}X_2^{\mathrm{T}}X_2 = (X_2A)^{\mathrm{T}}X_2 = X_2AX_2 \\ &= X_2. \end{aligned}$$

广义逆矩阵 A^{+} 还有如下性质：

(1) $(A^{+})^{+} = A$；

(2) $(A^{\mathrm{T}})^{+} = (A^{+})^{\mathrm{T}}$；

(3) $\forall \lambda \in \mathbf{R}$，$(\lambda A)^{+} = \lambda^{+}A^{+}$，其中，

$$\lambda^{+} = \begin{cases} \lambda^{-1}, & \lambda \neq 0, \\ 0, & \lambda = 0; \end{cases}$$

(4) $\operatorname{rank} A^{+} = \operatorname{rank} A^{+}A = \operatorname{rank} AA^{+} = \operatorname{rank} A$；

(5) $A^{+} = (A^{\mathrm{T}}A)^{+}A^{\mathrm{T}} = A^{\mathrm{T}}(AA^{\mathrm{T}})^{+}$；

(6) $R(AA^{+}) = R(A)$， $R(A^{+}A) = R(A^{+}) = R(A^{\mathrm{T}})$；

(7) $(A^{\mathrm{T}}A)^{+} = A^{+}(A^{\mathrm{T}})^{+}$， $(AA^{\mathrm{T}})^{+} = (A^{\mathrm{T}})^{+}A^{+}$；

(8) $\boldsymbol{A}$ 为实对称方阵时,$\boldsymbol{AA}^{+}=\boldsymbol{A}^{+}\boldsymbol{A}$;

证明 性质(1)—(4)由定义容易证明,故仅证明性质(5)—(8).

(5) 由定理 6.2,$\boldsymbol{A}=\boldsymbol{BC}$ 为 $\boldsymbol{A}$ 的满秩分解,则

$$\boldsymbol{A}^{+}=\boldsymbol{C}^{\mathrm{T}}(\boldsymbol{C}\boldsymbol{C}^{\mathrm{T}})^{-1}(\boldsymbol{B}^{\mathrm{T}}\boldsymbol{B})^{-1}\boldsymbol{B}^{\mathrm{T}},$$

于是

$$\boldsymbol{A}^{\mathrm{T}}\boldsymbol{A}=\boldsymbol{C}^{\mathrm{T}}\boldsymbol{B}^{\mathrm{T}}\boldsymbol{B}\boldsymbol{C}=(\boldsymbol{C}^{\mathrm{T}}\boldsymbol{B}^{\mathrm{T}}\boldsymbol{B})\boldsymbol{C}.$$

此式可视为 $\boldsymbol{A}^{\mathrm{T}}\boldsymbol{A}$ 的一个满秩分解,从而有

$$\begin{aligned}(\boldsymbol{A}^{\mathrm{T}}\boldsymbol{A})^{+}&=\boldsymbol{C}^{\mathrm{T}}(\boldsymbol{C}\boldsymbol{C}^{\mathrm{T}})^{-1}((\boldsymbol{C}^{\mathrm{T}}\boldsymbol{B}^{\mathrm{T}}\boldsymbol{B})^{\mathrm{T}}(\boldsymbol{C}^{\mathrm{T}}\boldsymbol{B}^{\mathrm{T}}\boldsymbol{B}))^{-1}(\boldsymbol{C}^{\mathrm{T}}\boldsymbol{B}^{\mathrm{T}}\boldsymbol{B})^{\mathrm{T}}\\&=\boldsymbol{C}^{\mathrm{T}}(\boldsymbol{C}\boldsymbol{C}^{\mathrm{T}})^{-1}(\boldsymbol{B}^{\mathrm{T}}\boldsymbol{B}\boldsymbol{C}\boldsymbol{C}^{\mathrm{T}}\boldsymbol{B}^{\mathrm{T}}\boldsymbol{B})^{-1}\boldsymbol{B}^{\mathrm{T}}\boldsymbol{B}\boldsymbol{C}\\&=\boldsymbol{C}^{\mathrm{T}}(\boldsymbol{C}\boldsymbol{C}^{\mathrm{T}})^{-1}(\boldsymbol{B}^{\mathrm{T}}\boldsymbol{B}^{-1}(\boldsymbol{C}\boldsymbol{C}^{\mathrm{T}})^{-1}(\boldsymbol{B}^{\mathrm{T}}\boldsymbol{B})^{-1}(\boldsymbol{B}^{\mathrm{T}}\boldsymbol{B})\boldsymbol{C}\\&=\boldsymbol{C}^{\mathrm{T}}(\boldsymbol{C}\boldsymbol{C}^{\mathrm{T}})^{-1}(\boldsymbol{B}^{\mathrm{T}}\boldsymbol{B})^{-1}(\boldsymbol{C}\boldsymbol{C}^{\mathrm{T}})^{-1}\boldsymbol{C},\end{aligned}$$

于是

$$\begin{aligned}(\boldsymbol{A}^{\mathrm{T}}\boldsymbol{A})^{+}\boldsymbol{A}^{\mathrm{T}}&=\boldsymbol{C}^{\mathrm{T}}(\boldsymbol{C}\boldsymbol{C}^{\mathrm{T}})^{-1}(\boldsymbol{B}^{\mathrm{T}}\boldsymbol{B})^{-1}(\boldsymbol{C}\boldsymbol{C}^{\mathrm{T}})^{-1}\boldsymbol{C}\boldsymbol{C}^{\mathrm{T}}\boldsymbol{B}^{\mathrm{T}}\\&=\boldsymbol{C}^{\mathrm{T}}(\boldsymbol{C}\boldsymbol{C}^{\mathrm{T}})^{-1}(\boldsymbol{B}^{\mathrm{T}}\boldsymbol{B})^{-1}\boldsymbol{B}^{\mathrm{T}}=\boldsymbol{A}^{+}.\end{aligned}$$

同理可证

$$\boldsymbol{A}^{+}=\boldsymbol{A}^{\mathrm{T}}(\boldsymbol{AA}^{\mathrm{T}})^{+}.$$

由此可知,当 $\operatorname{rank}\boldsymbol{A}=m$ 时,$\boldsymbol{AA}^{\mathrm{T}}$ 可逆,于是 $\boldsymbol{A}^{+}=\boldsymbol{A}^{\mathrm{T}}(\boldsymbol{AA}^{\mathrm{T}})^{-1}$. 当 $\operatorname{rank}\boldsymbol{A}=n$ 时,$\boldsymbol{A}^{\mathrm{T}}\boldsymbol{A}$ 可逆,于是 $\boldsymbol{A}^{+}=(\boldsymbol{A}^{\mathrm{T}}\boldsymbol{A})^{-1}\boldsymbol{A}^{\mathrm{T}}$.

(6) 与引理 7.1 的证明类似,可推知

$$\begin{aligned}&R(\boldsymbol{AA}^{+})\subset R(\boldsymbol{A}),\quad R(\boldsymbol{A}^{+}\boldsymbol{A})\subset R(\boldsymbol{A}^{+}),\\&R(\boldsymbol{A}^{+})=R(\boldsymbol{A}^{\mathrm{T}}(\boldsymbol{AA}^{\mathrm{T}})^{+})\subset R(\boldsymbol{A}^{\mathrm{T}}),\end{aligned}$$

由性质(4)知

$$\begin{aligned}&\operatorname{rank}\boldsymbol{AA}^{+}=\operatorname{rank}\boldsymbol{A},\\&\operatorname{rank}\boldsymbol{A}^{+}\boldsymbol{A}=\operatorname{rank}\boldsymbol{A}^{+}=\operatorname{rank}\boldsymbol{A}^{\mathrm{T}},\end{aligned}$$

因此

$$\begin{aligned}&R(\boldsymbol{AA}^{+})=R(\boldsymbol{A}),\\&R(\boldsymbol{A}^{+}\boldsymbol{A})=R(\boldsymbol{A}^{+})=R(\boldsymbol{A}^{\mathrm{T}}).\end{aligned}$$

(7) 由性质(5)得

$$\begin{aligned}&\boldsymbol{A}^{+}(\boldsymbol{A}^{\mathrm{T}})^{+}=(\boldsymbol{A}^{\mathrm{T}}\boldsymbol{A})^{+}\boldsymbol{A}^{\mathrm{T}}\boldsymbol{A}(\boldsymbol{A}^{\mathrm{T}}\boldsymbol{A})^{+}=(\boldsymbol{A}^{\mathrm{T}}\boldsymbol{A})^{+},\\&(\boldsymbol{A}^{\mathrm{T}})^{+}\boldsymbol{A}^{+}=(\boldsymbol{AA}^{\mathrm{T}})^{+}\boldsymbol{AA}^{\mathrm{T}}(\boldsymbol{AA}^{\mathrm{T}})^{+}=(\boldsymbol{AA}^{\mathrm{T}})^{+}.\end{aligned}$$

(8)

$$\boldsymbol{A}^{+}\boldsymbol{A}=(\boldsymbol{A}^{+}\boldsymbol{A})^{\mathrm{T}}=\boldsymbol{A}^{\mathrm{T}}(\boldsymbol{A}^{\mathrm{T}})^{+}=\boldsymbol{AA}^{+}.$$

对给定矩阵 $\boldsymbol{A}$,如何求出其广义逆 $\boldsymbol{A}^{+}$ 是研究广义逆问题的一个重点. 本节将具体讨论

广义逆矩阵$\boldsymbol{A}^+$的各种计算方法,先介绍特殊矩阵的加号逆$\boldsymbol{A}^+$的计算方法,再介绍求解一般矩阵的加号逆$\boldsymbol{A}^+$的三种计算方法.

特殊矩阵的加号逆$\boldsymbol{A}^+$的计算方法总结如下:

(1) $\boldsymbol{A}$是满秩n阶方阵,则$\boldsymbol{A}^+=\boldsymbol{A}^{-1}$;

(2) $\boldsymbol{A}$是对角矩阵,即$\boldsymbol{A}=\mathrm{diag}\{d_1, d_2, \cdots, d_n\}$,其中$d_1, d_2, \cdots, d_n$均为实数,则

$$\boldsymbol{A}^+=\mathrm{diag}\{d_1{}^+, d_2{}^+, \cdots, d_n{}^+\},$$

其中

$$d_i{}^+=\begin{cases} d_i^{-1}, & d_i \neq 0, \\ 0, & d_i=0. \end{cases}$$

例 7.10 已知

$$\boldsymbol{A}=\begin{pmatrix} 4 & & \\ & 2 & \\ & & 0 \end{pmatrix},$$

求$\boldsymbol{A}^+$.

解

$$\boldsymbol{A}^+=\begin{pmatrix} \frac{1}{4} & & \\ & \frac{1}{2} & \\ & & 0 \end{pmatrix}.$$

(3) $\boldsymbol{A}$是行满秩矩阵,此时$\boldsymbol{A}\boldsymbol{A}^{\mathrm{T}}$是可逆矩阵,由广义逆性质(5)知

$$\boldsymbol{A}^+=\boldsymbol{A}^{\mathrm{T}}(\boldsymbol{A}\boldsymbol{A}^{\mathrm{T}})^{-1}.$$

例 7.11 已知$\boldsymbol{A}=(a_1, a_2, \cdots, a_n)$为非零向量,求$\boldsymbol{A}^+$.

解 $\boldsymbol{A}$是行向量,故$\boldsymbol{A}$可看做是行满秩矩阵(其行数与秩都是1).因为

$$\boldsymbol{A}\boldsymbol{A}^{\mathrm{T}}=(a_1, a_2, \cdots, a_n)\begin{pmatrix} a_1 \\ a_2 \\ \vdots \\ a_n \end{pmatrix}=a_1^2+a_2^2+\cdots+a_n^2\neq 0,$$

于是

$$\boldsymbol{A}^+=\boldsymbol{A}^{\mathrm{T}}(\boldsymbol{A}\boldsymbol{A}^{\mathrm{T}})^{-1}=\frac{1}{a_1^2+a_2^2+\cdots+a_n^2}\begin{pmatrix} a_1 \\ a_2 \\ \vdots \\ a_n \end{pmatrix}.$$

(4) $\boldsymbol{A}$是列满秩矩阵,此时$\boldsymbol{A}^{\mathrm{T}}\boldsymbol{A}$是可逆矩阵,由广义逆性质(5)知

$$\boldsymbol{A}^{+}=(\boldsymbol{A}^{\mathrm{T}}\boldsymbol{A})^{-1}\boldsymbol{A}^{\mathrm{T}}.$$

例 7.12 已知

$$\boldsymbol{A}=\begin{pmatrix} a_1 \\ a_2 \\ \vdots \\ a_n \end{pmatrix}$$

为非零列向量，求 $\boldsymbol{A}^{+}$.

解 $\boldsymbol{A}$ 可看做是列满秩矩阵

$$\boldsymbol{A}^{\mathrm{T}}\boldsymbol{A}=(a_1,\ a_2,\ \cdots,\ a_n)\begin{pmatrix} a_1 \\ a_2 \\ \vdots \\ a_n \end{pmatrix}=a_1^2+a_2^2+\cdots+a_n^2\neq 0,$$

$$\boldsymbol{A}^{+}=(\boldsymbol{A}^{\mathrm{T}}\boldsymbol{A})^{-1}\boldsymbol{A}^{T}=\frac{1}{a_1^2+a_2^2+\cdots+a_n^2}(a_1,\ a_2,\ \cdots,\ a_n).$$

对列满秩矩阵 $\boldsymbol{A}$，可以先把 $\boldsymbol{A}$ 的 n 列标准正交化，得 $\boldsymbol{A}=\boldsymbol{QR}$，其中 $\boldsymbol{Q}$ 为列正交矩阵，$\boldsymbol{R}$ 是 n 阶具有正对角元的上三角矩阵，$\boldsymbol{Q}$ 和 $\boldsymbol{R}$ 的算法参见 6.2 节. 于是

$$\begin{aligned}\boldsymbol{A}^{+}&=(\boldsymbol{A}^{\mathrm{T}}\boldsymbol{A})^{-1}\boldsymbol{A}^{\mathrm{T}}=((\boldsymbol{QR})^{\mathrm{T}}\boldsymbol{QR})^{-1}(\boldsymbol{QR})^{\mathrm{T}}\\&=(\boldsymbol{R}^{\mathrm{T}}\boldsymbol{Q}^{\mathrm{T}}\boldsymbol{QR})^{-1}\boldsymbol{R}^{\mathrm{T}}\boldsymbol{Q}^{\mathrm{T}}=(\boldsymbol{R}^{\mathrm{T}}\boldsymbol{R})^{-1}\boldsymbol{R}^{\mathrm{T}}\boldsymbol{Q}^{\mathrm{T}}\\&=\boldsymbol{R}^{-1}(\boldsymbol{R}^{\mathrm{T}})^{-1}\boldsymbol{R}^{\mathrm{T}}\boldsymbol{Q}^{\mathrm{T}}=\boldsymbol{R}^{-1}\boldsymbol{Q}^{\mathrm{T}}.\end{aligned}$$

例 7.13 已知

$$\boldsymbol{A}=\begin{pmatrix} 1 & 3 \\ 0 & 0 \\ 2 & 1 \end{pmatrix},$$

求 $\boldsymbol{A}^{+}$.

解 把 $\boldsymbol{A}$ 的两列标准正交化，得

$$\boldsymbol{Q}=\frac{1}{\sqrt{5}}\begin{pmatrix} 1 & 2 \\ 0 & 0 \\ 2 & -1 \end{pmatrix},\quad \boldsymbol{R}=\sqrt{5}\begin{pmatrix} 1 & 1 \\ 0 & 1 \end{pmatrix},$$

于是

$$\begin{aligned}\boldsymbol{A}^{+}&=\boldsymbol{R}^{-1}\boldsymbol{Q}^{\mathrm{T}}=\frac{1}{\sqrt{5}}\begin{pmatrix} 1 & -1 \\ 0 & 1 \end{pmatrix}\frac{1}{\sqrt{5}}\begin{pmatrix} 1 & 0 & 2 \\ 2 & 0 & -1 \end{pmatrix}\\&=\frac{1}{\sqrt{5}}\begin{pmatrix} -1 & 0 & 3 \\ 2 & 0 & -1 \end{pmatrix}.\end{aligned}$$

(5) $\boldsymbol{A}$ 是分块对角矩阵，$\boldsymbol{A}=\mathrm{diag}\{\boldsymbol{A}_1,\ \boldsymbol{A}_2,\ \cdots,\ \boldsymbol{A}_l\}$，其中，$\boldsymbol{A}_1,\ \boldsymbol{A}_2,\ \cdots,\ \boldsymbol{A}_l$ 是任意实矩

阵. 则

$$A^{+}=\mathrm{diag}\{A_1^{+}, A_2^{+}, \cdots, A_i^{+}\}.$$

(6) A 是实对称矩阵，$A^{\mathrm{T}}=A$，故存在正交矩阵 Q 使 $A=Q\Lambda Q^{\mathrm{T}}$，其中 $\Lambda=\mathrm{diag}\{\lambda_1, \lambda_2, \cdots, \lambda_n\}$，于是

$$A^{+}=Q\Lambda^{+}Q^{\mathrm{T}}.$$

例 7.14 已知矩阵

$$A=\begin{pmatrix}4 & 2\\ 2 & 1\end{pmatrix},$$

求 A^{+}.

解 容易求得 A 的特征值为 $\lambda_1=0$, $\lambda_2=5$，相应的特征向量为

$$x_1=\begin{pmatrix}1\\ -2\end{pmatrix}, \quad x_2=\begin{pmatrix}2\\ 1\end{pmatrix}.$$

标准正交化后得

$$x_1=\frac{1}{\sqrt{5}}\begin{pmatrix}1\\ -2\end{pmatrix}, \quad x_2=\frac{1}{\sqrt{5}}\begin{pmatrix}2\\ 1\end{pmatrix}.$$

于是

$$\Lambda=\begin{pmatrix}0 & 0\\ 0 & 5\end{pmatrix}, \quad Q=\frac{1}{\sqrt{5}}\begin{pmatrix}0 & 0\\ 0 & \frac{1}{5}\end{pmatrix}, \quad \Lambda^{+}=\begin{pmatrix}1 & -2\\ 2 & 1\end{pmatrix}.$$

从而

$$\begin{aligned}A^{+}=Q\Lambda^{+}Q^{\mathrm{T}}&=\frac{1}{\sqrt{5}}\begin{pmatrix}1 & 2\\ -2 & 1\end{pmatrix}\begin{pmatrix}0 & 0\\ 0 & \frac{1}{5}\end{pmatrix}\frac{1}{\sqrt{5}}\begin{pmatrix}1 & -2\\ 2 & 1\end{pmatrix}\\ &=\frac{1}{25}\begin{pmatrix}4 & 2\\ 2 & 1\end{pmatrix}.\end{aligned}$$

当 A 为一般矩阵时，下面介绍三种 A^{+} 的计算方法.

(1) 满秩分解法

用满秩分解方法计算 A^{+}.

设 $A\in\mathbf{R}^{m\times n}$，$\mathrm{rank}\,A=r$，$A=BC$ 为 A 的满秩分解，其中 $B\in\mathbf{R}^{m\times r}$，$C\in\mathbf{R}^{r\times n}$. 由定理 7.9 知

$$A^{+}=C^{\mathrm{T}}(CC^{\mathrm{T}})^{-1}(B^{\mathrm{T}}B)^{-1}B^{\mathrm{T}}.$$

例 7.15 设矩阵

$$A=\begin{pmatrix}1 & -1\\ 1 & -1\\ 2 & -2\end{pmatrix},$$

求 $\boldsymbol{A}^{+}$.

解 $\boldsymbol{A}$ 的满秩分解为 $\boldsymbol{A}=\boldsymbol{BC}$, 其中

$$\boldsymbol{B}=\begin{pmatrix}1\\1\\2\end{pmatrix},\quad \boldsymbol{C}=(1,-1),\quad \boldsymbol{C}\boldsymbol{C}^{\mathrm{T}}=(1,-1)\begin{pmatrix}1\\-1\end{pmatrix}=2,$$

$$\boldsymbol{B}^{\mathrm{T}}\boldsymbol{B}=(1,\ 1,\ 2)\begin{pmatrix}1\\1\\2\end{pmatrix}=6,\quad (\boldsymbol{C}\boldsymbol{C}^{\mathrm{T}})^{-1}=\frac{1}{2},\quad (\boldsymbol{B}^{\mathrm{T}}\boldsymbol{B})^{-1}=\frac{1}{6}.$$

于是

$$\begin{aligned}\boldsymbol{A}^{+}&=\boldsymbol{C}^{\mathrm{T}}(\boldsymbol{C}\boldsymbol{C}^{\mathrm{T}})^{-1}(\boldsymbol{B}^{\mathrm{T}}\boldsymbol{B})^{-1}\boldsymbol{B}^{\mathrm{T}}\\&=\begin{pmatrix}1\\-1\end{pmatrix}\times\frac{1}{2}\times\frac{1}{6}\times(1,\ 1,\ 2)=\frac{1}{12}\begin{pmatrix}1&1&2\\-1&-1&-2\end{pmatrix}.\end{aligned}$$

综上可以看出,此时 $\boldsymbol{A}^{+}$ 的计算方法与 $\boldsymbol{A}^{-}$ 的计算方法相同,这样方便记忆.

(2) **谱分解法**

利用广义逆 $\boldsymbol{A}^{+}$ 的如下性质

$$\boldsymbol{A}^{+}=(\boldsymbol{A}^{\mathrm{T}}\boldsymbol{A})^{+}\boldsymbol{A}^{\mathrm{T}}=\boldsymbol{A}^{\mathrm{T}}(\boldsymbol{A}\boldsymbol{A}^{\mathrm{T}})^{+},$$

和对称矩阵 $\boldsymbol{A}^{\mathrm{T}}\boldsymbol{A}$ 或者 $\boldsymbol{A}\boldsymbol{A}^{\mathrm{T}}$ 的谱分解计算 $\boldsymbol{A}^{+}$.

设 $\boldsymbol{A}\in\mathbf{R}^{m\times n}$,于是 $\boldsymbol{A}^{\mathrm{T}}\boldsymbol{A}$ 是正定或半正定矩阵,故存在正交矩阵 $\boldsymbol{Q}$,使

$$\boldsymbol{Q}^{\mathrm{T}}\boldsymbol{A}^{\mathrm{T}}\boldsymbol{A}\boldsymbol{Q}=\mathrm{diag}(\lambda_1,\ \lambda_2,\ \cdots,\ \lambda_n),$$

其中,$\lambda_i\geqslant 0\ (i=1,\ 2,\ \cdots,\ n)$是 $\boldsymbol{A}^{\mathrm{T}}\boldsymbol{A}$ 的特征值,于是

$$\boldsymbol{A}^{\mathrm{T}}\boldsymbol{A}=\boldsymbol{Q}\boldsymbol{\Lambda}\boldsymbol{Q}^{\mathrm{T}}.$$

由实对称矩阵广义逆的计算方法知

$$(\boldsymbol{A}^{\mathrm{T}}\boldsymbol{A})^{+}=\boldsymbol{Q}\boldsymbol{\Lambda}^{+}\boldsymbol{Q}^{\mathrm{T}},$$

故

$$\boldsymbol{A}^{+}=(\boldsymbol{A}^{\mathrm{T}}\boldsymbol{A})^{+}\boldsymbol{A}^{\mathrm{T}}=\boldsymbol{Q}\boldsymbol{\Lambda}^{+}\boldsymbol{Q}^{\mathrm{T}}\boldsymbol{A}^{\mathrm{T}}.$$

例 7.16 已知矩阵

$$\boldsymbol{A}=\begin{pmatrix}1&-1\\1&-1\\2&-2\end{pmatrix},$$

求 $\boldsymbol{A}^{+}$.

解

$$\boldsymbol{A}^{\mathrm{T}}\boldsymbol{A}=\begin{pmatrix}6 & -6\\ -6 & 6\end{pmatrix}=\begin{pmatrix}\frac{1}{\sqrt{2}} & \frac{1}{\sqrt{2}}\\ -\frac{1}{\sqrt{2}} & \frac{1}{\sqrt{2}}\end{pmatrix}\begin{pmatrix}\frac{1}{12} & 0\\ 0 & 0\end{pmatrix}\begin{pmatrix}\frac{1}{\sqrt{2}} & -\frac{1}{\sqrt{2}}\\ \frac{1}{\sqrt{2}} & \frac{1}{\sqrt{2}}\end{pmatrix},$$

$$\boldsymbol{A}^{\mathrm{T}}\boldsymbol{A})^{+}=\begin{pmatrix}\frac{1}{\sqrt{2}} & \frac{1}{\sqrt{2}}\\ -\frac{1}{\sqrt{2}} & \frac{1}{\sqrt{2}}\end{pmatrix}\begin{pmatrix}\frac{1}{12} & 0\\ 0 & 0\end{pmatrix}\begin{pmatrix}\frac{1}{\sqrt{2}} & -\frac{1}{\sqrt{2}}\\ \frac{1}{\sqrt{2}} & \frac{1}{\sqrt{2}}\end{pmatrix}=\frac{1}{24}\begin{pmatrix}1 & -1\\ -1 & 1\end{pmatrix},$$

$$\boldsymbol{A}^{+}=(\boldsymbol{A}^{\mathrm{T}}\boldsymbol{A})^{+}\boldsymbol{A}^{\mathrm{T}}=\frac{1}{24}\begin{pmatrix}1 & -1\\ -1 & 1\end{pmatrix}\begin{pmatrix}1 & 1 & 2\\ -1 & -1 & -2\end{pmatrix}$$

$$=\frac{1}{12}\begin{pmatrix}1 & 1 & 2\\ -1 & -1 & -2\end{pmatrix}.$$

当 $m<n$ 时,矩阵 $\boldsymbol{AA}^{\mathrm{T}}$ 的阶数小于矩阵 $\boldsymbol{A}^{\mathrm{T}}\boldsymbol{A}$ 的阶数,为了使运算简单,建议采用如下计算公式

$$\boldsymbol{A}^{+}=\boldsymbol{A}^{\mathrm{T}}(\boldsymbol{AA}^{\mathrm{T}})^{+}=\boldsymbol{A}^{\mathrm{T}}\boldsymbol{Q}\boldsymbol{\Lambda}^{+}\boldsymbol{Q}^{\mathrm{T}},$$

其中,$\boldsymbol{\Lambda}$ 是由矩阵 $\boldsymbol{AA}^{\mathrm{T}}$ 的特征值构成的对角阵, $\boldsymbol{Q}$ 是把 $\boldsymbol{AA}^{\mathrm{T}}$ 化成 $\boldsymbol{\Lambda}$ 的正交矩阵.

例 7.17　设

$$\boldsymbol{A}=\begin{pmatrix}1 & 1 & -1\\ -2 & -2 & 2\end{pmatrix},$$

求 $\boldsymbol{A}^{+}$.

解

$$\boldsymbol{AA}^{\mathrm{T}}=\begin{pmatrix}1 & 1 & -1\\ -2 & -2 & 2\end{pmatrix}\begin{pmatrix}1 & -2\\ 1 & -2\\ -1 & 2\end{pmatrix}=\begin{pmatrix}3 & -6\\ -6 & 12\end{pmatrix},$$

$$|\lambda\boldsymbol{E}-\boldsymbol{AA}^{\mathrm{T}}|=\lambda(\lambda-15).$$

故 $\boldsymbol{AA}^{\mathrm{T}}$ 的特征值为 $\lambda_1=0$, $\lambda_2=15$,它们对应的单位特征向量分别是

$$\boldsymbol{x}_1=\frac{1}{\sqrt{5}}\begin{pmatrix}2\\ 1\end{pmatrix},\quad \boldsymbol{x}_2=\frac{1}{\sqrt{5}}\begin{pmatrix}1\\ -2\end{pmatrix}.$$

故

$$\boldsymbol{Q}=\frac{1}{\sqrt{5}}\begin{pmatrix}2 & 1\\ 1 & -2\end{pmatrix},\quad \boldsymbol{\Lambda}=\begin{pmatrix}0 & 0\\ 0 & 15\end{pmatrix},\quad \boldsymbol{\Lambda}^{+}=\begin{pmatrix}0 & 0\\ 0 & \frac{1}{15}\end{pmatrix}.$$

所以

$$
\begin{aligned}
\boldsymbol{A}^{+} &= \boldsymbol{A}^{\mathrm{T}}\boldsymbol{Q}\boldsymbol{\Lambda}^{+}\boldsymbol{Q}^{\mathrm{T}} \\
&= \begin{pmatrix} 1 & -2 \\ 1 & -2 \\ -1 & 2 \end{pmatrix} \frac{1}{\sqrt{5}}\begin{pmatrix} 2 & 1 \\ 1 & -2 \end{pmatrix}\begin{pmatrix} 0 & 0 \\ 0 & \frac{1}{15} \end{pmatrix}\frac{1}{\sqrt{5}}\begin{pmatrix} 2 & 1 \\ 1 & -2 \end{pmatrix} \\
&= \begin{pmatrix} 1 & -2 \\ 1 & -2 \\ -1 & 2 \end{pmatrix} \frac{1}{75}\begin{pmatrix} 1 & -2 \\ -2 & 4 \end{pmatrix} \\
&= \frac{1}{15}\begin{pmatrix} 1 & -2 \\ 1 & -2 \\ -1 & 2 \end{pmatrix}.
\end{aligned}
$$

（3）**奇异值分解法**

利用矩阵 $\boldsymbol{A}$ 的奇异值分解计算 $\boldsymbol{A}^{+}$.

例 7.18 已知矩阵 $\boldsymbol{A}$ 的奇异值分解为 $\boldsymbol{A}=\boldsymbol{U\Sigma V}^{\mathrm{H}}$，其中 $\boldsymbol{U}\in \mathbf{C}^{m\times m}$，$\boldsymbol{V}\in \mathbf{C}^{n\times n}$，$\boldsymbol{U}$ 和 $\boldsymbol{V}$ 是酉矩阵，

$$\boldsymbol{\Sigma}=\begin{pmatrix} \boldsymbol{D} & \boldsymbol{0} \\ \boldsymbol{0} & \boldsymbol{0} \end{pmatrix}\in \mathbf{R}^{m\times n},$$

$\boldsymbol{D}$ 是由矩阵 $\boldsymbol{A}$ 的非零奇异值构成的对角阵，求 $\boldsymbol{A}^{+}$.

解 由广义逆的定义容易验证矩阵 $\boldsymbol{\Sigma}$ 的广义逆为

$$\boldsymbol{\Sigma}^{+}=\begin{pmatrix} \boldsymbol{D}^{-1} & \boldsymbol{0} \\ \boldsymbol{0} & \boldsymbol{0} \end{pmatrix}\in \mathbf{C}^{n\times m},$$

由定理 7.7 就可推得

$$\boldsymbol{A}^{+}=\boldsymbol{V\Sigma}^{+}\boldsymbol{U}^{\mathrm{T}}.$$

当矩阵 $\boldsymbol{A}$ 的阶数比较高时，求广义逆 $\boldsymbol{A}^{+}$ 通常要借助计算机采用迭代法来求解，对这方面的知识有兴趣的读者可以参阅相关参考文献.

广义逆 $\boldsymbol{A}^{+}$ 的计算方法很多，读者可根据矩阵 $\boldsymbol{A}$ 的实际情况，选择适当的方法来计算.

7.5 广义逆矩阵的应用

前面章节讨论了广义逆的定义、性质和计算方法. 有了广义逆，对非齐次线性方程组 $\boldsymbol{AX}=\boldsymbol{b}$ 的求解就可以更广了. 如果存在 $\boldsymbol{x}$ 使方程组成立，则称方程组相容；否则称为不相容方程组. 本节将分两部分来探讨广义逆的应用.

相容方程组中，范数(即由内积诱导的范数) 最小的解 $\boldsymbol{x}_0$ 称为极小范数解. 下面将会讨论极小范数解是唯一的.

不相容方程组中，取 $\boldsymbol{x}_0$ 使 $\| \boldsymbol{A}\boldsymbol{x}_0-\boldsymbol{b} \| = \min \| \boldsymbol{A}\boldsymbol{x}-\boldsymbol{b} \|$，则称 $\boldsymbol{x}_0$ 为最小二乘解. 最小二乘解不唯一，而其中范数最小的一个称为极小范数最小二乘解，或极小最小二乘解. 极小

范数最小二乘解是否一定存在?是否唯一呢?这是下面要讨论的问题.

7.5.1 广义逆在解线性方程组中的应用

定理 7.10 设 $\boldsymbol{A}\in\mathbf{R}^{m\times n}$, $\boldsymbol{B}\in\mathbf{R}^{p\times q}$, $\boldsymbol{D}\in\mathbf{R}^{m\times p}$ 为已知矩阵, $\boldsymbol{X}\in\mathbf{R}^{n\times p}$ 为未知矩阵,则

(1) 矩阵方程 $\boldsymbol{AXB}=\boldsymbol{D}$ 有解的充分必要条件为

$$\boldsymbol{A}\boldsymbol{A}^{+}\boldsymbol{D}\boldsymbol{B}^{+}\boldsymbol{B}=\boldsymbol{D}; \tag{7.4}$$

(2) 当 $\boldsymbol{AXB}=\boldsymbol{D}$ 有解时 $\boldsymbol{A}^{+}\boldsymbol{D}\boldsymbol{B}^{+}$ 是方程的一个特解,其通解为

$$\boldsymbol{X}=\boldsymbol{A}^{+}\boldsymbol{D}\boldsymbol{B}^{+}+\boldsymbol{Y}-\boldsymbol{A}^{+}\boldsymbol{A}\boldsymbol{Y}\boldsymbol{B}\boldsymbol{B}^{+}, \tag{7.5}$$

其中, $\boldsymbol{Y}\in\mathbf{R}^{n\times p}$ 为任意矩阵.

证明 (1) 充分性. 已知 $\boldsymbol{A}\boldsymbol{A}^{+}\boldsymbol{D}\boldsymbol{B}^{+}\boldsymbol{B}=\boldsymbol{D}$, 取 $\boldsymbol{X}_0=\boldsymbol{A}^{+}\boldsymbol{D}\boldsymbol{B}^{+}$, 则 $\boldsymbol{X}_0$ 是矩阵方程 $\boldsymbol{AXB}=\boldsymbol{D}$ 的解.

必要性. 若 $\boldsymbol{AXB}=\boldsymbol{D}$ 有解,记 $\boldsymbol{X}_0$ 是矩阵方程 $\boldsymbol{AXB}=\boldsymbol{D}$ 的一个解,则

$$\begin{aligned}\boldsymbol{D}&=\boldsymbol{A}\boldsymbol{X}_0\boldsymbol{B}=\boldsymbol{A}\boldsymbol{A}^{+}\boldsymbol{A}\boldsymbol{X}_0\boldsymbol{B}\boldsymbol{B}^{+}\boldsymbol{B}\\&=\boldsymbol{A}\boldsymbol{A}^{+}\boldsymbol{D}\boldsymbol{B}^{+}\boldsymbol{B},\end{aligned}$$

即式(7.4) 成立.

(2) 上面已说明了当 $\boldsymbol{AXB}=\boldsymbol{D}$ 有解时 $\boldsymbol{A}^{+}\boldsymbol{D}\boldsymbol{B}^{+}$ 是一个特解. 在等式(7.5)的左边乘 $\boldsymbol{A}$, 右边乘 $\boldsymbol{B}$, 得

$$\boldsymbol{AXB}=\boldsymbol{A}\boldsymbol{A}^{+}\boldsymbol{D}\boldsymbol{B}^{+}\boldsymbol{B}+\boldsymbol{AYB}-\boldsymbol{A}\boldsymbol{A}^{+}\boldsymbol{A}\boldsymbol{Y}\boldsymbol{B}\boldsymbol{B}^{+}\boldsymbol{B}=\boldsymbol{D}.$$

这说明任取矩阵 $\boldsymbol{Y}\in\mathbf{R}^{n\times p}$, 式(7.5) 右端所表示的矩阵 $\boldsymbol{X}$ 都是矩阵方程 $\boldsymbol{AXB}=\boldsymbol{D}$ 的解.

反之,若 $\boldsymbol{X}_0$ 是矩阵方程 $\boldsymbol{AXB}=\boldsymbol{D}$ 的一个解,即 $\boldsymbol{A}\boldsymbol{X}_0\boldsymbol{B}=\boldsymbol{D}$, 于是

$$\begin{aligned}\boldsymbol{X}_0&=\boldsymbol{A}^{+}\boldsymbol{D}\boldsymbol{B}^{+}+\boldsymbol{X}_0-\boldsymbol{A}^{+}\boldsymbol{D}\boldsymbol{B}^{+}\\&=\boldsymbol{A}^{+}\boldsymbol{D}\boldsymbol{B}^{+}+\boldsymbol{X}_0-\boldsymbol{A}^{+}\boldsymbol{A}\boldsymbol{X}_0\boldsymbol{B}\boldsymbol{B}^{+},\end{aligned}$$

把 $\boldsymbol{X}_0$ 视作 $\boldsymbol{Y}$, 则 $\boldsymbol{X}_0$ 可以表示成式(7.5)右端的形式.

定理 7.11 设矩阵 $\boldsymbol{A}\in\mathbf{R}^{m\times n}$, 向量 $\boldsymbol{b}\in\mathbf{R}^{m}$ 为已知,向量 $\boldsymbol{x}\in\mathbf{R}^{n}$ 为未知,则

(1) 线性方程组 $\boldsymbol{Ax}=\boldsymbol{b}$ 有解的充分必要条件是 $\boldsymbol{A}\boldsymbol{A}^{+}\boldsymbol{b}=\boldsymbol{b}$;

(2) 方程组有解时, $\boldsymbol{A}^{+}\boldsymbol{b}$ 为它的一个特解,方程组的通解为

$$\boldsymbol{x}=\boldsymbol{A}^{+}\boldsymbol{b}+(\boldsymbol{E}-\boldsymbol{A}^{+}\boldsymbol{A})\boldsymbol{y},$$

其中, $\boldsymbol{y}\in\mathbf{R}^{n}$ 为任意向量.

证明 在定理 7.10 中令 $p=q=1$, $\boldsymbol{B}=1$, $\boldsymbol{D}=\boldsymbol{b}$, 即可得到本定理.

引理 7.2 设矩阵 $\boldsymbol{A}\in\mathbf{R}^{m\times n}$, 则

$$\mathbf{R}^{n}=R(\boldsymbol{A}^{\mathrm{T}})\oplus \mathrm{N}(\boldsymbol{A}).$$

证明 首先证明 $R(\boldsymbol{A}^{\mathrm{T}})^{\perp}=\mathrm{N}(\boldsymbol{A})$. 任给 $\boldsymbol{x}\in\boldsymbol{R}^{m}$, 若 $\boldsymbol{y}\in R(\boldsymbol{A}^{\mathrm{T}})^{\perp}$, 则因为 $\boldsymbol{A}^{\mathrm{T}}\boldsymbol{x}\in R(\boldsymbol{A}^{\mathrm{T}})$, 故 $(\boldsymbol{y},\ \boldsymbol{A}^{\mathrm{T}}\boldsymbol{x})=0$, 即 $(\boldsymbol{Ay},\ \boldsymbol{x})=0$. 由 $\boldsymbol{x}$ 的任意性知 $\boldsymbol{Ay}=\boldsymbol{0}$, $\boldsymbol{y}\in N(\boldsymbol{A})$. 因此 $R(\boldsymbol{A}^{\mathrm{T}})^{\perp}\subset\mathrm{N}(\boldsymbol{A})$.

反之若 $\boldsymbol{y}\in N(\boldsymbol{A})$，则 $\boldsymbol{Ay}=\boldsymbol{0}$，$(\boldsymbol{Ay},\boldsymbol{x})=\boldsymbol{0}$，$(\boldsymbol{y},\boldsymbol{A}^{\mathrm{T}}\boldsymbol{x})=0$，$\boldsymbol{y}\in R(\boldsymbol{A}^{\mathrm{T}})^{\perp}$，因此，$N(\boldsymbol{A})\subset R(\boldsymbol{A}^{\mathrm{T}})^{\perp}$，于是 $R(\boldsymbol{A}^{\mathrm{T}})^{\perp}=N(\boldsymbol{A})$.

从而有

$$\mathbf{R}^n=R(\boldsymbol{A}^{\mathrm{T}})\oplus R(\boldsymbol{A}^{\mathrm{T}})^{\perp}=R(\boldsymbol{A}^{\mathrm{T}})\oplus \mathrm{N}(\boldsymbol{A}).$$

注意　此处及本书以后用到的内积均是标准内积.

定理 7.12　设矩阵 $\boldsymbol{A}\in\mathbf{R}^{m\times n}$，方程组 $\boldsymbol{Ax}=\boldsymbol{b}$ 有解，则 $\boldsymbol{x}_0=\boldsymbol{A}^{+}\boldsymbol{b}$ 为 $\boldsymbol{Ax}=\boldsymbol{b}$ 的唯一属于 $R(\boldsymbol{A}^{\mathrm{T}})$ 的解，且是全部解中长度最小的解，即 $\boldsymbol{x}$ 为 $\boldsymbol{Ax}=\boldsymbol{b}$ 的任一解时，$\|\boldsymbol{x}_0\|\leqslant\|\boldsymbol{x}\|$（其中，$\|\cdot\|$ 代表向量长度）.

证明　由广义逆 $\boldsymbol{A}^{+}$ 的性质(6)知 $R(\boldsymbol{A}^{+})=R(\boldsymbol{A}^{\mathrm{T}})$，显然 $\boldsymbol{x}_0=\boldsymbol{A}^{+}\boldsymbol{b}\in R(\boldsymbol{A}^{+})$，故 $\boldsymbol{x}_0\in R(\boldsymbol{A}^{\mathrm{T}})$.

以下证明唯一性. 设 $\boldsymbol{u},\boldsymbol{v}\in R(\boldsymbol{A}^{\mathrm{T}})$ 是 $\boldsymbol{Ax}=\boldsymbol{b}$ 的两个解，则 $\boldsymbol{u}-\boldsymbol{v}\in R(\boldsymbol{A}^{\mathrm{T}})$，$\boldsymbol{A}(\boldsymbol{u}-\boldsymbol{v})=\boldsymbol{Au}-\boldsymbol{Av}=\boldsymbol{b}-\boldsymbol{b}=\boldsymbol{0}$，所以 $\boldsymbol{u}-\boldsymbol{v}\in N(\boldsymbol{A})$. 但因为 $R(\boldsymbol{A}^{\mathrm{T}})\cap\mathrm{N}(\boldsymbol{A})=\boldsymbol{0}$，故 $\boldsymbol{u}-\boldsymbol{v}=\boldsymbol{0}$，$\boldsymbol{u}=\boldsymbol{v}$，从而证明了 $\boldsymbol{Ax}=\boldsymbol{b}$ 在 $R(\boldsymbol{A}^{\mathrm{T}})$ 上只有唯一解.

设 $\boldsymbol{x}$ 为 $\boldsymbol{Ax}=\boldsymbol{b}$ 的任一解. 记 $\boldsymbol{y}=\boldsymbol{x}-\boldsymbol{x}_0$，则

$$\boldsymbol{Ay}=\boldsymbol{A}(\boldsymbol{x}-\boldsymbol{x}_0)=\boldsymbol{Ax}-\boldsymbol{Ax}_0=\boldsymbol{b}-\boldsymbol{b}=\boldsymbol{0},$$

所以

$$\boldsymbol{y}\in N(\boldsymbol{A})=R(\boldsymbol{A}^{\mathrm{T}})^{\perp},$$

即 $\boldsymbol{y}$ 与 $\boldsymbol{x}_0$ 正交. 由勾股定理得

$$\|\boldsymbol{x}\|^2=\|\boldsymbol{x}_0+\boldsymbol{y}\|^2=\|\boldsymbol{x}_0\|^2+\|\boldsymbol{y}\|^2\geqslant\|\boldsymbol{x}_0\|^2,$$

即

$$\|\boldsymbol{x}\|\geqslant\|\boldsymbol{x}_0\|.$$

例 7.19　已知线性方程组 $\boldsymbol{Ax}=\boldsymbol{b}$ 中，

$$\boldsymbol{A}=\begin{pmatrix}1 & 1 & -1\\ -2 & -2 & 2\end{pmatrix},\quad \boldsymbol{b}=\begin{pmatrix}-1\\ 2\end{pmatrix},$$

求该方程组的最小长度解和通解.

解　由例 7.17 知

$$\boldsymbol{A}^{+}=\frac{1}{15}\begin{pmatrix}1 & -2\\ 1 & -2\\ -1 & 2\end{pmatrix},$$

故最小长度解为

$$\boldsymbol{x}_0=\boldsymbol{A}^{+}\boldsymbol{b}=\frac{1}{15}\begin{pmatrix}1 & -2\\ 1 & -2\\ -1 & 2\end{pmatrix}\begin{pmatrix}-1\\ 2\end{pmatrix}$$

$$=\frac{1}{15}\begin{pmatrix}-5\\ -5\\ 5\end{pmatrix}=\frac{1}{3}\begin{pmatrix}-1\\ -1\\ 1\end{pmatrix},$$

因为

$$A^+A=\frac{1}{15}\begin{pmatrix}1&-2\\1&-2\\-1&2\end{pmatrix}\begin{pmatrix}1&1&-1\\-2&-2&2\end{pmatrix}$$

$$=\frac{1}{3}\begin{pmatrix}1&1&-1\\1&1&-1\\-1&-1&1\end{pmatrix},\quad y=\begin{pmatrix}y_1\\y_2\\y_3\end{pmatrix},$$

所以通解为

$$x=A^+b+(E-A^+A)y$$

$$=\frac{1}{3}\begin{pmatrix}-1\\-1\\1\end{pmatrix}+\frac{1}{3}\begin{pmatrix}2&-1&1\\-1&2&1\\1&1&2\end{pmatrix}\begin{pmatrix}y_1\\y_2\\y_3\end{pmatrix}$$

$$=\frac{1}{3}\begin{pmatrix}-1+2y_1-y_2+y_3\\-1-y_1+2y_2+y_3\\1+y_1+y_2+2y_3\end{pmatrix}.$$

7.5.2 广义逆在解线性最小二乘问题上的应用

设矩阵 $A\in \mathbf{R}^{m\times n}$，向量 $b\in \mathbf{R}^m$，线性方程组 $Ax=b$ 当且仅当 $b\in R(A)$ 时有解. 定理7.11给出了方程组 $Ax=b$ 有解的充分必要条件和通解的表达式. 当 $b\notin R(A)$，不存在可使 $Ax=b$ 成立的 x，此时 $Ax=b$ 称为矛盾方程组，

给定了矩阵 A 和向量 b，既然对一切 $X\in \mathbf{R}^n$，残差向量 $r=b-A\in x$ 都不等于零，很自然地希望求一个 $x_*\in \mathbf{R}^n$，使

$$\|b-Ax_*\|=\min_{x\in \mathbf{R}^n}\|b-Ax\|,\tag{7.6}$$

这里把满足式(7.6)的向量 x_* 称为方程组 $Ax=b$ 的最小二乘解.

定理7.13 x 为线性方程组 $Ax=b$ 的最小二乘解的充分必要条件是 x 为方程组

$$A^T(Ax-b)=0\tag{7.7}$$

的解. 通常称式(7.7)为**法方程组**或**正规方程组**.

证明 充分性. 设 x 满足式(7.7)，$y\in \mathbf{R}^n$ 是任意向量

$$\begin{aligned}\|Ay-b\|^2&=\|Ax-b+A(y-x)\|^2\\&=\|Ax-b\|^2+\|A(y-x)\|^2+2(Ax-b,\ A(y-x))\\&=\|Ax-b\|^2+\|A(y-x)\|^2+2(A^T(Ax-b),\ y-x)\\&\geqslant\|Ax-b\|^2+\|A(y-x)\|^2\geqslant\|Ax-b\|^2,\end{aligned}$$

因此，x 是 $Ax=b$ 的最小二乘解.

必要性. 用反证法来证明，设最小二乘解不满足式(7.7)，即

$$A^{T}(Ax-b)=u\neq 0,$$

令 $y=x-\varepsilon u$，其中 ε 是任意正实数，于是

$$\begin{aligned}\|Ay-b\|^2&=\|Ax-b-\varepsilon Au\|^2\\&=\|Ax-b\|^2+\varepsilon^2\|Au\|^2-2\varepsilon(Ax-b,\ Au)\\&=\|Ax-b\|^2+\varepsilon^2\|Au\|^2-2\varepsilon(A^{T}(Ax-b),\ u)\\&=\|Ax-b\|^2+\varepsilon^2\|Au\|^2-2\varepsilon\|u\|^2.\end{aligned}$$

因为 $u\neq 0$，所以 $\|u\|^2>0$，取 ε 充分小可使 $\varepsilon^2\|Au\|^2<2\varepsilon\|u\|^2$，即

$$\|Ay-b\|<\|Ax-b\|,$$

这与 x 为最小二乘解矛盾.

正规方程组(7.7)可写成

$$A^{T}Ax=A^{T}b, \tag{7.8}$$

它恒有解. 事实上，由广义逆的性质(5)与性质(8)知

$$\begin{aligned}(A^{T}A)(A^{T}A)^{+}(A^{T}b)&=A^{T}A((A^{T}A)^{+}A^{T})b\\&=A^{T}AA^{+}b=A^{T}b,\end{aligned}$$

所以，由定理 7.11 可推知方程组恒有解.

从理论上讲，我们可以利用定理 7.13 来计算方程组 $Ax=b$ 的最小二乘解. 但在实际计算时，由于舍入误差的积累，$A^{T}A$ 的秩可能与理论上的秩不一致，致使正规方程组无解，或者所得解不是 $Ax=b$ 的最小二乘解，因此有必要引入广义逆来计算最小二乘解，以克服这一困难.

定理 7.14 *x 是 $Ax=b$ 的最小二乘解的充分必要条件为，x 是 $Ax=AA^{+}b$ 的解，且此时有*

$$\min_{x}\|b-Ax\|=\|(E-AA^{+})b\|.$$

证明 由定理 7.11 易知方程 $Ax=AA^{+}b$ 恒有解. 记

$$y=AA^{+}b-Ax,\quad z=b-AA^{+}b,$$

对任何 x 均有

$$\begin{aligned}b-Ax&=(AA^{+}b-Ax)+(b-AA^{+}b)\\&=y+z,\end{aligned}$$

$$\begin{aligned}(y,\ z)&=(AA^{+}b-Ax,\ b-AA^{+}b)\\&=(AA^{+}b,\ b)-(Ax,\ b)-(AA^{+}b,\ AA^{+}b)+(Ax,\ AA^{+}b)\\&=(AA^{+}b,\ b)-(Ax,\ b)-((AA^{+})^{T}AA^{+}b,\ b)+((AA^{+})^{T}Ax,\ b)\\&=(AA^{+}b,\ b)-(Ax,\ b)-((A^{+})^{T}A^{T}AA^{+}b,\ b)+((A^{+})^{T}A^{T}Ax,b)\\&=(AA^{+}b,\ b)-(Ax,\ b)-(AA^{+}b,\ b)+(Ax,\ b)=0.\end{aligned}$$

其中，$(A^{+})^{T}A^{T}A=A$，见广义逆的性质(5). 于是 y 与 z 正交. 由勾股定理得

$$\begin{aligned}\|b-Ax\|^2&=\|y+z\|^2\\&=\|y\|^2+\|z\|^2\geqslant\|z\|^2=\|b-AA^{+}b\|^2,\end{aligned}$$

于是

$$\begin{aligned}\min\|b-Ax\| &= \|b-AA^{+}b\| \\ &= \|(E-AA^{+})b\|,\end{aligned}$$

当且仅当 $y=0$,即 $Ax=AA^{+}b$ 时才取得最小值.

定理 7.15 $x_0=A^{+}b$ 是线性方程组 $Ax=b$ 的一个最小二乘解,则 $Ax=b$ 的最小二乘解的通解为

$$x=A^{+}b+(E-A^{+}A)y,$$

其中,E 是 n 阶单位方阵,$y\in\mathbf{R}^n$ 为任意向量.

证明 显然 $x_0=A^{+}b$ 满足方程组 $Ax=AA^{+}b$,由定理 7.14 知 $x_0=A^{+}b$ 是 $Ax=b$ 的一个最小二乘解. 由定理 7.11 知 $Ax=AA^{+}b$ 的通解为

$$\begin{aligned}x &= A^{+}(AA^{+}b)+(E-A^{+}A)y \\ &= A^{+}b+(E-A^{+}A)y.\end{aligned}$$

定理 7.16 $x_0=A^{+}b$ 是线性方程组 $Ax=b$ 的唯一属于 $R(A^{\mathrm{T}})$ 的最小二乘解,且是长度最小的最小二乘解.

证明 由定理 7.12 知 $x_0=A^{+}AA^{+}b=A^{+}b$ 是 $Ax=AA^{+}b$ 的唯一属于 $R(A^{\mathrm{T}})$ 的解,再由定理 7.14 即可推知本定理.

上述定理表明了给定方程组 $Ax=b$,向量 $A^{+}b$ 给出了方程各种意义下的解,即当 $Ax=b$ 有解时,$A^{+}b$ 要么是它的唯一解,要么是唯一的最小长度解. 当 $Ax=b$ 为矛盾方程组时,$A^{+}b$ 要么是它的唯一的最小二乘解,要么是唯一的最小长度最小二乘解. 所以说广义逆 A^{+} 把方程组 $Ax=b$ 的求解问题从理论上和方法上都完美地解决了.

习 题 7

1. 设 $A\in\mathbf{R}^{m\times n}$, A 的第(i,j)个元素 a_{ij} 为 1,其余元素全为零,试问 $A\{1\}$ 是怎样的一类矩阵?
2. 设

$$A=\begin{pmatrix}2&3&1&-1\\5&8&0&1\\1&2&-2&3\end{pmatrix},\quad B=\begin{pmatrix}1&2&3&-1\\4&5&6&2\\7&8&10&7\\2&1&1&6\end{pmatrix},$$

求 $A\{1\}$, $A\{1,2\}$, $B\{1\}$, $B\{1,2\}$.

3. 求下列矩阵的广义逆 A^{+}.

(1) $A=\begin{pmatrix}1&-1&0\\-1&2&0\end{pmatrix}$; (2) $A=\begin{pmatrix}1&-1&2\\1&0&0\\-1&-1&2\\-1&0&0\end{pmatrix}$;

(3) $A=\begin{pmatrix}-2 & 0 & 0 & -2\\ 1 & 2 & -4 & 3\\ 2 & -1 & 2 & 1\\ 0 & 2 & -4 & 2\end{pmatrix}$； (4) $A=\begin{pmatrix}x_1 & 2x_1 & -x_1\\ -x_2 & -2x_2 & x_2\end{pmatrix}$.

4. 证明：$AGA=A$ 的充要条件是 $A^TAGA=A^TA$.

5. 证明：以下等式成立：

(1) $A=AA^T(A^+)^T=(A^+)^TA^TA$,

(2) $A^T=A^TAA^+=A^+AA^T$.

6. 用定义验证广义逆 A^+ 的性质(1).

7. 设 $A\in \mathbf{R}^{m\times n}$，rank $(A)=1$，试证 $A^+=\frac{1}{a}A^T$，其中

$$a=\sum_{i=1}^{m}\sum_{j=1}^{n}|a_{ij}|^2.$$

8. 若 A 是正规矩阵，试证 $A^+A=AA^+$.

9. 验证线性方程组 $Ax=b$ 有解，并求其通解和最小长度解，其中，

$$A=\begin{pmatrix}1 & 2\\ 0 & 0\\ 2 & 4\end{pmatrix},\quad b=\begin{pmatrix}-1\\ 0\\ -2\end{pmatrix}.$$

10. 验证下列线性方程组 $Ax=b$ 为矛盾方程组，求其最小二乘解的通解和最小长度最小二乘解.

(1) $A=\begin{pmatrix}1 & 2\\ 0 & 0\\ 2 & 4\end{pmatrix}$, $b=\begin{pmatrix}1\\ 1\\ 2\end{pmatrix}$；

(2) $A=\begin{pmatrix}1 & 2 & -1\\ -3 & -6 & 3\end{pmatrix}$, $b=\begin{pmatrix}1\\ 1\end{pmatrix}$；

(3) $A=\begin{pmatrix}1 & 1\\ 2 & 0\\ -1 & 3\end{pmatrix}$, $b=\begin{pmatrix}1\\ 0\\ 2\end{pmatrix}$.

第 8 章　特征值的估计

矩阵的特征值和特征向量不仅在数学上有非常重要的理论意义，在物理学、图像处理、网络搜索引擎和信息压缩传感中也具有非常广泛的实用价值. 但是，计算大型矩阵的全部特征值的代价非常昂贵. 能否在计算之前利用矩阵元素或者矩阵性质对矩阵特征值有一个比较好的估计和判断？这正是本章的主要目的.

为了比较长度，人们定义了尺、寸和米等长度标准；为了比较面积，人们定义了亩、平方米和公顷等面积标准. 为了比较向量和矩阵的大小，需要引入一个定义来衡量向量和矩阵大小，这就是范数. 本章首先介绍向量范数和矩阵范数的概念，然后给出矩阵特征值和矩阵元素之间的一些关系和性质，并介绍估计矩阵特征值的一些基本工具，譬如 Rayleigh 商和圆盘定理等，最后给出谱半径的一些估计.

8.1　向量的范数

本节首先给出向量范数的定义.

定义 8.1　若对任意的复向量 $\boldsymbol{x} \in \mathbf{C}^n$，都可以映射到一个非负实数与之对应，且此映射满足

(1) **正定性**：对任何 $\boldsymbol{x} \in \mathbf{C}^n$，$\|\boldsymbol{x}\| \geqslant 0$，等号当且仅当 $\boldsymbol{x} = \mathbf{0}$ 时成立；

(2) **齐次性**：对任何 $k \in \mathbf{C}$，$\boldsymbol{x} \in \mathbf{C}^n$ 都有 $\|k\boldsymbol{x}\| = |k| \|\boldsymbol{x}\|$；

(3) **三角不等式**：对任何 $\boldsymbol{x}, \boldsymbol{y} \in \mathbf{C}^n$ 都有 $\|\boldsymbol{x}+\boldsymbol{y}\| \leqslant \|\boldsymbol{x}\| + \|\boldsymbol{y}\|$，

则称该映射为 $\mathbf{C}^n$ 中向量 $\boldsymbol{x}$ 的**范数**，记作 $\|\boldsymbol{x}\|$.

只要满足上述三个条件，任何一个由复向量到一个非负实数的映射都可定义为向量的范数.

例 8.1　设 $\boldsymbol{x} = (x_1, x_2, \cdots, x_n)^{\mathrm{T}}$ 是 $\mathbf{C}^n$ 的任意一个向量，定义

$$\|\boldsymbol{x}\| = \sqrt{\boldsymbol{x}^{\mathrm{H}}\boldsymbol{x}} = \sqrt{\sum_{i=1}^{n} |x_i|^2},$$

则 $\|\boldsymbol{x}\|$ 是 $\mathbf{C}^n$ 的一种向量范数. 其中，向量 $\boldsymbol{x}^{\mathrm{H}}$ 表示 $\boldsymbol{x}$ 的共轭转置.

证明　(1) 若 $\boldsymbol{x} = (x_1, x_2, \cdots, x_n)^{\mathrm{T}} \neq \mathbf{0}$，则 $x_1, x_2, \cdots, x_n$ 中至少有一个不为零，于是

$$\|\boldsymbol{x}\| = \sqrt{\boldsymbol{x}^{\mathrm{H}}\boldsymbol{x}} = \sqrt{\sum_{i=1}^{n} |x_i|^2} > 0,$$

满足正定条件.

(2) 任给 $k \in \mathbf{C}, \boldsymbol{x} \in \mathbf{C}^n$ 有

$$\| k\boldsymbol{x} \| = \sqrt{\sum_{i=1}^{n} | kx_i |^2} = | k | \sqrt{\sum_{i=1}^{n} | x_i |^2} = | k | \| \boldsymbol{x} \|,$$

满足齐次条件.

(3) 设 $\boldsymbol{x} = (x_1, x_2, \cdots, x_n)^{\mathrm{T}}, \boldsymbol{y} = (y_1, y_2, \cdots, y_n)^{\mathrm{T}}$，由 Cauchy 不等式知

$$| \boldsymbol{x}^{\mathrm{H}} \boldsymbol{y} | \leqslant \| \boldsymbol{x} \| \| \boldsymbol{y} \|,$$

因为

$$\overline{\boldsymbol{x}^{\mathrm{H}} \boldsymbol{y}} = \boldsymbol{y}^{\mathrm{H}} \boldsymbol{x},$$

所以

$$\boldsymbol{x}^{\mathrm{H}} \boldsymbol{y} + \boldsymbol{y}^{\mathrm{H}} \boldsymbol{x} = 2\mathrm{Re}(\boldsymbol{x}^{\mathrm{H}} \boldsymbol{y}) \leqslant 2 | \boldsymbol{x}^{\mathrm{H}} \boldsymbol{y} | \leqslant 2 \| \boldsymbol{x} \| \| \boldsymbol{y} \|,$$

于是

$$\begin{aligned} \| \boldsymbol{x} + \boldsymbol{y} \| &= \sqrt{(\boldsymbol{x} + \boldsymbol{y})^{\mathrm{H}} (\boldsymbol{x} + \boldsymbol{y})} = \sqrt{\boldsymbol{x}^{\mathrm{H}} \boldsymbol{x} + \boldsymbol{x}^{\mathrm{H}} \boldsymbol{y} + \boldsymbol{y}^{\mathrm{H}} \boldsymbol{x} + \boldsymbol{y}^{\mathrm{H}} \boldsymbol{y}} \\ &\leqslant \sqrt{\| \boldsymbol{x} \|^2 + 2 \| \boldsymbol{x} \| \| \boldsymbol{y} \| + \| \boldsymbol{y} \|^2} = \| \boldsymbol{x} \| + \| \boldsymbol{y} \|, \end{aligned}$$

满足三角不等式.

该向量范数称为向量的 2-范数，记为 $\| \boldsymbol{x} \|_2$. 实质上 $\| \boldsymbol{x} \|_2$ 就是欧氏空间里的向量长度，譬如，$\| (3, 4)^{\mathrm{T}} \|_2 = \sqrt{3^2 + 4^2} = 5$.

例 8.2 设 $\boldsymbol{x} = (x_1, x_2, \cdots, x_n)^{\mathrm{T}}$ 是 $\mathbf{C}^n$ 的任意一个向量，定义

$$\| \boldsymbol{x} \| = \max_i | x_i |,$$

则 $\| \boldsymbol{x} \|$ 是 $\mathbf{C}^n$ 中的一种向量范数，称为 **∞-范数**，记为 $\| \boldsymbol{x} \|_\infty$.

证明 (1) 当 $\boldsymbol{x} \neq \boldsymbol{0}$ 时，必有一分量不为零，于是

$$\| \boldsymbol{x} \| = \max_i | x_i | > 0.$$

(2) 任给 $k \in \mathbf{C}$，$\boldsymbol{x} \in \mathbf{C}^n$ 有

$$\begin{aligned} \| k\boldsymbol{x} \| &= \max_i | kx_i | = | k | \max_i | x_i | \\ &= | k | \| \boldsymbol{x} \|. \end{aligned}$$

(3) 设 $\boldsymbol{x} = (x_1, x_2, \cdots, x_n)^{\mathrm{T}}$，$\boldsymbol{y} = (y_1, y_2, \cdots, y_n)^{\mathrm{T}}$，则

$$\begin{aligned} \| \boldsymbol{x} + \boldsymbol{y} \| &= \max_i | x_i + y_i | \leqslant \max_i | x_i | + \max_i | y_i | \\ &= \| \boldsymbol{x} \| + \| \boldsymbol{y} \|. \end{aligned}$$

例 8.3 设 $\boldsymbol{x} = (x_1, x_2, \cdots, x_n)^{\mathrm{T}}$ 是一个任意一个向量，定义

$$\| \boldsymbol{x} \| = \sum_{i=1}^{n} | x_i |.$$

则 $\|x\|$ 也是 $\mathbf{C}^n$ 中的一种向量范数，称为 **1-范数**，记作 $\|x\|_1$.

证明　条件(1)和(2)显然成立. 因为

$$\begin{aligned}\|x+y\| &= \sum_{i=1}^{n} |a_i+b_i| \leqslant \sum_{i=1}^{n} |a_i| + \sum_{i=1}^{n} |b_i| \\ &= \|x\| + \|y\|,\end{aligned}$$

故条件(3)也满足.

例 8.4　设 $x=(1, 2, 2, 4)^{\mathrm{T}}$ 是 $\mathbf{R}^4$ 的一个向量，计算 $\|x\|_1$，$\|x\|_2$，$\|x\|_\infty$.

解

$$\|x\|_1 = \sum_{i=1}^{n} |x_i| = 1+2+2+4 = 9,$$

$$\|x\|_2 = \sqrt{\sum_{i=1}^{n} |x_i|^2} = \sqrt{1^2+2^2+2^2+4^2} = 5,$$

$$\|x\|_\infty = \max_i |x_i| = \max\{1, 2, 2, 4\} = 4.$$

事实上，向量范数有无穷多种. 可以验证

$$\|x\|_p = \left(\sum_{i=1}^{n} |x_i|^p\right)^{\frac{1}{p}},\quad 1 \leqslant p < +\infty$$

是 $\mathbf{C}^n$ 中的向量范数，称为 **p-范数**. 前面例题提到的范数都是 p-范数的特例. 另外，当 $\boldsymbol{A}$ 是实对称正定矩阵时，$\|x\| = \sqrt{x^{\mathrm{T}}Ax}$ 也是一种向量范数，通常称为**能量范数**，记作 $\|x\|_A$.

正如长度单位米、尺和寸之间的转换关系一样，向量的范数也有类似的转换关系.

譬如，对任意 $x \in \mathbf{C}^n$ 都有：

$$\begin{aligned}&\|x\|_\infty \leqslant \|x\|_2 \leqslant \sqrt{n}\,\|x\|_\infty;\\ &\|x\|_2 \leqslant \|x\|_1 \leqslant \sqrt{n}\,\|x\|_2;\\ &\|x\|_\infty \leqslant \|x\|_1 \leqslant n\,\|x\|_\infty,\end{aligned}$$

上述不等式称为**嵌入不等式**，凡满足嵌入不等式的两个向量范数称为是**等价的**.

定理 8.1　设 $\|x\|_\alpha$ 与 $\|x\|_\beta$ 是 $\mathbf{C}^n$ 上任意两种范数，则存在正数 $k_2 > k_1 > 0$，使对任意 $x \in \mathbf{C}^n$ 都有

$$k_1 \|x\|_\beta \leqslant \|x\|_\alpha \leqslant k_2 \|x\|_\beta.$$

证明略去.

由定理 8.1 知，$\mathbf{C}^n$ 上任何两种不同的向量范数是等价的.

8.2　矩阵的范数

定义 8.2　任给矩阵 $A \in \mathbf{C}^{n\times n}$，都可以映射到一个非负实数与之对应，若此映射满足

(1) **正定性**：$\|\boldsymbol{A}\| \geqslant 0$，等号当且仅当 $\boldsymbol{A}=\boldsymbol{O}$ 成立；

(2) **齐次性**：任给 $k \in \mathbf{C}$，$\boldsymbol{A} \in \mathbf{C}^{n\times n}$，都有 $\|k\boldsymbol{A}\| = |k|\,\|\boldsymbol{A}\|$；

(3) **三角不等式**：任给矩阵 $\boldsymbol{A}, \boldsymbol{B} \in \mathbf{C}^{n\times n}$，都有 $\|\boldsymbol{A}+\boldsymbol{B}\| \leqslant \|\boldsymbol{A}\| + \|\boldsymbol{B}\|$；

(4) 任给矩阵 $\boldsymbol{A}, \boldsymbol{B} \in \mathbf{C}^{n\times n}$，都有 $\|\boldsymbol{A}\boldsymbol{B}\| \leqslant \|\boldsymbol{A}\|\,\|\boldsymbol{B}\|$，

则称该映射是矩阵 A 的一个**范数**，记作 $\|\boldsymbol{A}\|$.

需要指出的是，本节讨论的是方阵的范数. 与向量范数类似，在 $\mathbf{C}^{n\times n}$ 中可规定多种方阵范数. 与向量范数定义相比较，前三个性质只是向量范数定义的推广，而第四个性质则是对矩阵乘法相容性的要求.

例 8.5 设方阵 $\boldsymbol{A}=(a_{ij}) \in \mathbf{C}^{n\times n}$ 是任意矩阵，定义

$$\|\boldsymbol{A}\| = \sqrt{\sum_{i=1}^{n}\sum_{j=1}^{n}|a_{ij}|^2},$$

则 $\|\boldsymbol{A}\|$ 是 $\mathbf{C}^{n\times n}$ 中的一种矩阵范数，称为 **Frobenius 范数**，或 **F-范数**，记为 $\|\boldsymbol{A}\|_F$.

证明 容易证明 $\|\boldsymbol{A}\|_F$ 满足定义 8.2 中的(1)，(2)和(3). 记 $\boldsymbol{A}$ 的第 i 个行向量为 $\boldsymbol{\alpha}_i$，即

$$\boldsymbol{A} = \begin{pmatrix}\boldsymbol{\alpha}_1\\ \boldsymbol{\alpha}_2\\ \vdots\\ \boldsymbol{\alpha}_n\end{pmatrix}, \quad \boldsymbol{A}\boldsymbol{x} = \begin{pmatrix}\boldsymbol{\alpha}_1\boldsymbol{x}\\ \boldsymbol{\alpha}_2\boldsymbol{x}\\ \vdots\\ \boldsymbol{\alpha}_n\boldsymbol{x}\end{pmatrix},$$

所以

$$\|\boldsymbol{A}\boldsymbol{x}\|_2^2 = \sum_{i=1}^{n}|\boldsymbol{\alpha}_i\boldsymbol{x}|^2 \leqslant \sum_{i=1}^{n}\|\boldsymbol{\alpha}_i\|_2^2\,\|\boldsymbol{x}\|_2^2 = \|\boldsymbol{x}\|_2^2\,\|\boldsymbol{A}\|_F^2.$$

记矩阵 $\boldsymbol{B}$ 的第 j 列为 $\boldsymbol{\beta}_j$，即

$$\boldsymbol{B} = (\boldsymbol{\beta}_1, \boldsymbol{\beta}_2, \cdots, \boldsymbol{\beta}_n),$$

于是

$$\begin{aligned}\|\boldsymbol{A}\boldsymbol{B}\|_F^2 &= \|(\boldsymbol{A}\boldsymbol{\beta}_1, \boldsymbol{A}\boldsymbol{\beta}_2, \cdots, \boldsymbol{A}\boldsymbol{\beta}_n)\|_F^2\\ &= \sum_{j=1}^{n}\|\boldsymbol{A}\boldsymbol{\beta}_j\|_2^2 \leqslant \sum_{j=1}^{n}\|\boldsymbol{A}\|_F^2\,\|\boldsymbol{\beta}_j\|_2^2\\ &= \|\boldsymbol{A}\|_F^2\sum_{j=1}^{n}\|\boldsymbol{\beta}_j\|_2^2 = \|\boldsymbol{A}\|_F^2\,\|\boldsymbol{B}\|_F^2.\end{aligned}$$

故 $\|\boldsymbol{A}\|_F$ 满足定义 8.2 中的(4)，即 $\|\boldsymbol{A}\|_F$ 是一种矩阵范数，且 $\|\boldsymbol{A}\|_F$ 与 $\|\boldsymbol{x}\|_2$ 是相容的.

由于在大多数与特征值和误差估计有关的问题中，矩阵和向量会同时参与讨论，譬如矩阵向量乘积，为了在向量范数与方阵范数之间建立某种联系，引入如下定义.

定义 8.3 任给方阵 $\boldsymbol{A} \in \mathbf{C}^{n\times n}$，向量 $\boldsymbol{x} \in \mathbf{C}^n$，若向量范数 $\|\boldsymbol{x}\|$ 与方阵范数 $\|\boldsymbol{A}\|$ 之间满足不等式

$$\|Ax\| \leqslant \|A\| \, \|x\|,$$

则称此方阵范数 $\|A\|$ 与向量范数 $\|x\|$ **相容**.

为此再引进一种与向量范数相关的矩阵范数,满足上述范数相容条件.

定义 8.4 任给方阵 $A \in \mathbf{C}^{n\times n}$,向量 $x \in \mathbf{C}^n$,记

$$\|A\|_p = \max_{x\neq 0} \frac{\|Ax\|_p}{\|x\|_p} = \max_{\|x\|_p=1} \|Ax\|_p,$$

称矩阵范数 $\|A\|_p$ 为由向量范数 $\|x\|_p$ **诱导的矩阵范数**,也称为**诱导范数**,或**算子范数**.

由于向量的范数是向量分量的连续函数,根据有界闭集上的连续函数必有最大值可知 $\|A\|_p$ 的最大值是可以达到的,即一定可以找到 $x_0 \neq 0$, $\|x_0\|_p = 1$, 使 $\|A\|_p = \|Ax_0\|_p$. 这类矩阵范数自然满足与对应向量范数之间的相容条件.

定理 8.2 设 $\|x\|_p$ 是向量 $x \in \mathbf{C}^n$ 上的一个范数,则 $\|A\|_p$ 是矩阵 $A \in \mathbf{C}^{n\times n}$ 上的一个范数,且满足相容性条件

$$\|Ax\|_p \leqslant \|A\|_p \|x\|_p.$$

证明 对任意的 $x \in \mathbf{C}^n$, $x \neq 0$, 令

$$z = \frac{x}{\|x\|_p},$$

则 $\|z\|_p = 1$, 于是

$$\|Ax\|_p = \|A(z\|x\|_p)\|_p = \|x\|_p \|Az\|_p \leqslant \|x\|_p \|A\|_p,$$

即 $\|A\|_p$ 与向量范数 $\|x\|_p$ 相容.

以下证明 $\|A\|_p$ 满足范数的条件.

(1) 当 $A \neq O$ 时,必可找到 $x \neq 0$ 使 $Ax \neq 0$,

$$\|A\|_p = \max_{x\neq 0} \frac{\|Ax\|_p}{\|x\|_p} = \max_{\|z\|_p=1} \|Az\|_p > 0.$$

(2) 对任意的数 $k \in \mathbf{C}$, 有 $\|kA\|_p = |k| \max_{\|z\|_p=1} \|Az\|_p = |k| \, \|A\|_p$.

(3) 对任意的 $A, B \in \mathbf{C}^{n\times n}$, 必有 $z_0 \in \mathbf{C}^n$, 且 $\|z_0\|_p = 1$ 使

$$\begin{aligned}\|A+B\|_p &= \|(A+B)z_0\|_p \\ &= \|Az_0 + Bz_0\|_p \leqslant \|Az_0\|_p + \|Bz_0\|_p \leqslant \|A\|_p + \|B\|_p.\end{aligned}$$

(4) 对任意的 $A, B \in \mathbf{C}^{n\times n}$, 必有 $z_0 \in \mathbf{C}^n$, 且 $\|z_0\|_p = 1$ 使

$$\|AB\|_p = \|ABz_0\|_p \leqslant \|A\| \, \|Bz_0\|_p \leqslant \|A\|_p \|B\|_p.$$

设方阵 $A = (a_{ij}) \in \mathbf{C}^{n\times n}$. 记

$$\mu_i = |a_{i1}| + |a_{i2}| + \cdots + |a_{in}|, \quad \upsilon_j = |a_{1j}| + |a_{2j}| + \cdots + |a_{nj}|,$$

即 μ_i 为第 i 行元素绝对值之和, υ_j 为第 j 列元素绝对值之和,给出由向量范数 $\|x\|_\infty$, $\|x\|_1$ 和 $\|x\|_2$ 诱导的如下矩阵范数的定义.

例 8.6 设方阵 $A = (a_{ij}) \in \mathbf{C}^{n\times n}$ 是任意矩阵,定义

$$\|A\| = \max_{\|x\|_\infty=1} \|Ax\|_\infty = \max_{i=1}^{n}\sum_{j=1}^{n} |a_{ij}| = \max_i \mu_i \triangleq \mu,$$

则 $\|A\|_\infty$ 是 $C^{n\times n}$ 中的一种矩阵范数,称为 **∞-范数**.

证明

$$\|A\|_\infty = \max_{x\neq 0} \frac{\|Ax\|_\infty}{\|x\|_\infty}$$

$$\leqslant \max_{1\leqslant i,\, j\leqslant n} \sum_{j=1}^{n} |a_{ij}x_j| / \max_{1\leqslant k\leqslant n} |x_k|$$

$$\leqslant \max_{1\leqslant i,\, j\leqslant n} \sum_{j=1}^{n} |a_{ij}x_j / \max_{1\leqslant k\leqslant n} |x_k||$$

$$\leqslant \max_{1\leqslant i\leqslant n} \sum_{j=1}^{n} |a_{ij}|.$$

假设存在 i_0,使得

$$\sum_{j=1}^{n} |a_{i_0 j}| = \max_{1\leqslant i\leqslant n} \sum_{j=1}^{n} |a_{ij}|,$$

取 $x = (\mathrm{sign}(a_{i_0 1}), \mathrm{sign}(a_{i_0 2}), \cdots, \mathrm{sign}(a_{i_0 n}))^{\mathrm{T}}$, 则

$$\frac{\|Ax\|_\infty}{\|x\|_\infty} = \sum_{j=1}^{n} |a_{i_0 j}| = \max_{1\leqslant i\leqslant n} \sum_{j=1}^{n} |a_{ij}| \leqslant \|A\|_\infty.$$

根据定理 8.2 知 $\|A\|_\infty$ 满足范数定义的四个条件.

例 8.7 设方阵 $A = (a_{ij}) \in C^{n\times n}$ 是任意矩阵,定义

$$\|A\| = \max_{\|x\|_1=1} \|Ax\|_1 = \max_{j=1}^{n}\sum_{i=1}^{n} |a_{ij}| = \max_j \upsilon_j \triangleq \upsilon,$$

则 $\|A\|_1$ 是 $C^{n\times n}$ 中的一种矩阵范数,称为 **1-范数**.

定义 8.5 设方阵 $A=(a_{ij})\in C^{n\times n}$ 是任意矩阵,定义 $\rho(A) = \max_{i=1}^{n} |\lambda_i|$ 为 A 的**谱半径**,其中,$\lambda_i(A)$ 为矩阵 A 的第 i 个特征值.

例 8.8 设方阵 $A = (a_{ij}) \in C^{n\times n}$ 是任意矩阵,定义

$$\|A\|_2 = \max_{\|x\|_2=1} \|Ax\|_2 = \sqrt{\rho(A^{\mathrm{T}}A)},$$

则 $\|A\|_2$ 是 $C^{n\times n}$ 中的一种矩阵范数,称为 **2-范数**.

证明 首先,由上述定义可知,$\|A\|_2$ 满足范数定义的四个条件,下面证明 $\|A\|_2 = \sqrt{\rho(A^{\mathrm{T}}A)}$. 因为

$$\|Ax\|_2^2 = (Ax, Ax) = (A^{\mathrm{H}}Ax, x) \geqslant 0,$$

所以,$A^{\mathrm{H}}A$ 是 Hermite 半定阵,其特征值不小于零,即

$$\lambda_1 \geqslant \lambda_2 \geqslant \cdots \geqslant \lambda_n \geqslant 0,$$

且其相应的特征向量经正交规范化后可构成 $\mathbf{C}^n$ 的一组标准正交基(Hermite 阵可用酉阵对角化,其证明与实对称阵可用正交阵对角化类似). 即特征向量

$$\boldsymbol{x}_1,\ \boldsymbol{x}_2,\ \cdots,\ \boldsymbol{x}_n$$

是两两正交的单位向量,任取单位向量 $\boldsymbol{x}$,则 $\boldsymbol{x}$ 可写成

$$\boldsymbol{x} = c_1\boldsymbol{x}_1 + c_2\boldsymbol{x}_2 + \cdots + c_n\boldsymbol{x}_n,$$

由于 $\|\boldsymbol{x}\|_2=1$,故

$$\begin{aligned}
c_1^2 + c_2^2 + \cdots + c_n^2 &= \|\boldsymbol{x}\|_2^2 = 1, \\
\|\boldsymbol{A}\boldsymbol{x}\|_2^2 &= (\boldsymbol{A}^{\mathrm{H}}\boldsymbol{A}\boldsymbol{x},\ \boldsymbol{x}) \\
&= \left(\sum_{j=1}^{n} c_j\boldsymbol{A}^{\mathrm{H}}\boldsymbol{A}\boldsymbol{x}_j,\ \sum_{j=1}^{n} c_j\boldsymbol{x}_j\right) \\
&= \left(\sum_{j=1}^{n} \lambda_j c_j\boldsymbol{x}_j,\ \sum_{j=1}^{n} c_j\boldsymbol{x}_j\right) \\
&= \lambda_1 c_1^2 + \lambda_2 c_2^2 + \cdots + \lambda_n c_n^2 \\
&\leqslant \lambda_1 c_1^2 + \lambda_1 c_2^2 + \cdots + \lambda_1 c_n^2 = \lambda_1.
\end{aligned}$$

于是

$$\|\boldsymbol{A}\|_2 \leqslant \sqrt{\lambda_1},$$

但

$$\|\boldsymbol{A}\boldsymbol{x}_1\|_2^2 = (\boldsymbol{A}^{\mathrm{H}}\boldsymbol{A}\boldsymbol{x}_1,\ \boldsymbol{x}_1) = \lambda_1(\boldsymbol{x}_1,\ \boldsymbol{x}_1) = \lambda_1,$$

故

$$\|\boldsymbol{A}\|_2 = \max_{\|\boldsymbol{x}\|_2=1} \|\boldsymbol{A}\boldsymbol{x}\|_2 \geqslant \sqrt{\lambda_1},$$

从而有

$$\|\boldsymbol{A}\|_2 = \sqrt{\lambda_1}.$$

矩阵 $\boldsymbol{A}$ 的 2-范数是 $\boldsymbol{A}^{\mathrm{T}}\boldsymbol{A}$ 的最大特征值,计算起来工作量比较大,为了计算方便,通常使用另一种与向量范数 $\|\boldsymbol{x}\|_2$ 相容的矩阵范数 $\|\boldsymbol{A}\|_F$.

例 8.9　设 $\boldsymbol{A}=\begin{pmatrix} 2 & -2 \\ -1 & 4 \end{pmatrix}$,计算 A 的各种范数.

解

$$\begin{aligned}
&\|\boldsymbol{A}\|_F = 5,\ \|\boldsymbol{A}\|_1 = 6, \\
&\|\boldsymbol{A}\|_\infty = 5,\ \|\boldsymbol{A}\|_2 = 4.84.
\end{aligned}$$

需要说明的是:矩阵的算子范数是矩阵范数,但矩阵范数不一定是算子范数. 譬如,F-范数不是算子范数. 今后讨论特征值和误差分析时用到的范数都是算子范数,且与它对应的向量范数也是相容的.

定理 8.3 如果 $\|B\|<1$，则 $I\pm B$ 为非奇异矩阵，且

$$\|I\pm B\|\leqslant 1/(1-\|B\|),$$

其中，$\|\cdot\|$ 是指矩阵的算子范数.

证明 注意到，单位矩阵的算子范数均为 1，因为

$$\|I\|_p=\max_{x\neq 0}\frac{\|Ix\|_p}{\|x\|_p}=1.$$

证明非奇异性质用反证法. 若 $|I-B|=0$，则 $(I-B)x=0$ 有非零解，即存在 x_0，使得 $Bx_0=x_0$，即 $\|Bx_0\|/\|x_0\|=1$. 故 $\|B\|\geqslant 1$，与假设矛盾.

又由 $(I-B)(I-B)^{-1}=I$ 有

$$(I-B)^{-1}=I+B(I-B)^{-1},$$

从而

$$\|(I-B)^{-1}\|\leqslant\|I\|+\|B\|\|(I-B)^{-1}\|,$$

即

$$\|(I-B)^{-1}\|\leqslant\frac{1}{1-\|B\|}.$$

定理 8.4 对于 $C^{n\times n}$ 中任意两种方阵范数 $\|A\|_\alpha$ 与 $\|A\|_\beta$，必存在 $k_2>k_1>0$，使

$$k_1\|A\|_\alpha\leqslant\|A\|_\beta<k_2\|A\|_\alpha,$$

对于 $C^{n\times n}$ 中一切矩阵 A 都成立.

证明略去.

8.3 特征值与矩阵元素的关系

给定矩阵 A 后，要计算其特征值不是一件容易的事，本节所给出的定理指出了特征值与矩阵元素之间的关系.

定理 8.5 设方阵 $A=(a_{ij})\in C^{n\times n}$ 的特征值为 $\lambda_1,\lambda_2,\cdots,\lambda_n$，则

(1) $\lambda_1+\lambda_2+\cdots+\lambda_n=a_{11}+a_{22}+\cdots+a_{nn}=\operatorname{tr}A$;

(2) $\lambda_1\lambda_2\cdots\lambda_n=|A|$.

证明 记特征多项式 $f(\lambda)=|\lambda E-A|$ 为

$$\begin{aligned}f(\lambda)&=\lambda^n-b_1\lambda^{n-1}+b_2\lambda^{n-2}-\cdots+(-1)^n b_n\\&=(\lambda-\lambda_1)(\lambda-\lambda_2)\cdots(\lambda-\lambda_n).\end{aligned}$$

由韦达定理知

$$\begin{aligned}\lambda_1+\lambda_2+\cdots+\lambda_n&=b_1,\\\lambda_1\lambda_2\cdots\lambda_n&=b_n.\end{aligned}$$

但

$$f(0)=|-\boldsymbol{A}|=(-1)^n\ |\boldsymbol{A}|,\ f(0)=(-1)^n b_n,$$

所以

$$b_n=|\boldsymbol{A}|,$$

即

$$\lambda_1\lambda_2\cdots\lambda_n=|\boldsymbol{A}|.$$

又因为

$$|\lambda\boldsymbol{E}-\boldsymbol{A}|=\begin{vmatrix}\lambda-a_{11} & -a_{12} & \cdots & -a_{1n}\\ -a_{21} & \lambda-a_{22} & \cdots & -a_{2n}\\ \vdots & \vdots & & \vdots\\ -a_{n1} & -a_{n2} & \cdots & \lambda-a_{nn}\end{vmatrix},$$

按定义上述行列式的值是 $n!$项不同行不同列元素乘积的代数和. 这些项中除对角元乘积这一项,其余各项中至少含有一个因子是某一个非对角元$-a_{ij}$,故该项既不含与它同行的元素 $\lambda-a_{ii}$,也不含与它同列的元素 $\lambda-a_{jj}$,其 λ 的次数必小于等于 $n-2$,于是其余各项中均不含带 λ^{n-1}的项. 而

$$\prod_{i=1}^{n}(\lambda-a_{ii})=\lambda^n-(a_{11}+a_{22}+\cdots+a_{nn})\lambda^{n-1}+\cdots,$$

即

$$b_1=a_{11}+a_{22}+\cdots+a_{nn}.$$

定理 8.6　设方阵 $\boldsymbol{A}=(a_{ij})\in\mathbf{C}^{n\times n}$的特征值为 $\lambda_1,\lambda_2,\cdots,\lambda_n$,则

$$\sum_{i=1}^{n}|\lambda_i|^2\leqslant\sum_{i=1}^{n}\sum_{j=1}^{n}|a_{ij}|^2,$$

其中,等号当且仅当 $\boldsymbol{A}$ 是正规矩阵时成立.

证明　因为矩阵 $\boldsymbol{A}$ 酉相似于上三角阵 $\boldsymbol{R}=(r_{ij})$,即

$$\overline{\boldsymbol{U}^{\mathrm{T}}}\boldsymbol{A}\boldsymbol{U}=\boldsymbol{R},\quad \overline{\boldsymbol{U}^{\mathrm{T}}\boldsymbol{A}^{\mathrm{T}}}\boldsymbol{U}=\overline{\boldsymbol{R}}^{\mathrm{T}}.$$

从而

$$\overline{\boldsymbol{U}^{\mathrm{T}}}\boldsymbol{A}\overline{\boldsymbol{A}^{\mathrm{T}}}\boldsymbol{U}=\boldsymbol{R}\overline{\boldsymbol{R}^{\mathrm{T}}}.$$

$\boldsymbol{A}\overline{\boldsymbol{A}^{\mathrm{T}}}$与 $\boldsymbol{R}\overline{\boldsymbol{R}^{\mathrm{T}}}$相似,它们的特征值相同. 由定理 8.5,有

$$\mathrm{tr}\,\boldsymbol{A}\overline{\boldsymbol{A}^{\mathrm{T}}}=\mathrm{tr}\,\boldsymbol{R}\overline{\boldsymbol{R}^{\mathrm{T}}},$$

于是 $\boldsymbol{R}$ 的主对角元就是$\boldsymbol{A}$ 的特征值,因此

$$\sum_{i=1}^{n}|\lambda_i|^2=\sum_{i=1}^{n}|r_{ii}|^2\leqslant\sum_{i=1}^{n}\sum_{j=1}^{n}|r_{ij}|^2$$

$$=\sum_{i=1}^{n}\sum_{j=1}^{n}|a_{ij}|^2.$$

上述不等式中的等号当且仅当 $r_{ij}=0\ (i\neq j)$时成立,即当且仅当矩阵 $\boldsymbol{A}$ 酉相似于对角阵时成立.

定理 8.6 说明特征值模的平方和小于等于矩阵 $\boldsymbol{A}$ 的 F 范数的平方. 由定理 8.6 可知:

推论 8.1 设方阵 $\boldsymbol{A}=(a_{ij})\in\mathbf{C}^{n\times n}$ 的特征值为 $\lambda_1,\lambda_2,\cdots,\lambda_n$,且

$$|\lambda_1|\geqslant|\lambda_2|\geqslant\cdots\geqslant|\lambda_n|,$$

则

$$n|\lambda_n|^2\leqslant\sum_{i=1}^{n}|\lambda_i|^2\leqslant\sum_{i=1}^{n}\sum_{j=1}^{n}|a_{ij}|^2\leqslant n^2\max_{1\leqslant i,j\leqslant n}|a_{ij}|^2,$$

故

$$|\lambda_n|\leqslant\sqrt{n}\sqrt{\max_{1\leqslant i,j\leqslant n}|a_{ij}|^2}.$$

8.4 Rayleigh 商

定义 8.6 设 $\boldsymbol{A}$ 是 n 阶实对称矩阵,$\boldsymbol{x}\in\mathbf{R}^n$ 且 $\boldsymbol{x}\neq\boldsymbol{0}$,则实数

$$f(\boldsymbol{x})=\frac{\boldsymbol{x}^{\mathrm{T}}\boldsymbol{A}\boldsymbol{x}}{\boldsymbol{x}^{\mathrm{T}}\boldsymbol{x}}$$

称为矩阵 $\boldsymbol{A}$ 的 **Rayleigh 商.**

利用内积的符号,Rayleigh 商又可写为

$$f(\boldsymbol{x})=\frac{(\boldsymbol{A}\boldsymbol{x},\ \boldsymbol{x})}{(\boldsymbol{x},\ \boldsymbol{x})}.$$

显然,如果 $\boldsymbol{x}$ 是 $\boldsymbol{A}$ 的特征向量,则 $f(\boldsymbol{x})$就是对应的特征值.

下面讨论如何利用 Rayleigh 商来估计 $\boldsymbol{A}$ 的特征值的范围.

定理 8.7 设 $\boldsymbol{A}$ 是 n 阶实对称矩阵,λ_1 是 $\boldsymbol{A}$ 的最大特征值,λ_n 是 $\boldsymbol{A}$ 的最小特征值,则

$$\lambda_n\leqslant f(x)\leqslant\lambda_1.$$

证明 因为矩阵 $\boldsymbol{A}$ 是实对称矩阵,于是存在正交矩阵 $\boldsymbol{P}$,使

$$\boldsymbol{P}^{\mathrm{T}}\boldsymbol{A}\boldsymbol{P}=\begin{pmatrix}\lambda_1 & & & \boldsymbol{O}\\ & \lambda_2 & & \\ & & \ddots & \\ \boldsymbol{O} & & & \lambda_n\end{pmatrix}.$$

故正交变换 $\boldsymbol{x}=\boldsymbol{P}\boldsymbol{y}$ 把二次型 $\boldsymbol{x}^{\mathrm{T}}\boldsymbol{A}\boldsymbol{x}$ 化为标准型，

$$\boldsymbol{x}^{\mathrm{T}}\boldsymbol{A}\boldsymbol{x}=\boldsymbol{y}^{\mathrm{T}}\boldsymbol{P}^{\mathrm{T}}\boldsymbol{A}\boldsymbol{P}\boldsymbol{y}=\lambda_1 y_1^2+\lambda_2 y_2^2+\cdots+\lambda_n y_n^2,$$

其中，y_1，y_2，…，y_n 为向量 $\boldsymbol{y}$ 的 n 个分量.

不妨假设

$$\lambda_1\geqslant\lambda_2\geqslant\cdots\geqslant\lambda_n,$$

于是

$$\lambda_n y_1^2+\lambda_n y_2^2+\cdots+\lambda_n y_n^2\leqslant\boldsymbol{x}^{\mathrm{T}}\boldsymbol{A}\boldsymbol{x}\leqslant\lambda_1 y_1^2+\lambda_1 y_2^2+\cdots+\lambda_1 y_n^2,$$

$$\lambda_n(\boldsymbol{y}^{\mathrm{T}}\boldsymbol{y})\geqslant\boldsymbol{x}^{\mathrm{T}}\boldsymbol{A}\boldsymbol{x}\geqslant\lambda_1(\boldsymbol{y}^{\mathrm{T}}\boldsymbol{y}).$$

由于 $\boldsymbol{P}$ 是正交阵，故

$$\boldsymbol{x}^{\mathrm{T}}\boldsymbol{x}=(\boldsymbol{P}\boldsymbol{y})^{\mathrm{T}}\boldsymbol{P}\boldsymbol{y}=\boldsymbol{y}^{\mathrm{T}}(\boldsymbol{P}^{\mathrm{T}}\boldsymbol{P})\boldsymbol{y}=\boldsymbol{y}^{\mathrm{T}}\boldsymbol{y},$$

所以

$$\lambda_n\leqslant\frac{\boldsymbol{x}^{\mathrm{T}}\boldsymbol{A}\boldsymbol{x}}{\boldsymbol{x}^{\mathrm{T}}\boldsymbol{x}}\leqslant\lambda_1,$$

即

$$\lambda_n\leqslant f(\boldsymbol{x})\leqslant\lambda_1.$$

设 $\boldsymbol{x}\in\mathbf{R}^n$，$\boldsymbol{x}\neq\mathbf{0}$，$k\neq 0\in\boldsymbol{R}$，则

$$\begin{aligned}f(k\boldsymbol{x})&=\frac{(k\boldsymbol{x})^{\mathrm{T}}\boldsymbol{A}(k\boldsymbol{x})}{(k\boldsymbol{x})^{\mathrm{T}}(k\boldsymbol{x})}\\&=\frac{k^2\boldsymbol{x}^{\mathrm{T}}\boldsymbol{A}\boldsymbol{x}}{k^2\boldsymbol{x}^{\mathrm{T}}\boldsymbol{x}}=\frac{\boldsymbol{x}^{\mathrm{T}}\boldsymbol{A}\boldsymbol{x}}{\boldsymbol{x}^{\mathrm{T}}\boldsymbol{x}}=f(\boldsymbol{x}).\end{aligned}$$

这表明矩阵 $\boldsymbol{A}$ 的 Rayleigh 商对于 $\boldsymbol{x}$ 和 $k\boldsymbol{x}$ 是相同的. 因此下面只讨论 Rayleigh 商在单位球面 $\|\boldsymbol{x}\|_2=1$ 上的情形.

定理 8.8　设 $\boldsymbol{A}$ 是 n 阶实对称矩阵，λ_1 是 $\boldsymbol{A}$ 的最大特征值，则

$$\lambda_1=\max_{\|\boldsymbol{x}\|=1}(\boldsymbol{A}\boldsymbol{x},\ \boldsymbol{x}).$$

证明　因为 $\boldsymbol{A}$ 是 n 阶实对称矩阵，所以 $\boldsymbol{A}$ 有 n 个实特征值 $\lambda_1\geqslant\lambda_2\geqslant\cdots\geqslant\lambda_n$，且存在 n 个两两正交的单位特征向量 $\boldsymbol{y}_1$，$\boldsymbol{y}_2$，…，$\boldsymbol{y}_n$ 构成 $\mathbf{R}^n$ 的一个标准正交基. 对任意单位向量 $\boldsymbol{x}\in\mathbf{R}^n$，有表达式

$$\boldsymbol{x}=k_1\boldsymbol{y}_1+k_2\boldsymbol{y}_2+\cdots+k_n\boldsymbol{y}_n,$$

且

$$\begin{aligned}\|\boldsymbol{x}\|_2&=\sqrt{(\boldsymbol{x},\ \boldsymbol{x})}=\sqrt{k_1^2+k_2^2+\cdots+k_n^2}\\&=1.\end{aligned}$$

因为

$$\begin{aligned}\boldsymbol{A}\boldsymbol{x} &= \boldsymbol{A}(k_1\boldsymbol{y}_1 + k_2\boldsymbol{y}_2 + \cdots + k_n\boldsymbol{y}_n)\\ &= k_1\boldsymbol{A}\boldsymbol{y}_1 + k_2\boldsymbol{A}\boldsymbol{y}_2 + \cdots + k_n\boldsymbol{A}\boldsymbol{y}_n\\ &= k_1\lambda_1\boldsymbol{y}_1 + k_2\lambda_2\boldsymbol{y}_2 + \cdots + k_n\lambda_n\boldsymbol{y}_n,\end{aligned}$$

$$\begin{aligned}(\boldsymbol{A}\boldsymbol{x},\ \boldsymbol{x}) &= \left(\sum_{i=1}^{n} k_i\lambda_i\boldsymbol{y}_i,\ \sum_{i=1}^{n} k_i\boldsymbol{y}_i\right) = \lambda_1 k_1^2 + \lambda_2 k_2^2 + \cdots + \lambda_n k_n^2\\ &\leqslant \lambda_1(k_1^2 + k_2^2 + \cdots + k_n^2) = \lambda_1,\end{aligned}$$

又因为当 $\boldsymbol{x}=\boldsymbol{y}_1$ 时,有

$$(\boldsymbol{A}\boldsymbol{x},\ \boldsymbol{x}) = (\boldsymbol{A}\boldsymbol{y}_1,\ \boldsymbol{y}_1) = \lambda_1(\boldsymbol{y}_1,\ \boldsymbol{y}_1) = \lambda_1.$$

定理 8.9 设 $\boldsymbol{A}$ 是 n 阶实对称矩阵,λ_n 是 $\boldsymbol{A}$ 的最小特征值,则

$$\lambda_i = \max_{\|\boldsymbol{x}\|_2=1,\ (\boldsymbol{x},\ \boldsymbol{y}_1)=\cdots=(\boldsymbol{x},\ \boldsymbol{y}_{i-1})=0} (\boldsymbol{A}\boldsymbol{x},\ \boldsymbol{x}),$$

且当 $\boldsymbol{x}$ 是属于 λ_i 的单位特征向量时达到最大值.

证明 因为 $\boldsymbol{y}_1,\ \boldsymbol{y}_2,\ \cdots,\ \boldsymbol{y}_n$ 构成 $\mathbf{R}^n$ 的一个标准正交基础,任给 $\boldsymbol{x}\in \mathbf{R}^n$ 且 $\|\boldsymbol{x}\|_2=1$,有

$$\boldsymbol{x} = l_1\boldsymbol{y}_1 + l_2\boldsymbol{y}_2 + \cdots + l_{i-1}\boldsymbol{y}_{i-1} + \cdots + l_n\boldsymbol{y}_n,$$

且

$$\|\boldsymbol{x}\|_2^2 = l_1^2 + l_2^2 + \cdots + l_n^2 = 1,\quad l_k = (\boldsymbol{x},\ \boldsymbol{y}_k),\ k = 1,\ \cdots,\ n.$$

由条件

$$(\boldsymbol{x},\ \boldsymbol{y}_1) = (\boldsymbol{x},\ \boldsymbol{y}_2) = \cdots = (\boldsymbol{x},\ \boldsymbol{y}_{i-1}) = 0,$$

知 $l_1=l_2=\cdots=l_{i-1}=0$,于是

$$\begin{aligned}(\boldsymbol{A}\boldsymbol{x},\ \boldsymbol{x}) &= \left(\sum_{j=i}^{n}\lambda_j\boldsymbol{y}_j,\ \sum_{j=1}^{n} l_j\boldsymbol{y}_j\right) = \lambda_i l_i^2 + \cdots + \lambda_n l_n^2\\ &\geqslant \lambda_1(l_1^2 + \cdots + l_n^2) = \lambda_i.\end{aligned}$$

当 $\boldsymbol{x}=\boldsymbol{y}_i$ 时,

$$(\boldsymbol{A}\boldsymbol{x},\ \boldsymbol{x}) = (\boldsymbol{A}\boldsymbol{y}_i,\ \boldsymbol{y}_i) = \lambda_i(\boldsymbol{y}_i,\ \boldsymbol{y}_i) = \lambda_i.$$

定理 8.10 设矩阵 $\boldsymbol{A}$ 和 $\boldsymbol{B}$ 的最大特征值分别为 $\lambda_{\max}(\boldsymbol{A})$ 和 $\lambda_{\max}(\boldsymbol{B})$,最小特征值分别为 $\lambda_{\min}(\boldsymbol{A})$ 和 $\lambda_{\min}(\boldsymbol{B})$,矩阵 $\boldsymbol{A}+\boldsymbol{B}$ 的特征值为 $\lambda_i(\boldsymbol{A}+\boldsymbol{B})$, $i=1,\ 2,\ \cdots,\ n$,则

$$\lambda_{\min}(\boldsymbol{A}) + \lambda_{\min}(\boldsymbol{B}) \leqslant \lambda_i(\boldsymbol{A}+\boldsymbol{B}) \leqslant \lambda_{\max}(\boldsymbol{A}) + \lambda_{\max}(\boldsymbol{B}).$$

证明 设对应于 $\lambda_i(\boldsymbol{A}+\boldsymbol{B})$ 的特征矢量是 $\boldsymbol{x}_i$,则有

$$\begin{aligned}\lambda_i(\boldsymbol{A}+\boldsymbol{B}) &= \frac{\boldsymbol{x}_i^{\mathrm{T}}(\boldsymbol{A}+\boldsymbol{B})\boldsymbol{x}_i}{\boldsymbol{x}_i^{\mathrm{T}}\boldsymbol{x}_i}\\ &= \frac{\boldsymbol{x}_i^{\mathrm{T}}\boldsymbol{A}\boldsymbol{x}_i}{\boldsymbol{x}_i^{\mathrm{T}}\boldsymbol{x}_i} + \frac{\boldsymbol{x}_i^{\mathrm{T}}\boldsymbol{B}\boldsymbol{x}_i}{\boldsymbol{x}_i^{\mathrm{T}}\boldsymbol{x}_i}\\ &\leqslant \max_{x\neq 0}\frac{\boldsymbol{x}^{\mathrm{T}}\boldsymbol{A}\boldsymbol{x}}{\boldsymbol{x}^{\mathrm{T}}\boldsymbol{x}} + \max_{x\neq 0}\frac{\boldsymbol{x}^{\mathrm{T}}\boldsymbol{B}\boldsymbol{x}}{\boldsymbol{x}^{\mathrm{T}}\boldsymbol{x}}\\ &= \lambda_{\max}(\boldsymbol{A}) + \lambda_{\max}(\boldsymbol{B}),\end{aligned}$$

同理可得

$$\lambda_i(\boldsymbol{A}+\boldsymbol{B}) \geqslant \lambda_{\min}(\boldsymbol{A})+\lambda_{\min}(\boldsymbol{B}).$$

8.5 圆盘定理

设矩阵 $\boldsymbol{A}\in\mathbf{C}^{n\times n}$，于是矩阵 $\boldsymbol{A}$ 有 n 个特征值，它们是复平面上的 n 个点. 圆盘定理指出了这 n 个点所处的大致位置.

定理 8.11(圆盘定理) 设 $\boldsymbol{A}=(a_{ij})\in\mathbf{C}^{n\times n}$，则 $\boldsymbol{A}$ 的特征值 λ 位于复平面上诸圆盘

$$d_i \triangleq \{\lambda \mid |\lambda-a_{ii}| \leqslant \sum_{j=1,\ j\neq i}^{n} |a_{ij}|\}\ (i=1,\ 2,\ \cdots,\ n)$$

的并集.

证明 设矩阵 $\boldsymbol{A}$ 对应于特征值 λ 的特征向量为

$$\boldsymbol{x}=\begin{pmatrix} x_1 \\ x_2 \\ \vdots \\ x_n \end{pmatrix},$$

记 $|x_i|=\max\limits_j |x_j|$，则由 $\boldsymbol{Ax}=\lambda\boldsymbol{x}$ 可推得

$$\sum_{j=1}^{n} a_{ij}x_j=\lambda x_i,$$

即

$$(\lambda-a_{ii})x_i=\sum_{j=1,\ j\neq i}^{n} a_{ij}x_j,$$

$$|\lambda-a_{ii}||x_i|=\left|\sum_{j=1,\ j\neq i} a_{ij}x_j\right|$$

$$\leqslant \sum_{j=1,\ j\neq i}^{n} |a_{ij}||x_j| \leqslant \sum_{j=1,\ j\neq i}^{n} |a_{ij}||x_j|.$$

因为 $\boldsymbol{x}\neq\boldsymbol{0}$，所以 $x_i>0$，于是

$$|\lambda-a_{ii}| \leqslant \sum_{j=l,\ j\neq i}^{n} |a_{ij}|,$$

由此可知 $\lambda\in d_i(i=1,\ 2,\ \cdots,\ n)$.

上述圆盘 $d_i(i=1,\ 2,\ \cdots,\ n)$ 是复平面上以 a_{ii} 为圆心，以 $\sum\limits_{j=l,\ j\neq i}^{n} |a_{ij}|$ 为半径的圆盘，称为矩阵 $\boldsymbol{A}$ 的 **Gail 圆**. 圆盘定理表明矩阵 $\boldsymbol{A}$ 的任何一个特征值均在 n 个 Gail 圆的某一个之中. 以下记 $p_i=\sum\limits_{j=l,\ j\neq i}^{n} |a_{ij}|$.

例 8.10 设

$$A=\begin{pmatrix}0 & 1 & -1\\ 1.3 & 2 & -0.7\\ 0.5 & 0.5i & 4i\end{pmatrix},$$

求 A 的 Gail 圆.

解 因为 $p_1=1+1=2$，$p_2=1.3+0.7=2$，$p_3=0.5+0.5=1$，故 A 的三个 Gail 圆为

$$|\lambda|\leqslant 2,$$
$$|\lambda-2|\leqslant 2,$$
$$|\lambda-4i|\leqslant 1,$$

如图 8-1 所示，由圆盘定理知 A 的特征值必在这三个圆盘之中.

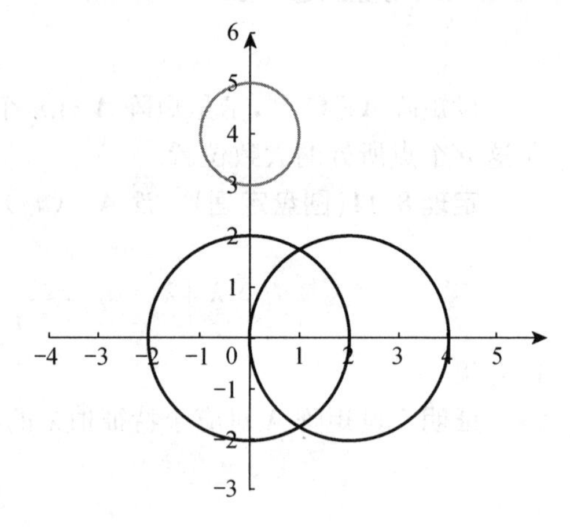

图 8-1

圆盘定理给出了 A 的特征值的一个估计，但它的不足是没有指出特征值位于哪一个圆盘中，也没有说是否每一个圆盘中必有一个特征值. 下面的定理对这类问题作了一些讨论.

定理 8.12 设 D_1，…，D_k 是矩阵 A 的 k 个连通域，其中 D_i 是 A 的 n_i 个圆盘构成的连通域 ($i=1, 2, \cdots, k$).

$$\sum_{i=1}^{k} n_i = n,$$

各 D_i 之间互不相交，则在每个 D_i 中有且仅有 n_i 个特征值.

证明 令 $D=\mathrm{diag}\{a_{11}, a_{22}, \cdots, a_{nn}\}$，$C=A-D$，作参数矩阵

$$A(t)=D+tC,$$

显然 $A(0)=D$，$A(1)=D+C=A$，当 t 从 0 变到 1 时，$A(t)$ 由 D 变到 A，$A(t)$ 的每个 Gail 圆都落在 A 的一个相应的 Gail 圆内，而 $A(0)=D$ 的 Gail 圆就是 A 的相应的 Gail 圆的圆心. 容易证明，$A(t)$ 的特征值 $\lambda(t)$ 连续地依赖于 t，所以当 t 由 0 变到 1 时，$A(t)$ 的特征值 $\lambda(t)$ 在复平面画出了 n 条连续曲线. 由于各 D_i 之间互不相交，由圆盘定理易知，由 D_i 的 n_i 个圆心发出的 n_i 条曲线不可能跑到 D_i 之外去（否则将有 $t=t_0$ 会落在 n 个圆盘的并集之外，而 $\lambda(t_0)$ 是 $A(t_0)$ 的特征值，这与圆盘定理矛盾），因此每个 D_i 中有且仅有 n_i 个 A 的特征值.

推论 8.1 若方阵 $A\in C^{n\times n}$ 的 n 个 Gail 圆互不相交，则 A 相似于对角阵.

推论 8.2 若方阵 $A\in R^{n\times n}$ 的 n 个 Gail 圆互不相交，则 A 的特征值全是实数.

证明 A 的特征多项式是实系数多项式，故若有复根必共轭成对出现. 由于实方阵 A 的 n 个 Gail 圆心都在实轴上，且此时这些圆必不相交，所以若有一复特征值位于某一 Gail 圆，则其共轭的复特征值也必位于同一 Gail 圆中，与定理 8.12 矛盾.

定义 8.7 设矩阵 $A=(a_{ij})R^{n\times n}$，如果

$$|a_{ii}| > p_i,\ 1 \leqslant i \leqslant n,$$

则称矩阵 $\boldsymbol{A}$ 为**严格对角占优矩阵**.

定理 8.13　若 $\boldsymbol{A}$ 是严格对角占优矩阵,且 $\boldsymbol{A}$ 的所有主对角元为正实数,则 $\boldsymbol{A}$ 的所有特征值具有正实部.

证明　设 $\lambda = a + b\mathrm{i}$,由圆盘定理,至少存在一个 k,使

$$|\lambda - a_{kk}| = |a + b\mathrm{i} - a_{kk}| \leqslant p_k < a_{kk},$$

于是

$$(a - a_{kk})^2 + b^2 \leqslant a_{kk}^2,$$
$$0 < a^2 + b^2 < 2aa_{kk},$$

因此 $a_{kk} > 0$,所以 $a = \mathrm{Re}(\lambda) > 0$.

在定义 8.5 中曾用到了矩阵谱半径的概念,即若 $\boldsymbol{A}$ 是 n 阶方阵,$\lambda_1, \lambda_2, \cdots, \lambda_n$ 为 $\boldsymbol{A}$ 的特征值,则称

$$\rho(\boldsymbol{A}) = \max_i |\lambda_i|$$

为矩阵 $\boldsymbol{A}$ 的谱半径. 显然,只要估计了谱半径的界,也就相当于估计了特征值的界.

定理 8.14　设矩阵 $\boldsymbol{A} \in \mathbf{C}^{n\times n}$,$\rho(\boldsymbol{A}) \leqslant \|\boldsymbol{A}\|$.

证明

$$\boldsymbol{A}\boldsymbol{x} = \lambda\boldsymbol{x},$$
$$\|\boldsymbol{A}\boldsymbol{x}\| = \|\lambda\boldsymbol{x}\| = |\lambda|\,\|\boldsymbol{x}\|,$$
$$|\lambda|\,\|\boldsymbol{x}\| \leqslant \|\boldsymbol{A}\|\,\|\boldsymbol{x}\|,$$
$$|\lambda| \leqslant \|\boldsymbol{A}\|,$$

由此推知

$$\rho(\boldsymbol{A}) \leqslant \|\boldsymbol{A}\|.$$

推论 8.3　设 $\boldsymbol{A} = (a_{ij}) \in \mathbf{C}^{n\times n}$,则

(1) $\rho(\boldsymbol{A}) \leqslant \|\boldsymbol{A}\|_1$;

(2) $\rho(\boldsymbol{A}) \leqslant \|\boldsymbol{A}\|_\infty$;

(3) $\rho(\boldsymbol{A}) \leqslant \min\{\|\boldsymbol{A}\|_1, \|\boldsymbol{A}\|_\infty\}$.

推论 8.4　设 $\boldsymbol{A} = (a_{ij}) \in \mathbf{C}^{n\times n}$, $b_1, b_2, \cdots, b_n$ 是 n 个非零正实数,令

$$\{q_1\} = \max_i \frac{\sum_{j=1}^{n} |a_{ij}|\, b_j}{b_i},$$

$$\{q_2\} = \max_j b_j \sum_{k=1}^{n} \frac{|a_{ij}|}{b_i},$$

则

$$\rho(\boldsymbol{A}) \leqslant \min\{q_1, q_2\}.$$

证明 作矩阵 $\boldsymbol{B}=\operatorname{diag}(b_1, b_2, \cdots, b_n)$，则 $\boldsymbol{B}$ 是可逆矩阵，且 $\boldsymbol{B}^{-1}=\operatorname{diag}(b_1^{-1}, b_2^{-1}, \cdots, b_n^{-1})$，于是

$$\boldsymbol{B}^{-1}\boldsymbol{A}\boldsymbol{B}=\begin{pmatrix} a_{11} & a_{12}\dfrac{b_2}{b_1} & \cdots & a_{1n}\dfrac{b_n}{b_1} \\ a_{21}\dfrac{b_1}{b_2} & a_{22} & \cdots & a_{2n}\dfrac{b_n}{b_2} \\ \vdots & \vdots & & \vdots \\ a_{ni}\dfrac{b_1}{b_n} & a_{n2}\dfrac{b_2}{b_n} & \cdots & a_{nn} \end{pmatrix}.$$

因为相似矩阵有相同的特征值，从而有相同的谱半径，而

$$\|\boldsymbol{B}^{-1}\boldsymbol{A}\boldsymbol{B}\|_{\infty}=q_1,$$
$$\|\boldsymbol{B}^{-1}\boldsymbol{A}\boldsymbol{B}\|_{1}=q_2,$$

所以

$$\rho(\boldsymbol{A})=\rho(\boldsymbol{B}^{-1}\boldsymbol{A}\boldsymbol{B})\leqslant\min\{q_1, q_2\}.$$

定理 8.15 设矩阵 $\boldsymbol{A}$ 是 n 阶正规矩阵，则

$$\rho(\boldsymbol{A})=\|\boldsymbol{A}\|_2.$$

证明 $\boldsymbol{A}$ 是正规矩阵，设 $\boldsymbol{\alpha}$ 是对应与 $\boldsymbol{A}$ 的特征值 λ 的特征向量，即 $\boldsymbol{A\alpha}=\lambda\boldsymbol{\alpha}$，或 $(\boldsymbol{A}-\lambda\boldsymbol{E})\boldsymbol{\alpha}=\boldsymbol{0}$. 由于

$$\begin{aligned}\boldsymbol{0}&=((\boldsymbol{A}-\lambda\boldsymbol{E})\boldsymbol{\alpha}, (\boldsymbol{A}-\lambda\boldsymbol{E})\boldsymbol{\alpha})\\&=(\boldsymbol{\alpha}, (\overline{\boldsymbol{A}^{\mathrm{T}}}-\bar{\lambda}\boldsymbol{E})(\boldsymbol{A}-\lambda\boldsymbol{E})\boldsymbol{\alpha})\\&=(\boldsymbol{\alpha}, (\boldsymbol{A}^{\mathrm{T}}-\lambda\boldsymbol{E})(\overline{\boldsymbol{A}^{\mathrm{T}}}-\bar{\lambda}\boldsymbol{E})\boldsymbol{\alpha})\\&=((\overline{\boldsymbol{A}^{\mathrm{T}}}-\bar{\lambda}\boldsymbol{E})\boldsymbol{\alpha}, (\overline{\boldsymbol{A}^{\mathrm{T}}}-\bar{\lambda}\boldsymbol{E})\boldsymbol{\alpha}),\end{aligned}$$

于是

$$\begin{aligned}&(\overline{\boldsymbol{A}^{\mathrm{T}}}-\bar{\lambda}\boldsymbol{E})\boldsymbol{\alpha}=\boldsymbol{0},\\&\overline{\boldsymbol{A}^{\mathrm{T}}}\boldsymbol{\alpha}=\bar{\lambda}\boldsymbol{\alpha},\\&\overline{\boldsymbol{A}^{\mathrm{T}}}\boldsymbol{A\alpha}=\lambda\overline{\boldsymbol{A}^{\mathrm{T}}}\boldsymbol{\alpha}=\boldsymbol{\lambda}\boldsymbol{\lambda}\boldsymbol{\alpha}=|\lambda|^2\boldsymbol{\alpha}.\end{aligned}$$

设 $\boldsymbol{A}$ 的按模最大的特征值为 λ_1，则有

$$\rho(\boldsymbol{A})=|\lambda_1|,$$
$$\rho(\overline{\boldsymbol{A}^{\mathrm{T}}}\boldsymbol{A})=|\lambda_1|^2,$$
$$\|\boldsymbol{A}\|_2^2=\sqrt{\rho(\overline{\boldsymbol{A}^{\mathrm{T}}}\boldsymbol{A})}=|\lambda_1|=\rho(\boldsymbol{A}).$$

定理 8.16(Frobenius) 设方阵 $\boldsymbol{A}=(a_{ij})\in\mathbf{R}^{n\times n}$ 是非负矩阵(即对所有的 i, j 均有 $a_{ij}\geqslant 0$，且不等号至少对一个元素成立)，记

$$\mu_i=\sum_{j=1}^{n}\alpha_{ij},\quad r=\min_{i}\mu_i,\quad R=\max_{i}\mu_i,$$

则有

$$r\leqslant\rho(\mathbf{A})\leqslant R.$$

Frobenius 定理给出了非负矩阵半径的估计式，证明从略.

习　题　8

1. 设向量 $\boldsymbol{x}\in\mathbf{R}^n$，求证：

$$\|\boldsymbol{x}\|_\infty\leqslant\|\boldsymbol{x}\|_1\leqslant n\|\boldsymbol{x}\|_\infty.$$

$$\|\boldsymbol{x}\|_2\leqslant\|\boldsymbol{x}\|_1\leqslant\sqrt{n}\|\boldsymbol{x}\|_2.$$

$$\|\boldsymbol{x}\|_\infty\leqslant\|\boldsymbol{x}\|_2\leqslant\sqrt{n}\|\boldsymbol{x}\|_\infty.$$

2. 已知

$$\mathbf{A}=\begin{pmatrix}-1 & 0 & 2\\ 3 & 5 & -1\\ 7 & 1 & 2\end{pmatrix},$$

试计算 $\|\mathbf{A}\|_1$，$\|\mathbf{A}\|_2$，$\|\mathbf{A}\|_F$ 和 $\|\mathbf{A}\|_\infty$.

3. 设矩阵 $\mathbf{A}\in\mathbf{C}^{n\times n}$，$\mathbf{A}$ 是酉矩阵，试证明

$$\|\mathbf{A}\|_2=1,\ \|\mathbf{A}\|_F=\sqrt{n}.$$

4. 设向量 $\mathbf{A}\in\mathbf{R}^{n\times n}$，求证：

(1) $\dfrac{1}{n}\|\mathbf{A}\|_\infty\leqslant\|\mathbf{A}\|_1\leqslant n\|\mathbf{A}\|_\infty$.

(2) $\dfrac{1}{\sqrt{n}}\|\mathbf{A}\|_\infty\leqslant\|\mathbf{A}\|_2\leqslant\sqrt{n}\|\mathbf{A}\|_\infty$.

5. 用圆盘定理估计矩阵

$$\mathbf{A}=\begin{pmatrix}\mathrm{i} & 0.1 & 0.2 & 0.3\\ 0.5 & 3 & 0.2 & 0.4\\ 1 & 0.4 & -1 & 0.1\\ 0.3 & -0.6 & 0.1 & -2\end{pmatrix}$$

的特征值分布范围，并且在复平面上作图表示.

6. 证明矩阵

$$\mathbf{A}=\begin{pmatrix}\frac{1}{3} & \frac{1}{3} & \frac{1}{3}\\ \frac{1}{4} & \frac{2}{4} & \frac{1}{4}\\ \frac{1}{5} & \frac{1}{5} & \frac{2}{5}\end{pmatrix}$$

的谱半径 $\rho(\mathbf{A})<1$.

7. 证明矩阵

$$\mathbf{A}=\begin{pmatrix}\frac{1}{3} & \frac{1}{3} & \frac{1}{3}\\ \frac{1}{4} & \frac{2}{4} & \frac{1}{4}\\ \frac{1}{5} & \frac{1}{5} & \frac{3}{5}\end{pmatrix}$$

的谱半径 $\rho(\mathbf{A})=1$.

8. 设 $\boldsymbol{P}$ 是正交矩阵，$\mathbf{A}=\mathrm{diag}\{a_1, a_2, \cdots, a_n\}$ 为实对角矩阵，$m=\min_{1\leqslant i\leqslant n}|a_i|$，$M=\max_{1\leqslant i\leqslant n}|a_i|$. 试证明 $\boldsymbol{PA}$ 的特征值 μ 满足不等式

$$m\leqslant|\mu|\leqslant M.$$

第9章　张　量

在力学和物理学的很多领域(例如连续介质力学,相对论等),广泛存在着一类比向量更加一般的物理量——张量.张量不依赖于坐标系的选取,在不同坐标系下的表示形式与向量有类似之处.这些概念的数学本质,是有限维线性空间上的多重线性函数.本章将简要介绍张量的基本概念和运算.

9.1　张量的物理描述

在力学和物理学中,很多物理量是定义在某个 n 维线性空间 V 上的.在 V 上的物理量中,最简单的是标量,标量是一个与坐标系选取无关的常数,例如功、能量、频率、电流强度等.

比标量稍许复杂的物理量是向量,例如力、位移、速度等.向量同样是一个独立于坐标系存在的客观的量,但在不同坐标系下,同一个向量可能有不同的表达式.设 $\boldsymbol{v}$ 为 V 上的向量, $\boldsymbol{e}_1, \cdots, \boldsymbol{e}_n$ 为 V 上的一组基, $\boldsymbol{v}$ 在这组基下的坐标记为 $(x^1, \cdots, x^n)^{\mathrm{T}}$ (在本章中,我们用上标来记坐标分量,下面会看到这种记法的优点),则

$$\boldsymbol{v} = \sum_{i=1}^{n} x^i \boldsymbol{e}_i. \tag{9.1}$$

再设 $\tilde{\boldsymbol{e}}_1, \cdots, \tilde{\boldsymbol{e}}_n$ 为 V 上的另一组基, $\boldsymbol{v}$ 在这组基下的坐标记为 $(\tilde{x}^1, \cdots, \tilde{x}^n)^{\mathrm{T}}$,于是

$$\boldsymbol{v} = \sum_{j=1}^{n} \tilde{x}^j \tilde{\boldsymbol{e}}_j. \tag{9.2}$$

设 (α_j^i) 为 $\boldsymbol{e}_1, \cdots, \boldsymbol{e}_n$ 到 $\tilde{\boldsymbol{e}}_1, \cdots, \boldsymbol{e}_n$ 的过渡矩阵(上标表示过渡矩阵的行指标,下标表示列指标),于是

$$\boldsymbol{v} = \sum_{j=1}^{n} \tilde{x}^j \tilde{\boldsymbol{e}}_j = \sum_{j=1}^{n} \tilde{x}^j \alpha_j^i \boldsymbol{e}_i. \tag{9.3}$$

对比式(9.1)和式(9.3)中 $\boldsymbol{e}_i$ 的系数,有

$$x^i = \sum_{j=1}^{n} \tilde{x}^j \alpha_j^i. \tag{9.4}$$

借助微积分中的导数,可以将过渡矩阵中的元素改写为

$$\alpha_j^i = \frac{\partial x^i}{\partial \tilde{x}^j}, \tag{9.5}$$

从而式(9.4)可以改写为

$$x^i = \sum_{j=1}^{n} \tilde{x}^j \frac{\partial x^i}{\partial \tilde{x}^j}. \tag{9.6}$$

根据复合函数求导的链式法则,有

$$\delta_j^i = \sum_{k=1}^{n} \frac{\partial x^i}{\partial \tilde{x}^k} \frac{\partial \tilde{x}^k}{\partial x^j}, \tag{9.7}$$

这里 δ_j^i 为 Kronecker 符号,亦即 $\left(\frac{\partial \tilde{x}^i}{\partial x^j}\right)$ 为 $\left(\frac{\partial x^i}{\partial \tilde{x}^j}\right)$ 的逆矩阵,$\left(\frac{\partial \tilde{x}^i}{\partial x^j}\right)$ 为 $\tilde{\boldsymbol{e}}_1, \cdots, \tilde{\boldsymbol{e}}_n$ 到 $\boldsymbol{e}_1, \cdots, \boldsymbol{e}_n$ 的过渡矩阵.

定理 9.1 向量可以看成具备下述特点的一个物理量:

(1) 在每一个给定的坐标系下,向量对应了 n 个分量构成的数组;

(2) 在不同坐标系下,同一个向量对应的分量之间满足式(9.6)中的关系.

这种描述方法在一定程度上避开代数的概念,深受早期的物理学家欢迎. 随着物理学的发展,物理学家又陆续发现了一些新的物理量,具备与向量类似的特点. 我们再看下面两个例子.

定理 9.2 设 g 为 V 上的一个欧氏度量,在基 $\boldsymbol{e}_1, \cdots, \boldsymbol{e}_n$ 和基 $\boldsymbol{e}_1, \cdots, \boldsymbol{e}_n$ 下对应的度量矩阵分别为 (g_{ij}) 和 $(\tilde{g}_{ij})$,这两个矩阵元素之间满足

$$\tilde{g}_{ij} = \sum_{k=1}^{n} \sum_{l=1}^{n} g_{kl} \frac{\partial x^k}{\partial \tilde{x}^i} \frac{\partial x^l}{\partial \tilde{x}^j}. \tag{9.8}$$

按照物理学家的观点,V 上的欧氏度量 g 可以看成这样一个物理量:

(1) 在每一个给定的坐标系下,g 对应了 $n \times n$ 个分量构成的数组;

(2) 在不同坐标系下,同一个 g 对应的 $n \times n$ 个分量之间满足式(9.8)中的关系.

定理 9.3 设 $\mathscr{A}$ 为 V 上的一个线性变换,在基 $\boldsymbol{e}_1, \cdots, \boldsymbol{e}_n$ 和基 $\boldsymbol{e}_1, \cdots, \boldsymbol{e}_n$ 下对应的矩阵分别为 (a_j^i) 和 $(\tilde{a}_j^i)$,这两个矩阵元素之间满足

$$\tilde{a}_j^i = \sum_{k=1}^{n} \sum_{l=1}^{n} a_l^k \frac{\partial \tilde{x}^i}{\partial x^k} \frac{\partial x^l}{\partial \tilde{x}^j}. \tag{9.9}$$

按照物理学家的观点,线性变换 $\mathscr{A}$ 可以看成这样一个物理量:

(1) 在每一个给定的坐标系下,$\mathscr{A}$ 对应了一个 $n \times n$ 个分量构成的数组;

(2) 在不同坐标系下,同一个 $\mathscr{A}$ 对应的 $n \times n$ 个分量之间满足式(9.9)中的关系.

对比上述三个不同的物理量,我们不难发现两个细微的不同:其一是 $\boldsymbol{v}$ 对应的数组只有一个上指标,$\boldsymbol{g}$ 对应数组有两个下指标,而 $\mathscr{A}$ 对应的数组有一个上指标和一个下指标;其二是数组满足的关系式中,有的出现的是过渡矩阵中的元素,有的出现的是过渡矩阵逆阵中的元素,有的是过渡矩阵和其逆阵中的元素同时出现. 仔细检查这二个差别,我们发现这个看似不易记忆的关系中,存在这样一个规律:

(1) 在每一个求和式中,重复出现的指标必定是求和指标;

(2) 求和指标恰好在上下指标各出现一次(这里,将在分母中字母的上指标看作整体的下指标);

(3) 重复出现的指标必定出现在同一个坐标系下的物理量上(即在上述求和式中,相同指标的物理量要么都有波浪号,要么都没有波浪号).

物理学家在这种情况下,经常省略求和记号,即约定凡是重复出现的上下指标,默认对它们由 1 到 n 进行求和,这种记法称为 Einstein 求和约定,在这一章的后续部分,我们均将采用这一记法.

将上述观点推广到一般情形,就得到张量的概念.

定义 9.1 设 T 为 n 维线性空间 V 上的一个物理量,满足以下两个条件:

(1) 对 V 上任给的一组基 $\boldsymbol{e}_1, \cdots, \boldsymbol{e}_n$, 存在唯一与 T 对应的一个多维数组 $(t^{i_1\cdots i_r}_{j_1\cdots j_s})$, 这里所有的上下指标均取遍 $1, \cdots, n$ 中的整数;

(2) 对 V 的任意两组基 $\boldsymbol{e}_1, \cdots, \boldsymbol{e}_n$ 和 $\tilde{\boldsymbol{e}}_1, \cdots, \tilde{\boldsymbol{e}}_n$, $(x^1, \cdots, x^n)^{\mathrm{T}}$ 和 $(\tilde{x}^1, \cdots, \tilde{x}^n)^{\mathrm{T}}$ 分别为这两组基的坐标分量, T 对应的多维数组 $(t^{i_1\cdots i_r}_{j_1\cdots j_s})$ 和 $(\tilde{t}^{i_1\cdots i_r}_{j_1\cdots j_s})$ 满足

$$\tilde{t}^{i_1\cdots i_r}_{j_1\cdots j_s} = t^{k_1\cdots k_r}_{l_1\cdots l_s} \frac{\partial \tilde{x}^{i_1}}{\partial x^{k_1}} \cdots \frac{\partial \tilde{x}^{i_r}}{\partial x^{k_r}} \frac{\partial x^{l_1}}{\partial \tilde{x}^{j_1}} \cdots \frac{\partial x^{l_s}}{\partial \tilde{x}^{j_s}}, \tag{9.10}$$

则称 T 或 $(t^{i_1\cdots i_r}_{j_1\cdots j_s})$ 为 V 上的一个 (r, s)-型**张量**,数组 $(t^{i_1\cdots i_r}_{j_1\cdots j_s})$ 称为 T 在基 $\boldsymbol{e}_1, \cdots, \boldsymbol{e}_n$ 下的**分量**, r 称为 T 的**逆变阶数**, s 称为 T 的**协变阶数**. 特别标量也称为一个 $(0, 0)$-型张量.

根据定义立即得到, n 维线性空间上的一个 V 上的 (r, s)-型张量,有 n^{r+s} 个分量. 特别, V 上的向量是一个 1 阶逆变张量, V 上的度量是一个 2 阶协变张量, V 上的线性变换是一个 $(1, 1)$-型张量,从这个意义上说,标量、向量、欧氏度量、线性变换都是特殊的张量.

这里提到了张量在给定基下的分量,这与向量在给定基下的坐标有一定的相似之处,在张量的代数描述中将给出这两者之间的联系.

由上述定义,要构造线性空间上的一个张量,需要给出其在每组基下对应的分量. 然而一个线性空间有无穷多组基,不可能通过穷举每一组基上的分量来构造一个张量. 下面的定理指出只需在任何给定的一组基下指定一个分量,就可以构造一个张量.

定理 9.4 设 $\boldsymbol{e}_1, \cdots, \boldsymbol{e}_n$ 为线性空间 V 上给定的一组基, $(t^{i_1\cdots i_r}_{j_1\cdots j_s})$ 是一个给定的数组, $\tilde{\boldsymbol{e}}_1, \cdots, \tilde{\boldsymbol{e}}_n$ 为 V 的任意一组基, $(x^1, \cdots, x^n)^{\mathrm{T}}$ 和 $(\tilde{x}^1, \cdots, \tilde{x}^n)^{\mathrm{T}}$ 分别为这两组基的坐标分量,则数组

$$\tilde{t}^{i_1\cdots i_r}_{j_1\cdots j_s} = t^{k_1\cdots k_r}_{l_1\cdots l_s} \frac{\partial \tilde{x}^{i_1}}{\partial x^{k_1}} \cdots \frac{\partial \tilde{x}^{i_r}}{\partial x^{k_r}} \frac{\partial x^{l_1}}{\partial \tilde{x}^{j_1}} \cdots \frac{\partial x^{l_s}}{\partial \tilde{x}^{j_s}} \tag{9.11}$$

定义了 V 上的一个张量 T.

证明 由定义方式可知,从给定基 $\boldsymbol{e}_1, \cdots, \boldsymbol{e}_n$ 到任意一组基 $\tilde{\boldsymbol{e}}_1, \cdots, \tilde{\boldsymbol{e}}_n$, 数组 $(t^{i_1\cdots i_r}_{j_1\cdots j_s})$ 与 $(\tilde{t}^{i_1\cdots i_r}_{j_1\cdots j_s})$ 之间满足式(9.10),因此只需证对任意两组基 $\tilde{\boldsymbol{e}}_1, \cdots, \tilde{\boldsymbol{e}}_n$ 和 $\hat{\boldsymbol{e}}_1, \cdots, \hat{\boldsymbol{e}}_n$, 式(9.10) 成立即可. 记 T 在这两组基下的分量分别为 $(\tilde{t}^{i_1\cdots i_r}_{j_1\cdots j_s})$ 和 $(\bar{t}^{i_1\cdots i_r}_{j_1\cdots j_s})$, 这两组基下的坐标分量分别为 $(\tilde{x}^1, \cdots, \tilde{x}^n)^{\mathrm{T}}$ 和 $(\bar{x}^1, \cdots, \bar{x}^n)^{\mathrm{T}}$, 于是由定义

$$\widetilde{t}_{j_1\cdots j_s}^{i_1\cdots i_r}=t_{l_1\cdots l_s}^{k_1\cdots k_r}\frac{\partial\widetilde{x}^{i_1}}{\partial x^{k_1}}\cdots\frac{\partial\widetilde{x}^{i_r}}{\partial x^{k_r}}\frac{\partial x^{l_1}}{\partial\widetilde{x}^{j_1}}\cdots\frac{\partial x^{l_s}}{\partial\widetilde{x}^{j_s}},$$

$$\overline{t}_{j_1\cdots j_s}^{i_1\cdots i_r}=t_{l_1\cdots l_s}^{k_1\cdots k_r}\frac{\partial\overline{x}^{i_1}}{\partial x^{k_1}}\cdots\frac{\partial\overline{x}^{i_r}}{\partial x^{k_r}}\frac{\partial x^{l_1}}{\partial\overline{x}^{j_1}}\cdots\frac{\partial x^{l_s}}{\partial\overline{x}^{j_s}},$$

从而

$$t_{j_1\cdots j_s}^{i_1\cdots i_r}=\widetilde{t}_{l_1\cdots l_s}^{k_1\cdots k_r}\frac{\partial x^{i_1}}{\partial\widetilde{x}^{k_1}}\cdots\frac{\partial x^{i_r}}{\partial\widetilde{x}^{k_r}}\frac{\partial\widetilde{x}^{l_1}}{\partial x^{j_1}}\cdots\frac{\partial\widetilde{x}^{l_s}}{\partial x^{j_s}},$$

于是

$$\begin{aligned}\overline{t}_{j_1\cdots j_s}^{i_1\cdots i_r}&=\widetilde{t}_{l_1'\cdots l_s'}^{k_1'\cdots k_r'}\frac{\partial x^{k_1}}{\partial\widetilde{x}^{k_1'}}\cdots\frac{\partial x^{k_r}}{\partial\widetilde{x}^{k_r'}}\frac{\partial\widetilde{x}^{l_1'}}{\partial x^{l_1}}\cdots\frac{\partial\widetilde{x}^{l_s'}}{\partial x^{l_s}}\frac{\partial\overline{x}^{i_1}}{\partial x^{k_1}}\cdots\frac{\partial\overline{x}^{i_r}}{\partial x^{k_r}}\frac{\partial x^{l_1}}{\partial\overline{x}^{j_1}}\cdots\frac{\partial x^{l_s}}{\partial\overline{x}^{j_s}}\\&=\widetilde{t}_{l_1'\cdots l_s'}^{k_1'\cdots k_r'}\frac{\partial\overline{x}^{i_1}}{\partial\widetilde{x}^{k_1'}}\cdots\frac{\partial\overline{x}^{i_r}}{\partial\widetilde{x}^{k_r'}}\frac{\partial\widetilde{x}^{l_1'}}{\partial\overline{x}^{j_1}}\cdots\frac{\partial\widetilde{x}^{l_s'}}{\partial\overline{x}^{j_s}},\end{aligned}$$

证毕.

通过这个定理,我们可以发现张量和向量之间的一个相似之处:描述一个向量,只需选择一个坐标系,写出它的坐标就可以了,而无需给出其在所有坐标系下的坐标,对于张量,同样只要在某一个坐标系下写出其所有分量就够了.

需要指出的是,的确存在一些物理量,虽然在任一坐标系下也对应了一个多维数组,但不同坐标系对应的数组之间并不满足式(9.10),这样的量就不是张量.因此不能一看到多维数组就认为它定义了一个张量,只有满足定义9.1的多维数组才是张量.

9.2 张量的运算

张量之间可以定义很多种运算,在定义张量运算之前,先要给出两个张量相等的定义.

定义 9.2 线性空间 V 上的两个张量 A 和 B 称为**相等**,如果在任意一组基下,其相同指标的分量都分别相等.

由定理9.4,证明张量相等,只需在其中一组基下验证分量相等即可.

同种类型的张量之间可以定义加法,张量和数之间可以定义数乘.

定理 9.5 设 A 和 B 同为线性空间 V 上的 (r, s)-型张量,在基 $\boldsymbol{e}_1, \cdots, \boldsymbol{e}_n$ 下的分量分别为 $(a_{j_1\cdots j_s}^{i_1\cdots i_r})$ 和 $(b_{j_1\cdots j_s}^{i_1\cdots i_r})$,则数组 $(a_{j_1\cdots j_s}^{i_1\cdots i_r}+b_{j_1\cdots j_s}^{i_1\cdots i_r})$ 和 $(k\cdot a_{j_1\cdots j_s}^{i_1\cdots i_r})$ 也定义了 V 上的一个 (r, s)-型张量(这里 k 为常数),分别记为 $X+Y$ 和 kX,其在 V 的任何一组基下的分量也恰为 X 与 Y 在该组基下分量的和与数乘.

证明 任取 V 的一组基 $\widetilde{\boldsymbol{e}}_1, \cdots, \widetilde{\boldsymbol{e}}_n$,并设 X 和 Y 在这组基下的分量为 $(\widetilde{a}_{j_1\cdots j_s}^{i_1\cdots i_r})$ 和 $(\widetilde{b}_{j_1\cdots j_s}^{i_1\cdots i_r})$,根据张量的定义

$$\widetilde{a}_{j_1\cdots j_s}^{i_1\cdots i_r}=a_{l_1\cdots l_s}^{k_1\cdots k_r}\frac{\partial\widetilde{x}^{i_1}}{\partial x^{k_1}}\cdots\frac{\partial\widetilde{x}^{i_r}}{\partial x^{k_r}}\frac{\partial x^{l_1}}{\partial\widetilde{x}^{j_1}}\cdots\frac{\partial x^{l_s}}{\partial\widetilde{x}^{j_s}},$$

$$\widetilde{b}_{j_1\cdots j_s}^{i_1\cdots i_r}=b_{l_1\cdots l_s}^{k_1\cdots k_r}\frac{\partial\widetilde{x}^{i_1}}{\partial x^{k_1}}\cdots\frac{\partial\widetilde{x}^{i_r}}{\partial x^{k_r}}\frac{\partial x^{l_1}}{\partial\widetilde{x}^{j_1}}\cdots\frac{\partial x^{l_s}}{\partial\widetilde{x}^{j_s}},$$

于是

$$\tilde{a}^{i_1\cdots i_r}_{j_1\cdots j_s}+\tilde{b}^{i_1\cdots i_r}_{j_1\cdots j_s}=(a^{k_1\cdots k_r}_{l_1\cdots l_s}+b^{k_1\cdots k_r}_{l_1\cdots l_s})\frac{\partial\tilde{x}^{i_1}}{\partial x^{k_1}}\cdots\frac{\partial\tilde{x}^{i_r}}{\partial x^{k_r}}\frac{\partial x^{l_1}}{\partial\tilde{x}^{j_1}}\cdots\frac{\partial x^{l_s}}{\partial\tilde{x}^{j_s}},$$

$$k\tilde{a}^{i_1\cdots i_r}_{j_1\cdots j_s}=ka^{k_1\cdots k_r}_{l_1\cdots l_s}\frac{\partial\tilde{x}^{i_1}}{\partial x^{k_1}}\cdots\frac{\partial\tilde{x}^{i_r}}{\partial x^{k_r}}\frac{\partial x^{l_1}}{\partial\tilde{x}^{j_1}}\cdots\frac{\partial x^{l_s}}{\partial\tilde{x}^{j_s}}.$$

得证.

推论 9.1 n 维线性空间 V 上全体 (r, s)-型张量在上述加法、数乘运算下,构成 n^{r+s} 维线性空间,记作 $T^{r,s}(V)$.

$T^{r,s}(V)$ 是线性空间是定理 9.5 的直接推论,关于维数的证明将放在下节.

同一线性空间上,任意两个张量可以作张量积.

定理 9.6 设 A 和 B 分别为 V 上的 (r_1, s_1)-型和 (r_2, s_2)-型张量,其在基 $\boldsymbol{e}_1, \cdots, \boldsymbol{e}_n$ 下的分量分别为 $(a^{i_1\cdots i_{r_1}}_{j_1\cdots j_{s_1}})$ 和 $(b^{i_{r_1+1}\cdots i_{r_1+r_2}}_{j_{s_1+1}\cdots j_{s_1+s_2}})$,则 $(a^{i_1\cdots i_{r_1}}_{j_1\cdots j_{s_1}}\cdot b^{i_{r_1+1}\cdots i_{r_1+r_2}}_{j_{s_1+1}\cdots j_{s_1+s_2}})$ 定义了 V 上的一个 (r_1+r_2, s_1+s_2)-型张量,称为 A 与 B 的**张量积**,记为 $A\otimes B$,其在任何一组基下的分量也恰为 A 与 B 在该组基下分量的乘积.

证明 任取 V 的一组基 $\tilde{\boldsymbol{e}}_1, \cdots, \tilde{\boldsymbol{e}}_n$,并设 X 和 Y 在这组基下的分量为 $(\tilde{a}^{i_1\cdots i_{r_1}}_{j_1\cdots j_{s_1}})$ 和 $(\tilde{b}^{i_{r_1+1}\cdots i_{r_1+r_2}}_{j_{s_1+1}\cdots j_{s_1+s_2}})$,根据张量的定义

$$\tilde{a}^{i_1\cdots i_{r_1}}_{j_1\cdots j_{s_1}}=a^{k_1\cdots k_{r_1}}_{l_1\cdots l_{s_1}}\frac{\partial\tilde{x}^{i_1}}{\partial x^{k_1}}\cdots\frac{\partial\tilde{x}^{i_{r_1}}}{\partial x^{k_{r_1}}}\frac{\partial x^{l_1}}{\partial\tilde{x}^{j_1}}\cdots\frac{\partial x^{l_{s_1}}}{\partial\tilde{x}^{j_{s_1}}},$$

$$\tilde{b}^{i_{r_1+1}\cdots i_{r_1+r_2}}_{j_{s_1+1}\cdots j_{s_1+s_2}}=b^{k_{r_1+1}\cdots k_{r_1+r_2}}_{l_{s_1+1}\cdots l_{s_1+s_2}}\frac{\partial\tilde{x}^{i_{r_1+1}}}{\partial x^{k_{r_1+1}}}\cdots\frac{\partial\tilde{x}^{i_{r_1+r_2}}}{\partial x^{k_{r_1+r_2}}}\frac{\partial x^{l_{s_1+1}}}{\partial\tilde{x}^{j_{s_1+1}}}\cdots\frac{\partial x^{l_{s_1+s_2}}}{\partial\tilde{x}^{j_{s_1+s_2}}},$$

从而

$$\tilde{a}^{i_1\cdots i_{r_1}}_{j_1\cdots j_{s_1}}\tilde{b}^{i_{r_1+1}\cdots i_{r_1+r_2}}_{j_{s_1+1}\cdots j_{s_1+s_2}}=a^{k_1\cdots k_{r_1}}_{l_1\cdots l_{s_1}}b^{k_{r_1+1}\cdots k_{r_1+r_2}}_{l_{s_1+1}\cdots l_{s_1+s_2}}\frac{\partial\tilde{x}^{i_1}}{\partial x^{k_1}}\cdots\frac{\partial\tilde{x}^{i_{r_1}}}{\partial x^{k_{r_1}}}\frac{\partial\tilde{x}^{i_{r_1+1}}}{\partial x^{k_{r_1+1}}}\cdots\frac{\partial\tilde{x}^{i_{r_1+r_2}}}{\partial x^{k_{r_1+r_2}}}\cdot$$
$$\frac{\partial x^{l_1}}{\partial\tilde{x}^{j_1}}\cdots\frac{\partial x^{l_{s_1}}}{\partial\tilde{x}^{j_{s_1}}}\frac{\partial x^{l_{s_1+1}}}{\partial\tilde{x}^{j_{s_1+1}}}\cdots\frac{\partial x^{l_{s_1+s_2}}}{\partial\tilde{x}^{j_{s_1+s_2}}}.$$

得证.

注 通过这两个定理发现,张量线性运算与张量积的分量定义式,与坐标系的选取无关,即在任何一组坐标系下,定义式的形式是相同的. 这是张量运算最根本的特点.

推论 9.2 张量积运算满足以下性质:

(1) $k(A\otimes B)=(kA)\otimes B=A\otimes(kB)$,这里 k 为常数;

(2) 结合律:$(A\otimes B)\otimes C=A\otimes(B\otimes C)$;

(3) 分配律:$(A+B)\otimes C=A\otimes C+B\otimes C$.

注 虽然 $A\otimes B$ 和 $B\otimes A$ 作为张量的类型相同,其分量也是各自分量的乘积,但两者通常并不相等,即张量积的交换律不成立. 这是因为,虽然分量乘积是可以交换的,但交换后对应的张量分量指标却是不同的. 例如 A, B 都是 $(0, 2)$-型张量,其在某组基下的分量分别为 $a^1=1$, $a^2=2$, $b^1=1$, $b^2=3$,记 $C=A\otimes B$, $D=B\otimes A$,则根据定义,C 的四个分量分别为

$$c^{11}=a^1b^1=1,\ c^{12}=a^1b^2=3,\ c^{21}=a^2b^1=2,\ c^{22}=a^2b^2=6,$$

而 D 的四个分量分别为

$$d^{11}=b^1a^1=1,\ d^{12}=b^1a^2=2,\ d^{21}=b^2a^1=3,\ d^{22}=a^2b^2=6,$$

于是 $C\neq D$.

注 两个不为常数的张量的积,类型必定不同于原先的两个张量,因此这一定义与矩阵的乘法不同.例如对两个线性变换,其张量积是一个 $(2,2)$-型张量,而其作为线性变换的乘积仍然是一个线性变换,即 $(1,1)$-型张量.

对协变阶数和逆变阶数均不为零的张量,我们还可以定义"缩并"运算.

定理 9.7 设 T 为线性空间 V 上的 (r,s)-型张量,在基 $\boldsymbol{e}_1,\cdots,\boldsymbol{e}_n$ 下的分量为 $(t_{j_1\cdots j_s}^{i_1\cdots i_r})$,则 $(t_{m j_2\cdots j_s}^{m i_2\cdots i_r})$ 定义了 V 上的一个 $(r-1,s-1)$-型张量(这里对指标 m 采用 Einstein 求和约定),记为 $C_{11}(T)$,称为张量的**缩并**,缩并运算的分量定义式与坐标系选取无关.

证明 只需证明 $C_{11}(T)$ 的两组分量间满足式(9.10).事实上

$$\begin{aligned}\tilde{t}_{m j_2\cdots j_s}^{m i_2\cdots i_r}&=t_{l_1l_2\cdots l_s}^{k_1k_2\cdots k_r}\frac{\partial\tilde{x}^m}{\partial x^{k_1}}\frac{\partial\tilde{x}^{i_2}}{\partial x^{k_2}}\cdots\frac{\partial\tilde{x}^{i_r}}{\partial x^{k_r}}\frac{\partial x^{l_1}}{\partial\tilde{x}^m}\frac{\partial x^{l_2}}{\partial\tilde{x}^{j_2}}\cdots\frac{\partial x^{l_s}}{\partial\tilde{x}^{j_s}}\\&=t_{l_1l_2\cdots l_s}^{k_1k_2\cdots k_r}\delta_{k_1}^{l_1}\frac{\partial\tilde{x}^{i_2}}{\partial x^{k_2}}\cdots\frac{\partial\tilde{x}^{i_r}}{\partial x^{k_r}}\frac{\partial x^{l_2}}{\partial\tilde{x}^{j_2}}\cdots\frac{\partial x^{l_s}}{\partial\tilde{x}^{j_s}}\\&=t_{k_1l_2\cdots l_s}^{k_1k_2\cdots k_r}\frac{\partial\tilde{x}^{i_2}}{\partial x^{k_2}}\cdots\frac{\partial\tilde{x}^{i_r}}{\partial x^{k_r}}\frac{\partial x^{l_2}}{\partial\tilde{x}^{j_2}}\cdots\frac{\partial x^{l_s}}{\partial\tilde{x}^{j_s}}.\end{aligned}$$

证毕.

$C_{11}(X)$ 是通过对分量的第一个上标和第一个下标对等求和得到的,同理,对任意一对上下标对等求和,也可以得到一个 $(r-1,s-1)$-型张量,记为 $C_{\mu\nu}(X)$.总之,张量分量的任何一对上下标都可以对等求和做缩并,缩并降低了张量的阶数.特别,V 上的一个线性变换可以看作一个 $(1,1)$-型张量,对它缩并后得到一个数,这个数恰好是线性变换的迹,这的确是一个不依赖于坐标系的量.

对张量的一对上标(或下标)对等求和后,不再是张量,验证留作习题.

借助缩并运算,可以定义张量指标的提升与降低.首先证明下面的定理.

定理 9.8 设 G 是线性空间 V 上的一个 $(0,2)$-型张量,在基 $\boldsymbol{e}_1,\cdots,\boldsymbol{e}_n$ 下的分量分别为 (g_{ij}),假定该分量作为 n 阶方阵是对称并可逆的,于是 G 在所有基下的分量作为 n 阶方阵都是对称并可逆的,且该组逆矩阵,记为 (g^{ij}),定义了 V 上的一个 $(2,0)$-型张量.

证明 任取一组基 $\tilde{\boldsymbol{e}}_1,\cdots,\tilde{\boldsymbol{e}}_n$,设 G 在这组基下的分量为 (g_{ij}),根据张量的定义

$$\tilde{g}_{ij}=g_{kl}\frac{\partial x^k}{\partial\tilde{x}^i}\frac{\partial x^l}{\partial\tilde{x}^j}=\tilde{g}_{ji},$$

即 $(\tilde{g}_{ij})$ 作为矩阵是对称的.又因为

$$(\tilde{g}^{ij})=(\tilde{g}_{ij})^{-1}=\left(g_{kl}\frac{\partial x^k}{\partial\tilde{x}^i}\frac{\partial x^l}{\partial\tilde{x}^j}\right)^{-1}=\left[\left(\frac{\partial x^k}{\partial\tilde{x}^i}\right)^{\mathrm{T}}(g_{kl})\left(\frac{\partial x^l}{\partial\tilde{x}^j}\right)\right]^{-1}=\left(g^{kl}\frac{\partial\tilde{x}^i}{\partial x^k}\frac{\partial\tilde{x}^j}{\partial x^l}\right),$$

故 $(\tilde{g}^{ij})$ 定义了 V 上的一个 $(2,0)$-型张量.根据对称矩阵的逆矩阵必定对称,知 $(\tilde{g}^{ij})$ 作

为矩阵也是对称的. 证毕.

特别欧氏空间上度量的逆是一个(2, 0)-型张量.

定理 9.9 设G是V上的一个给定的(0, 2)-型张量,其在基$\boldsymbol{e}_1$, …, $\boldsymbol{e}_n$下的分量(g_{ij})作为n阶方阵是对称并可逆的,则对V上的任意(r, s)-型张量T,在基$\boldsymbol{e}_1$, …, $\boldsymbol{e}_n$下的分量为$(t^{i_1\cdots i_r}_{j_1\cdots j_s})$,数组$(g_{ik}t^{ki_2\cdots i_r}_{j_1\cdots j_s})$和$(g^{ik}t^{i_1\cdots i_r}_{kj_2\cdots j_s})$分别定义了$V$上的一个$(r-1, s+1)$-型和$(r+1, s-1)$-型张量,分别称为张量指标的**提升**与**下降**. 张量指标提升与下降的分量定义式,与坐标系的选取无关.

该定理是定理 9.9 和定理 9.7 的直接推论.

同样道理,也可以对排在后面的指标作提升或降低,不再赘述. 在物理学中,通常都是利用空间的度量矩阵对张量坐标进行提升和降低.

在具体应用中,很多张量具备一定的对称性,有下述定义.

定义 9.3 若T在$\boldsymbol{e}_1$, …, $\boldsymbol{e}_n$下的分量为(t_{ij}),且满足$t_{ij}=t_{ji}$,则称T为2阶**对称张量**;若T在$\boldsymbol{e}_1$, …, $\boldsymbol{e}_n$下的分量为(t_{ij}),且满足$t_{ij}=-t_{ji}$,则称T为2阶**反对称张量**.

对多指标张量,同样也有对称与反对称的概念.

定义 9.4 若T在$\boldsymbol{e}_1$, …, $\boldsymbol{e}_n$下的分量为$(t_{i_1\cdots i_n})$,且对任何1, …, n的全排列$(i_i, \cdots, i_n)$,有$t_{i_1\cdots i_n}=t_{1\cdots n}$,则称$T$为$n$阶**对称张量**;若在同样前提条件下,有$t_{i_1\cdots i_n}=\mathrm{sgn}(i_1, \cdots, i_n)t_{1\cdots n}$,则称$T$为$n$阶**反对称张量**,这里$\mathrm{sgn}(i_1, \cdots, i_n)$是排列的符号.

对于对称(反对称)张量,有下面的定理.

定理 9.10 若T为线性空间V上的对称(反对称)张量,则T在任何一组基下的分量都是对称(反对称)的.

证明 不妨只证明二阶对称张量的情形. 设(t_{ij})为对称张量T在$(\boldsymbol{e}_1, \cdots, \boldsymbol{e}_n)$下的分量,满足$t_{ij}=t_{ji}$. 任取$V$的一组基$\tilde{\boldsymbol{e}}_1$, …, $\tilde{\boldsymbol{e}}_n$,则T在这组基下的分量满足关系

$$\tilde{t}_{ij}=t_{kl}\frac{\partial x^k}{\partial\tilde{x}^i}\frac{\partial x^l}{\partial\tilde{x}^j},$$

于是$\tilde{t}_{ji}=t_{kl}\dfrac{\partial x^k}{\partial\tilde{x}^j}\dfrac{\partial x^l}{\partial\tilde{x}^i}=t_{lk}\dfrac{\partial x^l}{\partial\tilde{x}^i}\dfrac{\partial x^k}{\partial\tilde{x}^j}=\tilde{t}_{ij}$.

类似还可以定义仅对部分指标为对称或反对称的张量,这里不再赘述.

9.3 张量的代数描述

设$\boldsymbol{v}$为V上的向量,$\boldsymbol{e}_1$, …, $\boldsymbol{e}_n$为V上的一组基,$\boldsymbol{v}$在这组基下的坐标记为$(x^1, \cdots, x^n)^{\mathrm{T}}$,因

$$\boldsymbol{v}=\sum_{i=1}^{n}x^i\boldsymbol{e}_i,$$

于是我们称x^i是向量$\boldsymbol{v}$在$\boldsymbol{e}_i$上的分量. 对于张量,在前两节中也提到了分量这一名词,本节将解释这个分量是何种意义上的分量. 事实上,V上的全体(r, s)-型张量构成一个n^{r+s}维的线性空间,上节中所提到的张量的分量,就是在这一空间上某组基下的分量. 为了解释这

一事实,首先考虑线性空间 V 上的线性函数.

定义 9.5 设 V 是域 $\mathbf{F}$ 上线性空间, $f: V \to \mathbf{F}$ 为定义在 V 上的函数,并对任何 $\boldsymbol{v}_1$, $\boldsymbol{v}_2$, $\boldsymbol{v} \in V$, $k \in \mathbf{F}$, 满足

$$f(\boldsymbol{v}_1+\boldsymbol{v}_2)=f(\boldsymbol{v}_1)+f(\boldsymbol{v}_2), \quad f(k\boldsymbol{v})=kf(\boldsymbol{v}),$$

则 f 称为 V 上的**一个线性函数**.

定理 9.11 n 维线性空间 V 上的线性函数全体关于函数的加法和数乘构成 n 维线性空间,记为 V^*, 称为 V 的**对偶空间**.

证明 任取 V 上的向量 $\boldsymbol{v}$, $\boldsymbol{v}_1$, $\boldsymbol{v}_2$, V 上的线性函数 f, f_1, f_2, 以及数 k, l, 因为

$$\begin{aligned}(f_1+f_2)(v_1+v_2)&=f_1(v_1+v_2)+f_2(v_1+v_2)\\&=f_1(v_1)+f_1(v_2)+f_2(v_1)+f_2(v_2)=(f_1+f_2)(v_1)+(f_1+f_2)(v_2);\end{aligned}$$

$$(f_1+f_2)(kv)=f_1(kv)+f_2(kv)=kf_1(v)+kf_2(v)=k(f_1+f_2)(v);$$

$$(lf)(v_1+v_2)=l\cdot f(v_1+v_2)=l(f(v_1)+f(v_2))=(lf)(v_1)+(lf)(v_2);$$

$$(lf)(kv)=l\cdot f(kv)=l\cdot kf(v)=k(lf)(v),$$

故 f_1+f_2, lf 都是 V 上的线性函数,从而 V 上的线性函数全体构成线性空间.

设 e_1, …, e_n 为 V 的一组基,容易证明, V 上的线性函数 f 由 f 在基 e_1, …, e_n 上的取值唯一确定.

定义 V 上的一组线性函数 e^{*1}, …, e^{*n} 为

$$e^{*i}(e_j)=\delta^i_j, \tag{9.12}$$

则 $f=f(e_i)e^{*i}$ (这里采用 Einstein 求和约定,下同). 从而 $V^*=\mathrm{span}\{e^{*1}, \cdots, e^{*n}\}$. 另一方面,若存在 l_1, …, $l_n \in \mathbf{F}$ 使得 $l_ie^{*i}=0$, 则

$$0=l_ie^{*i}(e_j)=l_i\delta^i_j=l_j,$$

从而 e^{*1}, …, e^{*n} 线性无关,于是 e^{*1}, …, e^{*n} 构成 V^* 的一组基.

定义 9.6 设 e_1, …, e_n 为域 $\mathbf{F}$ 上的线性空间 V 的一组基,如式(9.12)定义的 e^{*1}, …, e^{*n} 称为 e_1, …, e_n 的**对偶基**,于是对 V^* 中任一元素 f (即 V 上的任一线性函数), $(f(e_1), \cdots, f(e_n))^{\mathrm{T}}$ 为 f 在对偶基下的坐标.

下面将指出, V^* 中的元素可与 V 上的 1 阶协变张量建立一一对应,于是在这一对应意义下, V^* 中的元素可以等同于 V 上的 1 阶协变张量. 任取 $f \in V^*$ 以及 V 上的一组基 e_1, …, e_n, 构造对应

$$f \to (f(e_1), \cdots, f(e_n))^{\mathrm{T}},$$

这一对应满足 1 阶协变张量的定义. 事实上,一方面,设 $\tilde{\boldsymbol{e}}_1$, …, $\tilde{\boldsymbol{e}}_n$ 为 V 的另一组基, $\left(\dfrac{\partial x^i}{\partial \tilde{x}^j}\right)$ 为 e_1, …, e_n 到 $\tilde{e}_1$, …, $\tilde{e}_n$ 的过渡矩阵,则有

$$f(\tilde{\boldsymbol{e}}_j)=f\left(\frac{\partial x^k}{\partial \tilde{x}^j}e_k\right)=f(e_k)\frac{\partial x^k}{\partial \tilde{x}^j}, \tag{9.13}$$

即 $(f(e_1), \cdots, f(e_n))^{\mathrm{T}}$ 定义了一个 1 阶协变张量. 另一方面,任取 V 上的一个 1 阶协变张

量 T，设其在基 $e_1, \cdots, e_n$ 下的分量为 $(y_1, \cdots, y_n)^{\mathrm{T}}$，构造对应

$$(y_1, \cdots, y_n)^{\mathrm{T}} \to y_i e^{*i},$$

需说明这一对应不依赖于基的选取. 设 $\tilde{e}_1, \cdots, \tilde{e}_n$ 为 V 的另一组基，$\tilde{e}^{*1}, \cdots, \tilde{e}^{*n}$ 为其对偶基，T 在这组基下的分量为 $(y_1, \cdots, y_n)^{\mathrm{T}}$，因

$$\tilde{y}_j = y_k \frac{\partial x^k}{\partial \tilde{x}^j},$$

从而对任意 i，

$$(\tilde{y}_j \tilde{e}^{*j})(e_i) = y_k \frac{\partial x^k}{\partial \tilde{x}^j} \tilde{e}^{*j}(e_i) = y_k \frac{\partial x^k}{\partial \tilde{x}^j} \tilde{e}^{*j}\left(\frac{\partial \tilde{x}^l}{\partial x^i} \tilde{e}^{*l}\right) = y_k \frac{\partial x^k}{\partial \tilde{x}^j} \frac{\partial x^l}{\partial x^i} \delta_l^j$$

$$= y_k \frac{\partial x^k}{\partial x^j} \frac{\partial \tilde{x}^j}{\partial x^i} = y_k \delta_i^k = y_i,$$

即

$$\tilde{y}_j \tilde{e}^{*j} = y_i e^{*i}.$$

容易发现上面的两个对应是互逆的，于是 V^* 中的元素可与 V 上的 1 阶协变张量建立一一对应.

进一步还可以发现，一个 1 阶协变张量在 V 的基 $e_1, \cdots, e_n$ 下的分量，其实就是其对应的线性函数，作为线性空间 V^* 中的元素，在对偶基 $e^{*1}, \cdots, e^{*n}$ 下的坐标，于是找到了 1 阶协变张量的分量和线性空间中元素的坐标之间的对应关系.

下面借助 V^* 中的元素，构造一般的 $(0, s)$-型张量. 考虑定义在 V 上 s 元线性函数 $T(\boldsymbol{v}_1, \cdots, \boldsymbol{v}_s)$（即 T 是一个 s 元函数，其每一个自变量都定义在 V 上，且 T 关于它的每一个自变量都是保持线性的），首先在对任意给定的 V 的一组基 $e_1, \cdots, e_n$，T 可对应到一个数组 $(T(e_{j_1}, \cdots, e_{j_s}))$，这里指标 $j_1, \cdots, j_s$ 均取遍 $1, \cdots, n$ 中所有整数. 类似可以证明，这一对应满足 $(0, s)$-型张量的定义. 反之对于任何一个 V 上的 $(0, s)$-型张量，设其在基 $e_1, \cdots, e_n$ 上的分量为 $(x_{j_1 \cdots j_s})$，定义 V 上的 s 元函数

$$T(\boldsymbol{v}_1, \cdots, \boldsymbol{v}_s) = x_{j_1 \cdots j_s} e^{*j_1}(\boldsymbol{v}_1) \cdots e^{*j_s}(\boldsymbol{v}_s),$$

容易验证这是 V 上的一个 s 元线性函数，并且这两个对应是互逆的. 于是 V 上的 $(0, s)$-型张量可以等同于 V 上的一个 s 元线性函数. 特别，将上述 T 记作

$$T = x_{j_1 \cdots j_s} e^{*j_1} \otimes \cdots \otimes e^{*j_s}. \tag{9.14}$$

对 V 上的 $(r, 0)$-型张量，可以借助 V 上的元素构造. 事实上 V 也可以看做 V^* 的对偶空间（证明作为习题），于是类似前面的构造，可以将 V 上的 s-阶逆变张量等同于 V^* 上的 r 元线性函数.

对 V 上的 (r, s)-型张量，可以将其等同于一个定义在 V^* 和 V 上的 $(r+s)$-元线性函数，其中前 r 个自变量定义在 V^* 中，后 s 个自变量定义在 V 中，证明略去. 特别，若 V 上的 (r, s)-型张量在 V 上的分量为 $x_{l_1 \cdots l_s}^{k_1 \cdots k_r}$，则相应的多重线性函数记为

$$T = x_{j_1 \cdots j_s}^{i_1 \cdots i_r} e_{i_1} \otimes \cdots \otimes e_{i_r} \otimes e^{*j_1} \otimes \cdots \otimes e^{*j_s}. \tag{9.15}$$

从这个表示可以看出，V 上的 (r, s)-型张量构成一个 n^{r+s} 维线性空间，

$$e_{i_1} \otimes \cdots \otimes e_{i_r} \otimes e^{*j_1} \otimes \cdots \otimes e^{*j_s} \quad (1 \leqslant i_1, \cdots, i_r, j_1, \cdots, j_s \leqslant n) \tag{9.16}$$

构成该空间的一组基,张量 T 在 $e_1, \cdots, e_n$ 下的分量,恰恰就是 T 作为线性空间中的元素,在基(9.16)下的坐标.

上一节提到对称张量,可以看作一个对称的多重线性函数.

定理 9.12 设 T 为一个 V 上的 $(0, n)$-型张量,若对一切 $\boldsymbol{v}_1, \cdots, \boldsymbol{v}_n \in V$,以及任何 $1, \cdots, n$ 的全排列 $(i_i, \cdots, i_n)$,都有

$$T(\boldsymbol{v}_{i_1}, \cdots, \boldsymbol{v}_{i_n}) = T(\boldsymbol{v}_1, \cdots, \boldsymbol{v}_n),$$

则 T 为一个 n 阶对称协变张量;若在同样前提条件下,有

$$T(\boldsymbol{v}_{i_1}, \cdots, \boldsymbol{v}_{i_n}) = \mathrm{sgn}(i_1, \cdots, i_n) T(\boldsymbol{v}_1, \cdots, \boldsymbol{v}_n),$$

则 T 为一个 n 阶反对称协变张量,这里 $\mathrm{sgn}(i_1, \cdots, i_n)$ 是排列的符号.

习 题 9

1. 设 $(g_{\mu\nu}) = \mathrm{diag}(-1, 1, 1, 1)$,将 Einstein 求和式 $g_{\mu\nu} x^\mu x^\nu$ 展开为连加式.
2. 计算 $\delta_j^i A_{jk}$.
3. 计算 $A^{jm} \dfrac{\partial x^i}{\partial y^k} \dfrac{\partial y^k}{\partial x^j}$.
4. 证明域 $\mathbf{F}$ 上的 n 维线性空间 V 上的线性函数的全体,关于函数的加法和数乘,构成 $\mathbf{F}$ 上的 n 维线性空间.
5. 设 $\mathbf{R}^3$ 上的线性函数 f 在基 e_1, e_2, e_3 下的表示为 $f(v) = ax + by + cz$,其中 $(x, y, z)^{\mathrm{T}}$ 为向量 $\boldsymbol{v}$ 在这组基下的坐标,求 f 在对偶基 e^{1*}, e^{2*}, e^{3*} 下的坐标.
6. 设 $\boldsymbol{T} = (t_i j)$ 为 n 阶方阵,定义 $\mathbf{R}^n$ 上的双线性函数在基 $e_1, e_2, \cdots, e_n$ 下的形式为 $f(\boldsymbol{X}, \boldsymbol{Y}) = \boldsymbol{X}^{\mathrm{T}} \boldsymbol{T} \boldsymbol{Y}$,求 f 在对偶基下的表示.
7. 设 V 是一个 n 维线性空间,$\mathscr{A}$ 是 V 上的一个线性变换,f 是 V 上的任意一个线性函数(即 $f \in V^*$),对任何 $\boldsymbol{v} \in V$,定义 $g(\boldsymbol{v}) = f(\mathscr{A}(\boldsymbol{v}))$,证明:$g$ 也是 V 上的一个线性函数,从而 $\mathscr{A}$ 诱导了 V^* 上的一个线性变换 $\mathscr{A}^*$. 试找出 $\mathscr{A}$ 在某组基下的矩阵与 $\mathscr{A}^*$ 在对偶基下的矩阵之间的关系.
8. 设 V, W 是两个有限维线性空间,$\mathscr{A}$ 是 V 到 W 的一个线性映射(即映射 $\mathscr{A}$ 保持加法和数乘运算),f 是 W 上的任意一个线性函数(即 $f \in W^*$),对任何 $v \in V$,定义 $g(v) = f(\mathscr{A}(\boldsymbol{v}))$,证明:$g$ 也是 V 上的一个线性函数,从而 $\mathscr{A}$ 诱导了 W^* 到 V^* 上的一个线性映射 $\mathscr{A}^*$.
9. 设 V 是一个有限维线性空间,V^* 是 V 的对偶空间,证明:V 也是 V^* 的对偶空间.
10. 证明商定理:设 A 与 P 为线性空间 V 上的两个物理量,任取 V 的一组基,设 A, P 在这组基下的分量表示分别为 (A^μ) 和 $(P_{\alpha\beta\gamma})$,若 (A^μ) 和 $(A^\mu P_{\mu\beta\gamma})$ 都是张量,则 $(P_{\alpha\beta\gamma})$ 也是一个张量.

参考文献

[1] 同济大学数学系. 线性代数[M]. 5 版. 北京:高等教育出版社,2007.

[2] 同济大学应用数学系. 矩阵分析[M]. 上海:同济大学出版社,2005.

[3] 同济大学应用数学系. 工程数学[M]. 上海:同济大学出版社,2002.

[4] 北京大学数学系. 高等代数[M]. 2 版. 北京:高等教育出版社,1988.

[5] 孟道骥. 高等代数与解析几何[M]. 北京:科学出版社,2000.

[6] 徐树方. 数值线性代数[M]. 北京:北京大学出版社,2006.

[7] 徐树方,钱江. 矩阵计算六讲[M]. 北京:高等教育出版社,2011.

[8] 余天庆. 张量分析及演算[M]. 武汉:华中理工大学出版社,1996.

[9] Leonid P Lebedev, Michael J Cloud, Victor A Eremeyev. Tensor Analysis with Applications in Mechanics [M]. Singapore: World Scientific Publishing Company, 2010.